市政工程软土地基
处理方法理论与实践

黄伟洪 朱 楠 陈智军 编著

黄 河 水 利 出 版 社

·郑 州·

内 容 提 要

本书对市政工程中常用的几种软土地基处理方法的概念、计算理论、分析方法进行了系统介绍。全书共分9章:第1章介绍了软土地基处理方法的分类特点及研究进展;第2章介绍了软土的成因、组成及工程特性;第3~8章分别介绍了换填法、堆载预压法、真空联合堆载预压法、预应力管桩复合地基法、素混凝土桩复合地基法和水泥土搅拌桩复合地基法等地基处理方法的概念、加固机制、设计计算方法、施工方法等内容,针对各类地基处理方法给出工程实例,并给出相应的数值模拟算例,深入分析了各类软土地基处理方法的加固机制和加固效果;第9章对全书内容进行了总结展望。

本书可作为软土地基处理及相关方向的工程技术人员、科研人员、高校教师、本科生及研究生的参考用书。

图书在版编目(CIP)数据

市政工程软土地基处理方法理论与实践/黄伟洪,
朱楠,陈智军编著. —郑州:黄河水利出版社,2023.9
ISBN 978-7-5509-3747-5

Ⅰ.①市… Ⅱ.①黄… ②朱… ③陈… Ⅲ.①市政工
程-软土地基-地基处理 Ⅳ.①TU471

中国国家版本馆 CIP 数据核字(2023)第 188112 号

策划编辑:杨雯惠 电话:0371-66020903 E-mail:yangwenhui923@163.com

责任编辑	冯俊娜	责任校对	杨丽峰
封面设计	黄瑞宁	责任监制	常红昕

出版发行 黄河水利出版社
地址:河南省郑州市顺河路49号 邮政编码:450003
网址:www.yrcp.com E-mail:hhslcbs@126.com
发行部电话:0371-66020550
承印单位 河南博之雅印务有限公司
开　　本 787 mm×1 092 mm 1/16
印　　张 15.25
字　　数 352 千字
版次印次 2023 年 9 月第 1 版 2023 年 9 月第 1 次印刷
定　　价 120.00 元

前　言

　　我国沿海地区经济发达,城市基础设施建设繁荣,为了经济发展的需要,在沿海地区开展了大量的吹填造陆工程,形成大量需要加固处理的吹填土地基。此外,沿海地区分布有大量天然形成的海相沉积软土,同样具有较差的工程性质,需要进行加固处理才能满足使用要求。

　　软土包括了自然沉积的天然软土以及人工吹填形成的吹填土。软土具有典型的"三高两低"特征,"三高"即高含水率、高孔隙比、高压缩性,"两低"即低强度、低渗透性,此外,软土同样具有结构性、各向异性、蠕变性、触变性等特殊的工程特性。软土复杂的工程特性为软土地基处理造成了许多困难。

　　在市政工程中,软土地基处理受到市政工程特殊性的限制,对邻近建筑沉降位移的影响、地下管线的安全性要求、城市道路交通对工后沉降量的限制等因素进一步增加了软土地基处理的复杂性。因此,针对市政工程软土地基处理的特点,依托工程实例对软土地基处理方法进行研究,研究成果对于我国沿海地区城市市政工程软土地基处理具有重要的参考价值和借鉴意义。

　　本书依托珠海航空产业园市政工程的软土地基处理工程,针对市政工程中采用的几类软土地基处理方法,从加固机制、设计计算理论、施工方法、监测检测等角度对几类软土地基处理方法进行了详细介绍,并结合仿真分析与工程实例,对软土地基处理方法的加固效果及机制进行深入分析,力图令读者尽快掌握各类软土地基处理方法的基本概念、计算理论、分析方法与施工技术。

　　本书的特点是:

　　(1)内容较为系统全面。全面介绍了软土地基处理方法的分类、研究手段、当前研究的进展,便于读者快速形成对各类软土地基处理方法的清晰认识;对软土的工程特性进行了全面介绍,包括软土的成因、分类、分布、工程特性及物质组成等基本性质,以及结构性、各向异性、蠕变特性及触变性等力学特性。

　　(2)理论与实践结合。对各类市政工程中常用的地基处理方法进行了系统全面的介绍,包括基本概念、加固原理、设计计算理论及方法、施工及质量检验方法等内容。此外,各地基处理章节均配有工程实例,便于读者加深理解与学习应用。

　　(3)实用性较强。本书各章节结构架构清晰,内容实用性强,便于读者快速对各类地基处理方法的概念、原理、计算、施工、监测检测形成完整清晰的认识,快速掌握各类地基处理方法的计算理论及施工技术。各章除介绍基本内容外,均配备了案例分析,给出了数值分析采用的具体方法及相关参数,读者可结合书籍进行学习,相关内容可直接应用于类似工程。

　　本书共分9章,第1~3章由黄伟洪编写,第4章、第5章、第9章由陈智军编写,第6~8章由朱楠编写。

本书可作为软土地基处理方向工程技术人员和科研人员的学习教材,也可供相关专业的本科生及研究生参考使用。

本书在编写过程中得到了珠海建工控股集团有限公司、中交第一航务工程局有限公司和中交天津港湾工程研究院有限公司的大力支持,中交天津港湾工程研究有限公司曹晓航工程师在书稿编写过程中做出很大贡献,在书稿出版过程中得到了黄河水利出版社的全力协助,在此一并向上述单位及同志表示真诚感谢!

限于作者水平,本书不足和错漏之处在所难免,敬请读者批评指正。

作 者

2023 年 7 月

目 录

第 1 章　软土地基处理方法概述

1.1　软土地基处理方法分类及特点

软土在我国沿海和内陆地区都有大面积的分布,在一定的外荷载作用下会产生明显的沉降。软土具有含水率高、压缩性高、孔隙比大、强度低、渗透性差、结构性强、灵敏度高、抗扰动性差、层间物理力学性质存在较大差异等特点。软土地基一般是指承载力不足、压缩变形量大的土层,具有快速沉降、变形不均匀的特点,未经人为加固处理,不能在其上进行工程施工。

软土地基处理的目的是人工提高地基的抗剪强度和承载能力,降低软土的压缩特性,从而达到大型工程建设施工的要求。截至目前,主要的地基处理方法可分为排水固结法、挤密法、置换法、高压喷射注浆法、加筋法、冷热处理法等几个大类。每一大类中又包含数种具体的处理方法(它们的原理相同,但施工措施之间存在差异)。主要的软土地基处理方法及适用范围如表 1-1-1 所示。

表 1-1-1　主要的软土地基处理方法及适用范围

软土地基处理方法		适用范围
排水固结法		结构松散且含水率高的自然地基
挤密法	重锤夯实法	杂填土、非黏性土及湿陷性土等土质
	振冲法	砂土
	灰土桩	湿陷性黄土、杂填土、非饱和黏性土等
	砂桩挤密法	挤密粉土、松质砂土、黏性土、人工填土等
	爆破法	饱和净砂、杂填土、粉土和湿陷性黄土
置换法		淤泥质土、质地松散的素土、松散人工回填土、自重固结完毕的回填土等
高压喷射注浆法		淤泥、淤泥质土、黏性土、粉土、砂土、人工填土和碎石土
加筋法	锚固法	无特殊要求
	加筋土法	砂性土质
	土工聚合物法	无特殊要求
	树根桩法	人工填土、淤泥、黏性土、砂土、碎石土等
冷热处理法	焙烧法	湿陷性黄土和软黏土
	冻结法	松散的冲积层、含水岩层、淤泥等含水率较高的土质

1.1.1　排水固结法

排水固结法是通过设置砂井(比如袋装砂井)等垂直向排水通道,然后在工程荷载的重力作用下排出土层颗粒间的水来降低孔隙比,使得软土层发生固结,强度变大。排水固结法主要用于解决软土地基易发生的沉降和结构稳定性差的问题。提升固结速度最好的方法是在软土层中设置排水通道,并缩短排水距离,比如设置垂直砂井和排水带,以使沉降尽快完成,最终缩短工期。排水固结法在施工中常表现为以下几种方式:真空预压、堆载预压、降水预压、电渗排水及各种联合预压等。

1.1.2　挤密法

挤密法是通过挤压、振动等方式打孔,在孔洞中填入灰土、砂石等材料,最后夯实形成桩,以达到降低孔隙比、提高软土地基强度的目的。挤密法主要有 5 种形式。

1.1.2.1　重锤夯实法

该方法即是利用重锤自由落体所产生的动能对软土地基进行密实化处理,处理过的地基表面会形成一层坚实的硬壳层,适用于湿陷性黄土、杂填土、湿陷性土等软土地基,其有效夯实深度与锤重直接相关。重锤夯实法又分为表层夯实法和强夯法 2 种。

表层夯实法重锤的重力处于 20~40 kN,落差在 3~5 m。表层夯实法适合于夯实厚度<3 m 或地下水位以上约 0.8 m 的略湿杂填土、湿陷性黄土层。

强夯法则是把质量很大的重锤从较高处落下对软土地基表面进行反复夯击,通过冲击和强力振动压实土层,减小土层的孔隙比,降低压缩系数,进而提高软土地基表层的结构强度。强夯法适用于杂填土、非黏性土及湿陷性黄土等。强夯法具有施工速度快、工期短、成本低、压实度高、应用广等优点。

1.1.2.2　振冲法

振冲法又被称作振动水冲法,是通过加水振动使砂土质地基中的砂层发生流动,从而重新形成结构,降低孔隙比,增加砂土层强度。另外,通过使用振冲器振出垂直孔,在孔中填入灰土、砂石等把砂层压实。该软土地基加固方法,后来又被用于黏性土层中设置振冲置换碎石桩。

1.1.2.3　灰土桩

通过沉管、冲击或爆破等处理方式在软土地基中打孔,然后在孔洞中回填灰土料,层层压实来形成灰土桩以加固软土地基,提高软土地基的强度和承载能力。常用于湿陷性黄土、杂填土、非饱和黏性土等地基的处理。

1.1.2.4　砂桩挤密法

在软土层中加入砂桩可以对其周围的软土层产生挤压,从而提升密实程度,最终达到显著提高软土地基强度,改善其承载能力的目的。砂桩挤密法具有挤密和振密作用,适用于挤密松散砂土、粉土、黏性土、素填土、杂填土等地基,处理效果良好。

1.1.2.5　爆破法

该方法是在地基中打孔,然后在孔洞中填入炸药,利用炸药爆炸产生的巨大冲击力来挤压周围土层使其密实,然后在爆破孔洞中再填入复合料进行压实处理,最终把软土地基变为复合式地基。

对于松散砂地,可以利用爆破产生的剧烈震动使其自身的砂层发生流动,进而使颗粒重新排列以变得更加密实,最终达到加固地基的效果。爆破法适用于饱和净砂、杂填土、粉土和湿陷性黄土。

1.1.3　置换法

置换法又称为换填法,通过使用硬质材料(如碎石、砂石等)替换掉软土地基中的软弱土体,从而制造出复合型地基。也可以通过在软土层中加入水泥、砂浆、石灰粉末等具有固化性质的材料来形成复合型地基,提高软土地基强度,降低压缩系数,提升承载能力。

置换法主要有 7 种具体的施工方式:石灰桩法、褥垫法、砂垫层法、开挖置换法、振冲置换法、高压喷射注浆法和深层搅拌法。

置换法具有易于施工、施工机械要求低、操作简单、工期短、成本低、效果好、应用范围广等优点。

1.1.4　高压喷射注浆法

化学注浆法是把具有固化性质的浆液注入地基中,以改善地基土层的物理力学性质,从而提高强度的一种方法。高压喷射注浆法是在此基础之上,将 20 MPa 以上强度的射流喷射入打好的孔洞。大部分土粒将会在射流的冲击力和其自身重力等的综合作用下,与浆液进行充分混合,最后以一定比例的浆液重新形成新的结构。浆液和土粒的混合体凝固成型后,便会在软土层中形成一个整体的固结体,固结体与桩间土同构成复合地基,最终提高软土地基的承载力和刚度,降低软土地基的变形和沉降可能性,从而达到加固软土地基的目的。

喷射的浆液主要成分是水泥,再加入一些化学辅料。除特殊情况外,使用化学材料(比如聚氨酯类、丙烯酸胺类、环氧树脂类)较少,更多的情况是使用 42.5 级水泥。

1.1.5　加筋法

在软土层中加入强度较大的土工聚合物、加筋体,以提高软土地基的承重能力,降低沉降可能性的方法统称为加筋法,其主要有如下 4 种具体施工办法。

1.1.5.1　锚固法

锚固法是把受拉杆件一个端点固定在边坡或软土地基的土层中。该受拉杆件固定好的一端被称作锚固端(或锚固段),其另一个端点被固定在软土地基的结构物上。在实际施工中,软土层中可使用灌浆锚杆,回填土中可以使用锚定板。

1.1.5.2　加筋土法

加筋土法是通过在填土中加入带状拉筋,利用土层中土壤颗粒和拉筋之间的总摩擦力形成一个强结构。这种结构因为内部存在相互作用力,从力学上构成一种稳定的具有相互作用力的结构,可提高土层强度。拉筋的弹性模量应远大于填土,应选用摩擦系数大的耐腐蚀材料,如铝合金、聚合树脂等。加筋土法可用于砂性地基,但不适用于黏性地基。

1.1.5.3 土工聚合物法

土工聚合物是指工程施工中所使用的所有合成类材料,其主要成分是合成高分子聚合物,如尼龙、合成纤维、合成橡胶等。土工聚合物应用于软土地基等工程结构的内部、外部或各存在关联的结构层间,可以扩散软土中的应力进而增大土层刚度模量,从而加强土工结构。利用土工聚合物还能进行排水、隔绝和反滤。

1.1.5.4 树根桩法

在软土地基之中,通过从各个方向打入直径 140~290 mm 不等的树根桩,形成树根样互相支撑的结构,可以大大增强土层强度和承重能力。其适用于人工填土、淤泥、黏性土、砂土、碎石土等。

1.1.6 冷热处理法

冷热处理法是从温度角度来改变地基土层以加固土层来解决软土结构弱、承重能力不强的问题。冷热处理法具体分为焙烧法和冻结法两种。

1.1.6.1 焙烧法

焙烧法即对软土进行钻孔,然后对孔洞进行高温焙烧以蒸发孔洞周围土壤中的水分,从而提高土壤结构强度、降低压缩系数。对于湿陷性黄土和软黏土,该方法效果较好。

1.1.6.2 冻结法

冻结法是通过人工制冷技术把软土变为冻土,从而增加其结构强度的处理方法。冻结法适用于松散的冲积层、含水岩层、淤泥等含水率较高的土层,对于含水率非常小的土层和地下水流速较大的土层则不适用。

软土地基的处理方法非常多,需要充分了解各种软土地基处理方法的适用条件。在选择具体施工措施时,需要综合考虑地质情况、土粒结构和处理目的,有针对性地选择,同时,还要能结合实际情况,对地基处理方案进行调整和优化。

1.2 软土地基处理研究现状

随着国民经济的飞速发展,软土地基处理方法也日渐成熟,许多高等级的桥梁、公路都建立在软土地基之上,并且这种现象越来越普遍,在软土地基的问题上,工程师们从设计、管理到施工已经积累了大量一手资料。回顾四十余年的软土地基发展历程,我国软土地基发展大致经历了两个历史阶段:20 世纪 50 年代到 60 年代末、70 年代至今。

第一阶段,中华人民共和国刚刚成立,急需建造大批公路桥梁,苏联给予了大力支持,大量的地基处理技术从苏联引进,主要是浅层处理方法,这个时期砂石垫层法、挤密砂桩法、石灰法、堆载预压法等多种方法被应用,但受制于当时的情况,固结理论局限、认识水平不够及实践经验太少,一味参照苏联经验,所以带有一定的盲目性,难以在理论实践上得以发展。

第二阶段,起步阶段之后,我国软土地基技术也有了迅速发展,20 世纪 70 年代后,公路及桥梁工程规模越来越大,之前的浅层垫层软土地基处理方法已难以满足工程的实际需要,所以针对我国工程建设现状,土木工程领域的先驱们大胆引进国外的方法并进行创新,不断发展形成了许多适用于不同软土地基的处理方法。

随着工程建设的发展,越来越多的大型工程在软土地基上建设,这就形成了各个领域的软土地基处理方法。冯仲仁、朱瑞赓研究了高速公路工程软土地基处理方法;董亮等研究了高速铁路工程软土地基处理方法;雷江南研究了市政道路工程软土地基处理方法;孔祥东研究了水利工程软土地基处理方法。

国内软土地基加固技术在近年发展迅速,各领域的软土地基处理技术得到了较大发展。董亮等为探索高速铁路的较薄软土加固方式,对比 5 种软土地基处理方式,最后得出较薄软土地基处理特性,对高速铁路的软土地基处理有一定的参考价值。郑刚通过无限元耦合分析的方法,研究了基础与单桩及单桩与砂垫层的荷载传递规律,分析结果表明,水泥搅拌桩临界桩长,随着桩土模量比的提高,有效桩长增大。张皖湘通过对单桩及多桩复合地基的静荷载试验,分析了垂直荷载下桩的持力特性。朱军等基于 Biot 固结理论,将地基和天然地基视为复合土层,研究了复合地基的沉降变形规律,结果表明,复合地基的沉降变形随时间逐渐增大,渗透系数对沉降发展有着重要的影响,提高置换率、增加桩长等措施可以减少沉降;张刚在分析水泥搅拌桩加固机制的基础上,提出了考虑群桩效应的方法。对于搅拌桩的沉降计算,目前采用的主要方法是将加固区土层的压缩量与加固区外下卧土层的压缩沉降量之和作为复合地基的总压缩沉降量。对于加固区内的压缩沉降,可以采用规范法、复合模量法、应力修正法等计算;而对下卧土层的压缩沉降,大多数采用分层总和法计算,这些方法的沉降量计算值都大于实测值。因此,也有诸多学者提出了修正意见,使得新方法的计算值接近于实测值,但仍要不断努力,以取得更高的精度。

1.3　软土地基处理的数值模拟研究方法

数值分析是利用计算机解决实际工程问题的一种计算方法,该方法在各个领域内均得到了广泛的运用。与试验方法相比,数值分析方法可通过计算机的模拟和数据处理快速得到结果,成本低廉,同时还可以任意施加试验方法达不到的条件;而与解析方法相比,数值模拟具有很高的实践性和高度的技术性,它着重研究求解的计算方法和理论问题。解析法能够直接求出解析解的方程类型不多,而数值分析可以得到实际工程问题的绝大多数计算结果。

杨俐用 ABAQUS 模拟了软土地基在堆载作用下的沉降过程,将塑料排水板简化成砂墙,模拟结果与实际沉降的过程比较相符,证明了塑料排水板的简化是正确的,而且软件模拟的堆载下土体沉降过程比较符合实际,可以用来预测软土未来的沉降发展。通过ABAQUS 模拟得到的最终沉降值也表明塑料排水板堆载预压对于软基的处理效果是满足设计要求的。

董超强针对软土地基处理工程,在 PLAXIS 2D 软件中将塑料排水板分别用排水线和Chai 的二维等效方法进行简化并做了相应的数值模拟分析。通过分析两种简化模型计算结果,并对比现场实测数据,发现路基地表沉降、深层沉降、坡脚处深层水平位移及超静孔压与实测数据较吻合,偏差在允许范围内。同时,对比两种简化模型,说明等效渗透系数方法计算结果可靠,故 Chai 的二维等效方法可以推广到其他进行塑料排水板堆载预压法的有限元分析中,弥补该类有限元软件进行塑料排水板简化分析的局限性。

郭申鹏用有限元软件 ABAQUS 建立了水泥搅拌桩复合地基数值计算模型,得到了不同时间的路基沉降值,同时进行了路基沉降观测,沉降值和观测值基本相近。

龙骁鹏针对水泥土搅拌桩复合地基开展了现场静载试验,采用 ABAQUS 有限元软件进行数值模拟,并与现场静载试验 $Q-S$ 曲线进行了对比,验证了模型的合理性。运用有限元软件对复合地基沉降值进行计算,同时与《建筑地基处理技术规范》中方法进行对比。研究结果表明:数值模拟法考虑了桩土间的相互作用,比《建筑地基处理技术规范》中方法计算出的结果更加贴近实际。

阎澎旺、陈环依托工程实例,并结合有限元模拟,分析了真空预压下土体的加固机制:在真空负压作用下的初始孔隙水压力与边界条件不同于正压力条件。在真空负压作用下,处理区域周围的土体会发生收缩变形。

姚质彬运用 ABAQUS 有限元软件对大面积、大深度软土地基加固工程实例进行固结模拟,计算联合预压期间及工后的竖向沉降、水平位移、孔隙水压力等结果,同时对模拟过程中模型的荷载步、时间步、地应力平衡等方面的处理方法进行分析。最后,还利用 ABAQUS 模拟了不同排水板深度和间距、不同真空荷载值和堆载值对联合预压下软土固结效果的影响。

问建学等运用 FLAC 3D 差分软件对真空联合堆载下软土路基的固结变形进行数值模拟(考虑土体流固耦合作用),最终结果表明该软件模拟效果较好。此外,还利用 FLAC 3D 和实测沉降曲线来综合分析固结效果及工后沉降预测,可以更准确地反映工程实际,其结果比传统方法客观性强、离散性小,对同类工程有一定的借鉴价值。

张星星通过 PLAXIS 软件数值模拟,抛石挤淤处理后地基的沉降量和水平位移有较为明显的减小,说明抛石挤淤处理后地基复合模量显著提高,地基承载力增强,改善了地基的整体稳定性。

1.4　市政工程软土地基处理工程的特点

现阶段我国市政工程行业发展进程向前推进的过程中,软土地基技术应用较为广泛,但是在实际工作经验逐步增加的基础上,软土处理技术措施虽然得到了一定程度的完善,但是因为软土地基在实际应用的过程中有一定的特征,各个工程项目施工相关工作进行的过程中用到的软土地基的厚度和性质都不一样,因此需要科学合理地在各项技术措施当中进行选择。在市政工程建设中对软土地基处理时,一方面,需对其进行加固处理,防止后期施工发生塌陷;另一方面,应降低软弱土层的流动性,以便土层能够拥有较强的紧密性。

除此之外,施工现场一般情况下都是位于人员密集的市区,相较于其他工程项目来说,市政工程施工相关工作进行过程中用到的施工现场的规模比较小,因此也就会在市政工程施工相关工作进行的过程中起到一定程度的阻碍作用,因此需要给予这项技术措施充分的重视。

(1)首先对市政工程软土地基处理工作进行过程中应当遵循的原则进行分析。

市政工程项目施工相关工作进行过程中遇到软土地基的情况时应当遵循下列原则:首先,应当使地基抗剪强度及抗压能力得到一定程度的提升;其次,需要使地基实际情况的动力性能得到一定程度的改善,在此基础上可以对地震裂缝及坍塌等问题出现的概率形成有效的控制,以此为基础使市政工程项目地基的稳定性得到一定程度的提升;再次,需要针对地基的渗透性形成有效的保护,以免在市政工程项目施工相关工作完成之后出现水土流失问题。所以,在市政工程项目施工相关工作进行过程中需要注意到的问题是:在以往地基的基础上覆盖土质地比较好的土层,假如在软土层上覆盖的优质土层厚度比较小,那么在市政工程项目施工相关工作进行的过程中不应当对淤泥或软土造成影响。此外,在市政工程项目施工相关工作进行过程中可以将均匀性比较强的工业废弃物覆盖在软土层上,使其起到一定程度的支撑作用。但是,在这个过程中需要注意到的问题是,有机质含量比较高或是腐蚀性比较强的生活垃圾不应当作为覆盖土层,假如在市政工程项目施工相关工作进行过程中需要将这些物质当成软土覆盖层,那么需要预先针对这些物质进行一定的处理,以此为基础使地基的持力层稳定性及承载力得到一定程度的提升。

（2）在市政工程项目领域中得到较为广泛应用的软土地基处理技术措施。

浅层处理技术措施,在软土地基中上文提及的技术措施展现出来的适用性比较强,其实就是在市政工程道路下深度 5 m 范围内的软土地基,在对综合性技术措施加以一定程度应用的基础上,使地基抗剪强度水平及压缩模量水平得到一定程度的提升,从而使完工后的地基满足沉降层面上提出的要求。

硬壳层补强技术措施是在砂土性软土及湿陷性黄土等软土地基中展现出来的,适应性水平比较高。这种技术措施是在对振动碾压及冲击夯实等措施的基础上,使硬壳层的厚度及物理力学指标发生一定程度的变化,在上文中提及的这种情况下施行硬壳层补强技术措施,可以形成比较好的效果,与此同时可以对工程造价水平形成有效的控制,因此这种技术措施在实际应用的过程中展现出来的适用性比较强,并且也可以得到较为广泛的应用。

砂石挤淤技术措施,一般情况下在湖泊沉积及河滩沉积等领域得到应用,这些位置的地下水水位比较高,软土层本身的液性指数也处于一种比较高的水平,在市政工程项目施工相关工作进行的过程中,想要在比较短的时间内将地下水抽干是一件较为困难的事情。此外,地基的表面也没有硬壳覆盖,在这样的情形下应当采取砂石挤淤技术措施,但是在这项技术措施实际施行的过程中应当注意到的问题是,砂石本身的沉降性各不相同,一些路基下残留一定数量的软土,从而在市政工程项目完成之后,会增大不均匀沉降问题出现的概率。

市政工程的建设是城市建设发展的重要基础,它关乎着建筑区域内群众生命财产安全与生活的便捷性,所以在市政工程的施工方面必须慎之又慎,在市政工程领域中应用软土地基技术措施之前,施工现场的施工人员及技术人员应当对软土地基实际情况、处理原则形成全面且充分的了解,与此同时应当对市政工程地基影响因素有一定程度的了解,只有在此基础上才可以使工程项目施工相关工作进行过程中遇到的问题得到有效解决。此外,在市政工程项目施工相关工作进行过程中,应当做到具体问题具体分析,可以使市政工程施工的质量得到一定程度的保证。

第 2 章　软土的工程特性

2.1　软土的成因及分布特征

2.1.1　软土的成因类型

软土是第四纪后期地表流水所形成的沉积物质,多数分布于海滨、湖滨、河流沿岸等地势比较低洼的地带,地表终年潮湿或积水。软土多分布于沼泽化湿地地带,而泥沼多分布于沼泽地区,软土的形成时间晚于泥沼形成时间。

软土按沉积环境及成因分为:①滨海沉积——滨海相、潟湖相、溺谷相及三角洲相(海陆过渡环境沉积);②湖泊沉积——湖相、三角洲相;③河滩沉积——河漫滩相、牛轭湖相;④沼泽沉积——沼泽相。

2.1.1.1　滨海沉积

滨海沉积包括滨海相、潟湖相、溺谷相和三角洲相。在表层广泛分布一层由近代各种作用生成的厚 0~3 m 的黄褐色黏性土硬壳。下部淤泥多呈深灰色或灰绿色,间夹薄层粉砂。常含有贝壳等海洋生物残骸。

1. 滨海相

滨海相常与海浪、岸流和潮汐的水动力作用形成较粗的颗粒(粗、中细砂)相掺杂,使其不均匀和极疏松,增强了淤泥的透水性能,易于压缩固结。

2. 潟湖相

潟湖相颗粒微细、孔隙比大、强度低、分布范围较广,常形成滨海平原。在潟湖边缘,表层常有厚 0.3~2.0 m 的泥炭堆积。底部含有贝壳等生物残骸碎屑。

3. 溺谷相

溺谷相孔隙比大、结构疏松、含水率高。分布范围较窄,在其边缘表层也常有泥炭沉积。

4. 三角洲相

由于河流和海潮复杂的交替作用,淤泥与薄层砂交错沉积。受海流和波浪的破坏,分选程度差,结构不稳定,多交错成不规则的尖灭层或透镜体夹层,结构疏松,颗粒细小。如上海地区深厚的软土层中夹有无数极薄的粉细砂层,为水平渗流提供了良好条件。

2.1.1.2　湖泊沉积

湖泊沉积包括湖相、三角洲相,是近代淡水盆地和咸水盆地的沉积。其物质来源与周围岩性基本一致,在稳定的湖水期逐渐沉积而成。沉积物中夹有粉砂颗粒,呈现明显的层理。淤泥结构松软,呈暗灰色、灰绿色或暗黑色,表层硬层不规律,厚 0~4 m,时而有泥炭透镜体。淤泥厚度一般为 10 m 左右,最厚可达 25 m。

2.1.1.3　河滩沉积

河滩沉积包括河漫滩相、牛轭湖相。形成过程较为复杂,成分不均匀,走向和厚度变化大,平面分布不规则。软土常呈带状或透镜状,与砂或泥炭互层,其厚度不大,一般小于10 m。

2.1.1.4　沼泽沉积

沼泽沉积为沼泽相,分布在地下水、地表水排泄不畅的低洼地带,多伴以泥炭,常出露于地表,下部分布有淤泥层或淤泥与泥炭互层。

2.1.2　我国软土的分布

我国地域辽阔,软土的分布也较为广泛。软土长时间处于水流不畅、缺氧的静水区域。我国软土主要分布在沿海地区(如东海、黄海、渤海、南海等)、内陆平原及一些山间洼地。按工程性质,结合自然地质地理环境,我国软土的分布可以划为三个区,沿秦岭走向向东至连云港以北的海边一线,作为Ⅰ、Ⅱ地区的界线;沿苗岭、南岭走向向东至莆田的海边一线作为Ⅱ、Ⅲ地区的界线。我国东南沿海软土的分布厚度:广州湾—兴化湾一带一般为 5~20 m(汕头除外),兴化湾—温州湾南为 10~30 m,温州湾北—连云港一般大于40 m。山谷地区软土的分布规律甚为复杂,要鉴定场地是否有软土,可从下列几个方面进行分析:

(1)从沉积环境分析。在沟谷的开阔地段、山间洼地、支沟与主沟交汇地段、冲沟与河流汇合地段、河流两侧山洼地段、河流弯曲地段、河漫滩地段等处往往有软土分布。

在山区河流的中下游地段,一般沉积粗颗粒物质,但应特别注意河流两侧支沟、冲沟的影响。当上述支沟或冲沟地段有形成软土的物质来源时,这些地段往往有软土分布,或在卵石层间夹有软土薄层或透镜体。

(2)从水文地质条件分析。在泉水出露处,特别是潜水溢出泉出露处,水草发育,土体长期浸水,呈饱和状态,这些地段往往有软土分布,在潜水位较浅的黄土和粉质黏土地段,也可能有软土分布。

(3)从古地理环境分析。一些古河道、古湖沼、古渠道等分布地段,往往有软土分布。

(4)从地表特征分析。如有些地段地势低洼,排泄条件不良,地表易积水,往往出现湿地、沼泽等积水地形,喜水植物(如芦苇、蒲草等)发育。上述地段往往有软土分布。

(5)从人类活动分析。一些掩埋的粪池、牲畜棚圈、工厂及生活污水废池等地段,往往有软土分布,并由于渗透作用,在其周围也可能有软土分布。人工蓄水构筑物(河渠、水库等)大量漏水(引起地下水水位上升)的地段,也可能有软土分布。

2.1.3　软土的判别标准

软土是指天然孔隙比大于或等于 1.0,且天然含水率大于液限、具有高压缩性、低强度、高灵敏度、低透水性和高流变性,且在较大地震作用下可能出现震陷的细粒土。其包括淤泥、淤泥质土、泥炭、泥炭质土等,分类标准如表 2-1-1 所示。

表 2-1-1　软土的分类标准

土的名称	划分标准	说明
淤泥	$e \geqslant 1.5, w > w_L$	e 为天然孔隙比;w 为天然含水率;w_L 为液限;w_U 为有机质含量
淤泥质土	$1.5 > e \geqslant 1.0, w > w_L$	
泥炭	$w_U > 60\%$	
泥炭质土	$10\% < w_U \leqslant 60\%$	

2.1.4　软土的工程性质

2.1.4.1　触变性

触变性是指当原状土受到振动或扰动以后,由于土体结构遭破坏,强度会大幅度降低,后续随时间增长,土体强度逐渐恢复的现象。触变性可用灵敏度 S_t 表示,软土的灵敏度一般为 3~4。软土的结构性分类见表 2-1-2。软土地基受振动荷载后,易产生侧向滑动、沉降或基础下土体挤出等现象。

表 2-1-2　软土的结构性分类

灵敏度	结构性分类	灵敏度	结构性分类
$2 < S_t \leqslant 4$	中灵敏度	$8 < S_t \leqslant 16$	极灵敏度
$4 < S_t \leqslant 8$	高灵敏度	$S_t > 16$	流性

2.1.4.2　流变性

软土流变性指软土在长期荷载作用下,除产生排水固结引起的变形外,在应力状态不变,随时间增长发生缓慢而长期的剪切变形的性质。这对建筑物地基沉降有较大影响,对斜坡、堤岸、码头和地基稳定性不利。

2.1.4.3　高压缩性

软土属于高压缩性土,压缩系数大而压缩模量小,故软土地基上的建筑物沉降量大。

2.1.4.4　低强度

软土不排水抗剪强度一般小于 20 kPa,故软土地基的承载力很低,软土边坡的稳定性极差。

2.1.4.5　低透水性

软土的含水率虽然很高,但透水性差,特别是垂直向透水性更差,垂直向渗透系数一般在 $1 \times (10^{-6} \sim 10^{-8})$ cm/s,属微透水或不透水层,对地基排水固结不利。软土地基上建筑物沉降延续时间长,一般达数年以上。在加载初期,地基中常出现较高的孔隙水压力,影响地基强度。

2.1.4.6　不均匀性

由于沉积环境的变化,土质均匀性差。例如,三角洲相、河漫滩相软土常夹有粉土或粉砂薄层,具有明显的微层理构造。水平向渗透性常好于垂直向渗透性。湖泊相、沼泽相软土常在淤泥或淤泥质土层中夹有厚度不等的泥炭或泥炭质土薄层或透镜体。作为建筑物地基易产生不均匀沉降。

2.1.5　软土的物理力学性质指标

2.1.5.1　软土的物理力学指标分析

大量的软土地基工程实践证明,在土工计算分析中,土性指标数值的准确与否,与计算结果和实际情况是否吻合关系甚大,将直接影响软土地基处理方案的选用与处理效果。因此,软土地基土性测试数据的整理和分析十分重要。软土的力学参数通常由室内试验和原位测试确定,或根据经验确定。亦可利用堆载、边坡和建筑物的原型监测资料确定。软土剪切试验应按地基土应力状态变化,确定加荷速率、卸荷速率、排水条件等。

根据变形计算的要求确定压缩系数、先期固结压力、压缩指数、回弹指数、固结系数、次固结系数、黏滞系数、压缩模量、泊松比等,可采用常规固结试验、快速加荷固结试验、高压固结试验或等梯度固结试验、三轴试验、流变试验。软土剪切试验需符合下列要求:

(1)当土体加荷、卸荷速率超过土中孔隙水压力消散的速率时,宜采用自重压力预固结的不固结不排水三轴剪切试验。对渗透性很低的黏性土,可采用无侧限抗压强度试验或十字板剪切试验。

(2)当土体排水速率快且施工过程较慢时,宜采用固结不排水三轴剪切试验或直剪试验。

(3)对土体可能发生较大应变的工程,应测定残余抗剪强度,必要时应进行蠕变试验、动扭剪试验、动单剪试验和动三轴试验。

2.1.5.2　软土地基的评价内容

(1)判定地基产生滑移和不均匀变形的可能性。当建筑物位于池塘、河岸、边坡附近时,应验算其稳定性。

(2)选择适宜的持力层和基础形式,当地表有硬壳层时,基础宜浅埋。

(3)当结构物相邻荷载相差很大时,应分别计算各自的沉降,并分析其相互影响。当地面有较大面积堆载时,应分析对相邻建筑物的不利影响。

(4)软土地基承载力应根据地区工程经验,并结合下列因素综合确定:

①软土成分条件、应力历史、力学特性及排水条件。

②上部结构的类型、刚度、荷载性质、大小和分布,对不均匀沉降的敏感性。

③基础的类型、尺寸、埋深、刚度等。

④施工方法和程序。

⑤采用预压排水处理的地基,应考虑软土固结排水后强度的增长。

(5)地基的沉降量可采用分层总和法计算,并乘以经验系数,也可采用 Biot 固结理论进行沉降计算。

(6)在软土开挖、打桩、降水时,应按《岩土工程勘察规范(2009 年版)》(GB 50021—2001)的有关规定执行。

另外,需强调软土地基承载力综合评定的原则,不能单靠理论计算,应结合地区经验。在进行软土地基承载力的评定时,变形控制原则比强度控制原则更为重要。

各类软土的物理力学性质指标见表 2-1-3。

表 2-1-3　各类软土的物理力学性质指标

成因类型	天然含水率 w/%	重度 γ/（kN/m³）	天然孔隙比 e	抗剪强度 φ/(°)	抗剪强度 c/kPa	压缩系数 a_{1-2}/MPa⁻¹	灵敏度 S_t
滨海沉积	40~100	15~18	1.0~2.3	1~7	2~20	1.2~3.5	2~7
湖泊沉积	30~60	15~19	1.0~1.8	0~10	5~30	0.8~3.0	4~8
河滩沉积	35~70	15~19	1.0~1.8	0~11	5~25	0.8~3.0	4~8
沼泽沉积	40~120	14~19	1.0~1.5	0	5~19	>0.5	2~10

2.1.6　软土的颗粒粒径分布及矿物组成

土的粒度成分:指土中各种不同粒组的相对含量(以干土质量的百分比表示),它可用以描述土中不同粒径土粒的分布特征。

黏土主要由黏粒(粒径小于 5 μm)组成,黏粒含量高达 60%~70%。它的主要成分是黏土矿物,也称次生矿物,即高岭石、蒙脱石和伊利石。

高岭石产于酸性环境中,是花岗石风化后的产物,通常由长石水解而来。蒙脱石常由火山灰、玄武岩等转变而来,一般在碱性、排水不良的环境里风化形成。伊利石为云母类黏土矿物,形成的条件是需一定的钾离子。三种黏土矿物的比表面积相差很大,高岭石为 7~30 cm²/g;蒙脱石为 810 m²/g;伊利石介于两者中间,为 67~100 m²/g。

2.2　软土的抗剪强度特性

2.2.1　软土的强度理论

1773 年库仑根据无黏性土试验,提出了无黏性土的强度公式,即

$$\tau_f = \sigma\tan\varphi \qquad (2\text{-}2\text{-}1)$$

1776 年又提出了适合黏性土的更普遍的表达式:

$$\tau_f = c + \sigma\tan\varphi \qquad (2\text{-}2\text{-}2)$$

式中:c 为土的黏聚力(内聚力),kPa;φ 为土的内摩擦角,(°)。

式(2-2-1)和式(2-2-2)统称为库仑公式,c、φ 称为抗剪强度指标。库仑公式表示 τ_f 与 σ 的关系,如图 2-2-1 所示。由库仑公式可以看出,无黏性土的抗剪强度与剪切面上的法向应力成正比,无黏性土的抗剪强度是由土颗粒之间的滑动摩擦及颗粒镶嵌作用所产生的摩阻力,其大小取决于土粒表面的粗糙度、土的密实度、颗粒级配等因素。黏性土的抗剪强度由两部分组成,一部分是摩擦力,另一部分是土粒之间的黏聚力,它是由黏性土颗粒之间的胶结作用和静电引力效应等因素引起的。

土的抗剪强度不仅与土的性质有关,还与试验时的排水条件、剪切速率、应力状态和应力历史等因素有关,其中最重要的是试验过程中的排水条件。根据太沙基的有效应力

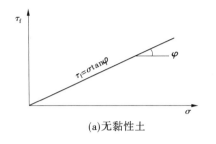
(a)无黏性土

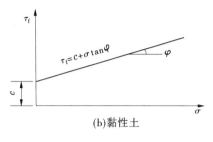
(b)黏性土

图 2-2-1　抗剪强度与法向应力的关系

原理,土体内的剪应力只能由土的骨架承担,因此土的抗剪强度 τ_f 为剪切破坏面上法向有效应力 σ' 的函数,土的有效应力抗剪强度公式为

$$\left.\begin{array}{r}\tau_f = \sigma'\tan\varphi' \\ \tau_f = c' + \sigma'\tan\varphi'\end{array}\right\} \qquad (2\text{-}2\text{-}3)$$

式中: σ' 为剪切破坏面上法向有效应力; c' 为有效黏聚力; φ' 为有效内摩擦角。

因此,土的抗剪强度有两种表达方法:一种是以总应力 σ 表示剪切破坏面上法向应力,称为抗剪强度总应力法,相应的 c、φ 称为总应力强度指标;另一种则以有效应力 σ' 表示剪切破坏面上的法向应力,其表达式为式(2-2-3),称为抗剪强度有效应力法, c' 和 φ' 称为有效应力强度指标。研究表明,土的抗剪强度取决于土粒间的有效应力。

1910 年莫尔提出材料的破坏是剪切破坏,当任一平面上的剪应力等于材料的抗剪强度时就发生破坏,并提出在破坏面上的剪应力,即抗剪强度 τ_f,是该面上法向应力 σ 的函数,即

$$\tau_f = f(\sigma) \qquad (2\text{-}2\text{-}4)$$

这个函数在 $\tau_f - \sigma$ 坐标系中是一条曲线,称为莫尔包络线,又称为抗剪强度包络线,如图 2-2-2 实线所示。莫尔包络线表示材料受到不同应力作用达到极限状态时,剪切破坏面上法向应力 σ 与剪应力 τ_f 的关系。理论分析和试验都证明,莫尔理论对土比较合适,土的莫尔包络线通常可以近似地用直线代替,如图 2-2-2 虚线所示,该直线方程就是库仑公式(2-2-2)。用库仑公式表示莫尔包络线的强度理论,称为莫尔-库仑强度理论。

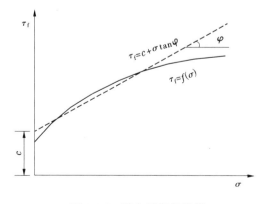

图 2-2-2　莫尔破坏包络线

　　土的抗剪强度试验可分为室内试验和原位测试两大类。室内试验包括直接剪切试验、三轴剪切试验、无侧限抗压强度试验、真三轴试验、平面应变试验和空心柱扭剪试验等；原位测试主要有十字板剪切试验、静力触探测试等。

　　黏性土的强度指标，一般由固结不排水三轴试验确定，试验中量测孔隙水压力，确定其有效应力强度指标，原状的正常固结黏土的 φ' 与黏土矿物组成和塑性指数有关，一般而言，$\varphi' = 20° \sim 30°$。

　　由于黏土强度性状的复杂性，它不仅随试验条件不同而异，而且还受许多因素的影响，如土的各向异性、结构性、应力历史、蠕变等。即使是同一种土，强度指标与排水条件都有关，实际工程问题的工程情况、地质条件又是千变万化的，用室内试验方法去模拟现场条件总会有差别。对于具体工程而言，确定土的抗剪强度指标十分重要，但也很困难。图 2-2-3 表示同一种黏土分别在三种不同排水条件下的试验结果，由此可见，若以总应力表示，将得出完全不同的结果；以有效应力表示，无论采用哪种试验方法，都得到几乎同一条有效应力破坏包线。可见，有效应力强度指标基本上是唯一的。

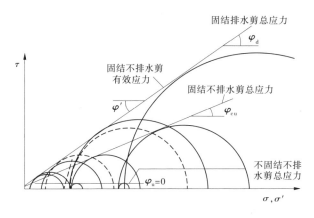

图 2-2-3　UU、CU、CD 三种排水条件的莫尔应力圆和抗剪强度包络线

　　因此，强度指标的选取，首先要根据工程的性质、建设等级和安全储备等因素确定分析方法，再决定采用相应的强度指标，最后选择测试方法和内容。通常，三轴固结不排水试验确定的有效应力强度 c' 和 φ' 适用于长期稳定性分析（如边坡的长期稳定性分析，挡土结构物的长期土压力计算，软土地基上结构物的长期稳定分析等）；而对于饱和软黏土的短期稳定问题，可采用不固结不排水试验的强度指标 c_u，以总应力法进行分析。一般工程问题多采用总应力分析法。

　　当建筑物施工速度较快、地基土层的水性和排水条件不良时，可采用三轴仪不固结不排水试验或直剪仪快剪试验的结果；当地基荷载增长速率较慢，地基土的透水性不太小（如低塑性的黏土）以及排水条件又较佳时（如黏土层中夹砂层），则可以采用固结排水或慢剪试验；如果介于以上两种情况之间，可用固结不排水或固结快剪试验结果。由于实际加荷情况和土的性质是复杂的，而且在建筑物的施工和使用过程中都要经历不同的固结状态，在确定强度指标时还应结合工程经验。

　　影响土强度的因素分为内部因素和外部因素。影响土强度的内部因素包括土的组成、矿物成分、颗粒级配、结构、孔隙比、含水率(饱和度)等。影响土强度的外部因素包括应力状态(围压、中应力)、应力历史、应力路径、加载方向、加载速率、排水条件等。

2.2.2　直接剪切试验

用直剪仪测定土的抗剪强度的试验称为直接剪切试验。由于直剪试验具有试验设备构造简单、操作方便等优点,是一种常用的试验方法。直剪仪分为应变控制式和应力控制式两种,前者是等速推动试样产生位移,测定相应的剪应力;后者则是对试件分级施加水平剪应力测定相应的位移。我国目前普遍采用的是应变控制式直剪仪,如图 2-2-4 所示。试验时,由杠杆系统通过加压活塞和剪切盒上盖对试件施加某一垂直压力 σ,然后控制速率对下盒施加水平推力,使试样在上、下盒之间的水平接触面上产生剪切变形,直至破坏,剪应力的大小可借助于上剪切盒接触的量力环的变形值计算确定。

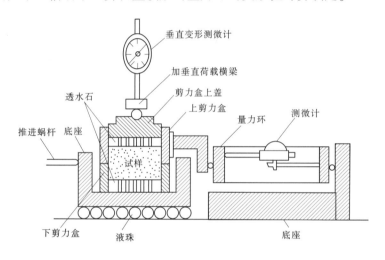

图 2-2-4　直剪仪构造示意图

图 2-2-5 表示剪切过程中剪应力 τ 与剪切位移 γ 的关系曲线,剪应力的峰值就是某一级竖向压力下土样的抗剪强度,如果剪应力不出现峰值,则取规定剪位移(通常规定剪位移为 4 mm)相对应的剪应力为试验土样的抗剪强度。直剪试验需要有不少于 4 个不同的竖向压力下的剪切试验的抗剪强度,以竖向压力 σ_i 为横坐标,抗剪强度 τ_{fi} 为纵坐标,点绘 $\tau_f - \sigma$ 关系,拟合(τ_{fi}, σ_i)直线,该线即为抗剪强度包线,如图 2-2-6 所示。图中直线与纵轴的截距为黏聚力 c,直线与水平轴的夹角即为该土样的内摩擦角 φ。

为了近似模拟土体在现场受剪过程的排水条件,直接剪切试验分为快剪、固结快剪和慢剪三种方法。快剪试验是在试样施加竖向压力后,立即快速施加水平剪应力,并使试样剪切破坏。固结快剪试验是允许试样在竖向压力下排水,待固结稳定后,再快速施加水平剪应力使试样剪切破坏。慢剪试验则是允许试样在竖向压力下排水,待固结稳定后,以缓慢的速率施加水平剪应力使试样剪切破坏。

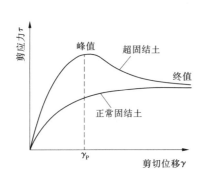

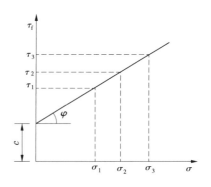

图 2-2-5　剪应力与剪切位移关系曲线　　　　图 2-2-6　抗剪强度包线

　　直剪试验虽有构造简单、操作方便等优点,但它也存在致命的弱点:①剪切面人为设定,即上下剪切盒之间的平面,而不是沿土样最薄弱的面剪切破坏。②剪切面上剪应力分布不均匀,土样剪切破坏时先从边缘开始,在边缘发生应力集中现象。③在剪切过程中,土样剪切面逐渐缩小,而在计算抗剪强度时是按土样的原截面面积计算的。④直剪试验时不能严格控制排水条件,不能量测孔隙水压力,在进行不排水剪切时,试件仍有可能排水,特别是对于饱和黏性土,由于它的抗剪强度受排水条件的影响显著,故不排水试验结果不够理想。

2.2.3　三轴剪切试验

2.2.3.1　试验方法

　　三轴剪切试验是测定土抗剪强度的一种较为完善的方法。三轴剪切仪由压力室、加压系统和量测系统 3 部分组成。图 2-2-7 为三轴剪切试验的应力状态及抗剪强度包线。试验过程中需测量孔隙水压力,则打开孔隙水压力阀。试验过程中如要测量排水量,可打开排水阀门,让试件中的水排入量水管中,根据量水管中水位的变化可测出试验过程中的排水量。

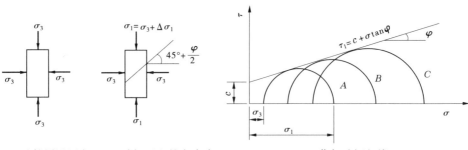

（a）试件周围压力　　（b）破坏面上的主应力　　　　（c）莫尔破坏包线

图 2-2-7　三轴抗剪试验的应力状态及抗剪强度包线

　　三轴剪切试验按剪切前所施加的不同围压 σ_3 的固结状态和剪切时的排水条件,分为3 种方法:

　　(1)不固结不排水三轴试验(UU),简称不排水试验。试样在施加围压后随即施加竖向压力剪切,整个剪切过程中(直至剪切破坏)都不允许排水,整个试验过程始终关闭排水阀门。

(2)固结不排水三轴试验(CU),简称固结不排水试验。试样在施加某一围压 σ_3 时打开排水阀门,进行排水固结,待固结稳定后关闭排水阀门,再施加竖向压力,使试样在不排水的条件下进行剪切,直至破坏。

(3)固结排水三轴试验(CD),简称排水试验。试样在施加某一围压 σ_3 后打开排水阀门,进行排水固结,待固结稳定后,再在排水条件下施加竖向压力剪切,直至试件剪切破坏。

三轴试验的突出优点是能较严格地控制试样的排水条件,并可测量试件中孔隙水压力的变化,试件中的应力状态也比较明确,破裂面是在最弱处,而不像直剪试验的剪切面是人为设定的。三轴剪切试验的缺点是没有考虑中主应力的影响,试样是轴对称的,即 $\sigma_2 = \sigma_3$,而实际上并非所有物体的受力状态都是轴对称的。真三轴试验和平面应变试验可考虑中主应力的影响,试件可在三个不同主应力($\sigma_1 \neq \sigma_2 \neq \sigma_3$)作用下观测土样的变形特性。

2.2.3.2　无侧限抗压强度试验

无侧限抗压强度试验如在三轴仪中进行 $\sigma_3 = 0$ 的不排水剪切试验一样,试验时将圆柱形试样放在如图 2-2-8 所示的无侧限抗压试验仪中,在不加任何侧向压力的情况下施加垂直压力,直到使试件剪切破坏,剪切破坏时试样所能承受的最大轴向压力 q_u 称为无侧限抗压强度。

根据试验结果,只能作一个极限应力圆($\sigma_1 = q_u$、$\sigma_3 = 0$)。对于一般黏性土就难以作出破坏包线。而对于饱和黏性土,根据在三轴不固结不排水试验的结果,其破坏包线近似于一条水平线,即 $\varphi_u = 0$。如仅为了测定饱和黏性土的不排水抗剪强度,就可以利用构造比较简单的无侧限抗压试验仪代替三轴仪。取 $\varphi_u = 0$,则由无侧限抗压强度试验所得的极限应力圆的水平切线就是破坏包线,由图 2-2-9 得

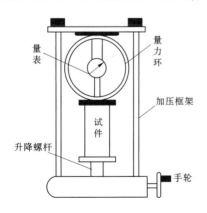

图 2-2-8　无侧限抗压试验仪

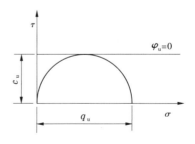

图 2-2-9　无侧限抗压强度

$$\tau_f = c_u = q_u/2 \tag{2-2-5}$$

式中：c_u 为土的不排水抗剪强度，kPa；q_u 为无侧限抗压强度，kPa。

无侧限抗压强度还可以用来测定土的灵敏度 S_t。无侧限抗压强度试验的缺点是试样的中间部分完全不受约束，因此当试样接近破坏时，往往被压成鼓形，这时试样中的应力显然是不均匀的。

2.2.4　十字板剪切试验

抗剪强度室内测试要求取得原状土样，由于试样在取样、运送、保存和制备等过程中不可避免地受到扰动，特别是对于高灵敏度的软黏土，室内试验结果的精度会受到影响。因此，发展原位测试技术和开发测量仪器的研究具有重要意义。原位测试时的排水条件、受力状态与土所处的天然状态比较接近，测得的强度指标就更真实。软土的抗剪强度的原位测试国内外主要应用十字板剪切试验。

十字板剪切试验是 1928 年由 Olsson 首先提出的，我国于 1954 年开始使用这一技术。试验时先将套管打到预定的深度并将套管内的土清除。将十字板装在转杆的下端，通过套管压入土中，压入深度约为 750 mm，然后由地面上的扭力设备仪对钻杆施加扭矩，使埋在土中的十字板旋转，直至土剪切破坏。破坏面为十字板旋转所形成的圆柱面。设剪切破坏时所施加的扭矩为 M，则它应该与剪切破坏圆柱面（包括侧面和上下面）上土的抗剪强度所产生的抵抗力矩相等，即

$$M = \pi DH \frac{D}{2}\tau_v + 2\frac{\pi D^2}{4}\frac{D}{3}\tau_H = \frac{1}{2}\pi D^2 H\tau_v + \frac{1}{6}\pi D^3 \tau_H \tag{2-2-6}$$

式中：M 为剪切破坏时的扭力矩，kN·m；τ_v、τ_H 分别为剪切破坏时的圆柱体侧面和上下面土的抗剪强度，kPa；H、D 为十字板的高度和直径，m。

由于土层形成过程中存在各向异性，实际土层的 τ_v 和 τ_H 是不同的。爱斯（Aas）曾利用不同的 D/H 的十字板剪力仪测定饱和黏性土的抗剪强度。结果表明，对于正常固结饱和黏性土，$\tau_v/\tau_H = 1.5\sim2.0$；对于稍超固结的饱和软黏土，$\tau_v/\tau_H = 1.1$。这一结果说明天然土层的抗剪强度是非等向的，即水平面上的抗剪强度大于垂直面上的抗剪强度。

为简化计算，在常规的十字板试验中仍假设 $\tau_H = \tau_v = \tau_f$，将这一假设代入式（2-2-6），则有

$$c_u = \frac{2M}{\pi D^2 \left(H + \dfrac{D}{3}\right)} \tag{2-2-7}$$

式中：c_u 为在现场由十字板测定的土的抗剪强度，kPa；其余符号意义同前。

图 2-2-10 表示正常固结饱和软黏土用十字板测定的结果，在硬壳层以下的软土层中抗剪强度随深度基本上呈直线变化，并可用下式表示：

$$c_u = c_0 + \lambda z \tag{2-2-8}$$

式中：λ 为直线段的斜率，kN/m³；z 为以地表为起点的深度，m；c_0 为直线段的延长线在水平坐标轴（原地面）上的截距，kPa。

由十字板在现场测定的土的抗剪强度属于不排水剪切的试验条件，其结果一般与无

侧限抗压强度试验结果接近,即

$$c_u \approx q_u/2 \qquad (2\text{-}2\text{-}9)$$

十字板剪切仪适用于饱和软黏土($\varphi_u = 0$),它的优点是构造简单、操作方便、原位测试时对土的扰动也较小,故在实际中得到广泛应用。但在软土层中夹砂薄层时,测试结果可能失真或偏高。

影响十字板剪切试验强度的因素有很多,有些因素可以通过技术标准加以控制,如十字板的厚度、间歇时间和扭转速率等;但有些因素并非人为能控制的,如土的各向异性、剪切面上的剪切力分布不均匀、应变软化、剪切破坏的圆柱直径大于十字板的直径等。这些非人为因素影响的大小均与土层的土性、土的塑性指数 I_p 和土的灵敏指数 S_t 有关,I_p 越高,S_t 越大,这种影响越大,对于高灵敏性软土采用十字板试验一定需要细致的分

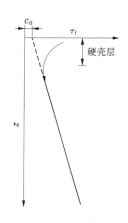

图 2-2-10 十字板抗剪
强度随深度变化

析。Bjerrum(1972)分析 14 个堤坝破坏实例,他们所采用的强度参数都是十字板剪切不排水强度数据,分析得出结论:强度误差主要来源于黏滞影响和十字板扭转速率,误差的大小随塑性指数的增大而增大。从这些实例分析得出十字板抗剪强度修正系数(见图 2-2-11),修正系数用于十字板强度的修正公式:

$$c_{u\text{现场}} = \mu_R c_{u\text{十字板}} \qquad (2\text{-}2\text{-}10)$$

式中:$c_{u\text{十字板}}$ 为十字板试验计算得到的不排水强度;μ_R 为修正系数;$c_{u\text{现场}}$ 为实际地基土层的不排水强度。

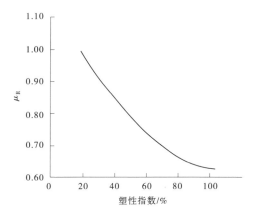

图 2-2-11 十字板抗剪强度修正系数

2.2.5 静力触探试验

静力触探(CPT)是用静力将探头以一定的速率压入土中,利用探头内的力传感器,通过电子量测器将探头受到的贯入阻力记录下来。贯入阻力的大小与土层的性质有关,因此通过贯入阻力的变化情况,可以了解土层工程性质。其应用包括:①划分土层,判定土

类,确定土名;②确定地基土的强度和变形指标;③确定地基承载力,判定沉桩的可能性、桩基持力层和估算单桩承载力;④判定砂土液化(势),检验地基处理与加固效果等。

静力触探机制的试验和理论研究对测试方法和成果应用都有直接关系。土的性质的不确定性和复杂性,以及触探时产生的土层大变形等,给机制研究带来很大困难。目前静力触探的理论解是在饱和黏土中不排水贯入条件下或在纯砂中于排水贯入条件下得到的。这些理论解包括:①承载力理论。把土体作为刚塑性材料,根据边界受力条件给出滑移线场,用应力特征先发或借助深基础极限平衡承载力的理论求解 CPT 的端阻 Q_d,求出极限承载力。②孔穴扩张法。类似弹塑性力学问题,建立平衡方程、几何方程、本构关系等三组基本方程,结合破坏准则和边界条件进行求解。本构关系的选择是孔穴扩张法的关键,包括线弹性模型、弹塑性模型等。③应力路径法。通过观察探头在饱和软黏土中的不排水贯入,Baligh(1975)鉴定贯入过程存在严格的运动限制(上覆压力大、探头周围土体在高应力水平下深度重塑、强制性流动及不排水条件下土体不可压缩等),探头周围土体的变形和应变受力的抗剪性质影响很小。基于这些假定估算贯入引起的变形和应变(所带来的误差在可接受的范围内),再利用估算的应变,采用适宜的本构模型,满足平衡条件,计算出近似的应力和孔压。④有限元法。探头放置于固定位置,周围是原位应力状态,应用增量塑性破坏进行有限单元计算,求得极限荷载 P_L,并考虑单元的变形。

2.3　软土的固结压缩特性

2.3.1　土的固结压缩

土是矿物颗粒的松散积体,当作用在土体中的应力发生变化时,土的体积随之改变。主要由于土体积压缩,地基在垂直方向产生位移(称为沉降),沉降的同时还伴生水平位移。土体完成压缩变形一般要经历一段时间。对于饱和土,荷载增加时,土体一般是逐渐被压缩(应力解除一般引起膨胀),压缩过程中部分水量会从土体中排出,土中孔隙水压力相应地转为土粒间的有效应力,直至变形趋于稳定,这一变形的全过程称为固结。土体压缩量的多少依赖于其所受有效应力的大小;而固结的速度则取决于土体排水的快慢。

人们对土的压缩与固结的研究经历了漫长岁月,直到 1923 年,太沙基提出了土力学中最重要的理论——有效应力原理,才建立起量化的分析计算方法。紧接着他总结了前人关于土的性状的研究成果,并结合他创建的单向固结理论,于 1925 年发表了名为《土力学和地基基础》的著作。人们把该书的出版作为土力学学科诞生的标志。

固结和压缩对土的工程性状有着重要影响,与土工建筑物和地基的渗流、稳定和沉降等问题有密切联系。例如,土体由于压缩,渗透性减小,伴随着固结过程,土体内的粒间应力不断改变,使土的强度发生相应变化;土体的压缩导致建筑物地基下沉,直接影响上部结构的使用条件和安全。

土的固结和压缩规律相当复杂,它不仅取决于土的类别和性状,也取决于其边界条件、排水条件和受荷方式等。黏性土与无黏性土的形成机制不同;二相土和三相土的固结过程迥然有别,后者由于土中含气,变形指标不易准确测定,状态方程的建立与求解都比较复杂。天然土体一般都是各向异性、非均质成层的,如何合理地考虑它们对变形的影响,尚待进一步研究。就地基而言,建筑物施加的通常是局部荷重,在固结过程中,除上下方向的排水压缩外,还有不同程度的侧向排水与鼓胀,这一类二向与三向固结问题,迄今还没有获得普遍的解析解。荷重随时间而改变的情况使固结微分方程的数学处理更加复杂化了。

太沙基的饱和土体固结理论是建立在许多简化和假设的基础上的:土骨架是线弹性变形材料;土孔隙中所含的是不可压缩流体;按达西定律沿单方向流动;土体是单向压缩变形等,故这一理论常被称为单向固结理论。后来,经太沙基与伦杜立克发展,得到三向固结过程,可以考虑二向排水时的压缩,其中假设了固结过程中总应力(正应力之和)为常量。比奥进一步研究了三向变形材料与孔隙压力的相互作用,导出比较完善的三向固结方程。但是,由于比奥理论将变形与渗流结合起来考虑,大大增加了固结方程的求解难度,至今仅得到个别情况的解析解。从提出以来,固结理论的发展主要采用假设不同材料的模式,得到不同的物理方程:

(1)土骨架——假设为弹性的(各向同性与各相异性的)、塑性的或黏弹性的(线性与非线性以及它们的各种组合)。

(2)土中流体——假设为不可压缩的、线性黏滞体的或可压缩的。

(3)土骨架与流体间的相互作用——有人提出以混合体力学为基础,利用连续原理、平衡方程与能量守恒定律,建立混合体特性方程,选用适当边界条件,以获得固结理论解。

虽然二向、三向理论在许多实际情况中比单向理论更为合理,但是在指标测定与求解方面比较复杂。因此,单向固结理论至今仍被广泛应用在某些条件下和近似计算中。多年来,单向固结理论研究也取得了较大进展,研究方向侧重于对太沙基基本假设的修正。例如,考虑土的有关性质指标在固结过程中的变化、压缩土层的厚度随时间改变、非均质土的固结、固结荷重为时间的函数及有限应变时的固结等,这些修正使得计算模型能更准确地反映土的特性、土层分布和土的加荷过程。

随着人们对土的应力-应变关系理解的深化,土的压缩量(沉降)的计算也从原先只考虑单向压缩变形,发展到考虑侧向变形,后来更将土的应力历史、应力路径等因素纳入计算方案。20 世纪 60 年代电子计算机问世后,计算技术有了划时代的飞跃,极大地推动了岩土力学理论的发展,使得以往无法考虑的许多土的复杂本构关系,有可能被引入计算。例如,在压缩变形计算中,除土的线性弹性模型外,已经逐渐引用其他各种模型,如非线性弹性模型(其中最著名的有邓肯-张模型)、弹塑性模型(如剑桥模型)等。有限单元法在固结计算中的应用,可以在一次分析中得到土体应力变形发展的全过程。

在压力、湿度、温度及周围环境发生变化时将引起土体收缩,其中压力改变是最常见的原因。膨胀是收缩的逆过程,毛细吸力是一种特殊的荷载。

研究土的压缩常用压缩试验直接测定土的应力-应变关系。由于试验时不允许试样发生侧向变形,故称为侧限压缩试验,又称 K_0 压缩试验。在需要探讨土的三向变形特性时,一般要进行三轴压缩试验。

用 K_0 压缩试验测得的土的应力-应变关系称压缩曲线,可将它们绘在算术坐标或半对数坐标上,分别如图 2-3-1 和图 2-3-2 所示,前者为上凹曲线,常称 e-p 曲线;后者为下凹曲线,称 e-$\lg p$ 曲线。e-$\lg p$ 曲线常有以下特点:曲线在低压力时平缓,随压力增大而变陡,并成为一条斜直线。此外,曲线随试样扰动程度加大而变平缓。

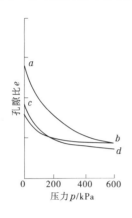

图 2-3-1　土的压缩与回弹(e-p 曲线)

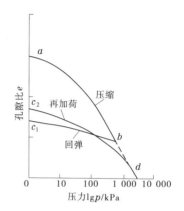

图 2-3-2　土的压缩与回弹(e-$\lg p$ 曲线)

试样受到一定压力后卸荷将发生膨胀(回弹),膨胀时的应力-应变关系称为回弹曲线,它的 e-$\lg p$ 曲线近似为直线,而且比同一荷载范围内的初始压缩曲线平缓得多。再加荷曲线与回弹曲线不相吻合,形成滞回圈,表明土的加载-再加载变形中有不可恢复的塑性分量。

压缩过程曲线也称固结曲线,不论黏土或砂土,压缩都有一个时间过程,即表现出时间滞后现象,时间过程的长短主要取决于土体排水和排气能力,砂土比黏土完成压缩的时间短得多。

2.3.2　影响土压缩性的主要因素

土的压缩(膨胀)性首先取决于土的组成状态和结构;其次受到外界环境影响。而在计算地基沉降时,还要考虑土体所受荷载及其所处边界条件等因素。

2.3.2.1　土体本身性状

1. 土粒粒度、成分和土体结构

天然土的颗粒尺寸极为分散,从粗粒的砾到微粒的黏粒与胶粒,粒径大小在很大程度上也反映了土粒的矿物成分。例如,天然土中的石英、长石颗粒通常较粗,而黏土矿物中的蒙脱石、伊利石和高岭石的土粒总是较细。粗粒形状多呈多面体或接近球体,而细颗粒如黏粒多为鳞片状,其比表面积大,故表面活性较高。

当土体受力时,土粒可能产生滑动、滚动、挠曲或被压碎。粗粒土基本上是单粒结构,在压力作用下,土粒发生滑动与滚动,直至达到更密实、更稳定的位置,土的级配越好,密度越高,压缩量越小。如果压力较大,其压缩有可能是部分土粒被压碎。压碎程度随压力和粒径增大及颗粒棱角的增多而加剧,当然也与颗粒矿物有关。粗粒土的压缩量一般比细粒土的要小,但是在高压时,也能达到相当的量级。

当荷重施加到饱和黏土上时,土开始固结,孔隙中的自由水受压而被挤出,随着粒间应力增大,使得粒间的部分结合水也逐渐被挤出,这部分水的排出速率远比自由水的小。自由水排出时产生的压缩称为主固结压缩;而部分结合水被挤出以及土粒位置重新调整、土骨架发生蠕变产生的压缩称为次压缩。高塑性黏土与有机土的次压缩较大,超固结黏土的次压缩则较小。对于黏土,当先前加的压力去除后,由于土粒弹性挠曲的卸荷恢复和在电磁力作用下被挤出的部分结合水又被吸入,黏附于土粒表面,故黏土体表为弹性回弹(膨胀)。无黏性土的弹性回弹较小。

2. 有机质

土中有机质主要为纤维素和腐殖质,其使土体的压缩性与收缩性增大,对强度也有影响。随着有机质的成因、龄期和分解程度的不同,土体的物理与化学性质也有很大的不同。有机质对土体压缩性的影响,至今还缺少系统的研究。

3. 孔隙水

孔隙水对土的压缩性的影响表现在水中阳离子对黏土表面性质(包括水膜厚度)的影响。如果土中含有膨胀性黏土矿物,则这种影响更为显著。当孔隙水中的阳离子性质和浓度使结合水膜厚度减薄时,膨胀土的膨胀性与膨胀压力均减小,反之亦然。

2.3.2.2 环境因素

1. 应力历史

按先期固结压力 p_c 与该点土现有土层覆压力 p_0 的比值 p_c/p_0,即超固结比 OCR,天然土可区分为三类:OCR = 1 时,为正常固结土;OCR>1 时,为超固结土;OCR<1 时,为欠固结土。

土的 OCR 愈大,土所受超固结作用愈强,在其他条件相同时,其压缩性愈低。

引起超固结作用的因素有应力与非应力两种。应力因素可能是:历史上曾有过大片冰川过境,地面上原有厚覆盖层,后来由于各种原因覆盖层减薄;地下水位原来较低,后来水位上升;地面长期暴露,毛细压力引起土干缩等。非应力因素引起的超固结压力称拟似先期固结压力,它们可能是土的风化与胶结、孔隙水水质变化(水中离子改变),或土承担恒定长期荷载引起了次压缩等导致的。

2. 温度

温度对土的压缩特性的影响,随土的成分与应力历史而异。有限的试验成果表明,温度对有机质土的影响要比对无机质土的大,而对超固结土的效应尤为显著。

两类黏土的矿物成分及含量大体相同,但有机质土的含碳量远高于无机质土的。有人曾用两类试样进行过单向压缩的比较试验,结果表明,温度对于无机质土的压缩曲线、压缩过程线和次压缩系数等均影响很小。但是,对于有机质土,试验温度不同,反映出不同的效应。在升温时,按压缩曲线确定的先期固结压力下降;反之,则增大。在一定增量时,试验温度升高,次压缩率与压缩量均相应增大,温度对土的压缩性的效应,主要来源于温度变化引起饱和土孔隙中水体积变化及相应的有效应力的改变。

2.4　软土的应力应变特性

2.4.1　软土的非线性性质

由于土由碎散的固体颗粒组成,土的宏观变形主要不是由于土颗粒本身变形,而是由于颗粒间位置的变化。这样在不同应力水平下由相同应力增量引起的应变增量就不会相同,亦即表现出非线性。图 2-4-1 表示土的常规三轴压缩试验的一般结果,其中实线表示密实砂土或超固结黏土,虚线表示松砂或正常固结黏土。从图 2-4-1 可以看出,正常固结黏土和松砂的应力随应变的增加而增加,但增加速率越来越慢,最后趋于稳定;而在密砂和超固结土的试验曲线中,应力一般是开始时随应变增加而增加,达到一个峰值后,应力随应变增加而下降,最后也趋于稳定。在塑性理论中,前者称为应变硬化(或加工硬化),后者称为应变软化(或加工软化)。应变软化过程实际上是一种不稳定过程,常伴随着应

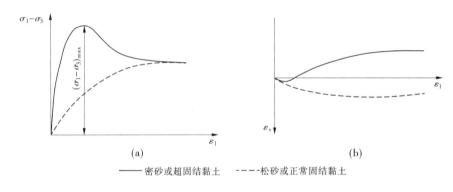

(a)　　　　　　　　　　　　　(b)

——密砂或超固结黏土　　－－－松砂或正常固结黏土

图 2-4-1　土的典型应力应变曲线

变的局部化——剪切带的出现,其应力-应变曲线对一些影响因素比较敏感,而且其应力应变间不成单值函数关系,所以反映土的应变软化的数学模型一般形式比较复杂,也难以准确反映这种应力应变特点。此外,反映应变软化的数值计算方法也有较大难度。

2.4.2　软土的剪胀性

由于土是碎散的颗粒集合,在各向等压或等比压缩时,孔隙总是减少的,从而可发生较大的体积压缩,这种体积压缩大部分是不可恢复的,如图 2-4-2 所示。

在三轴试验中,对于密砂或强超固结黏土,偏差应力的增加引起了轴应变的增加,但除开始时试样有少量体积压缩(正体应变)外,随后还发生明显的体胀(负体应变)。由于在常规三轴压缩试验中,平均主应力增量在加

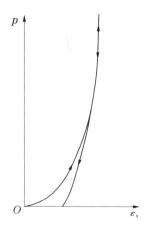

图 2-4-2　各向等压试验曲线

载过程中总是正的,所以不可能是体积的弹性回弹,因而只能是由剪应力引起的,这种由剪应力引起的体积变化称为剪胀性。广义的剪胀性指剪切引起的体积变化,既包括体胀,也包括体缩。后者又常被称为"剪缩"。土的剪胀性实质上是由剪应力引起土颗粒间相互位置的变化,使其排列发生变化,加大(或减小)颗粒间的孔隙,从而发生了体积变化。

2.4.3　软土的弹塑性性质

在加载后卸载到原应力状态时,土一般不会恢复到原来的应变状态,其中有部分应变是可恢复的,部分应变是不可恢复的塑性应变,并且后者往往占很大比例。可以表示为

$$\varepsilon = \varepsilon^{\mathrm{e}} + \varepsilon^{\mathrm{p}} \qquad\qquad (2\text{-}4\text{-}1)$$

式中:ε^{e} 为弹性应变;ε^{p} 为塑性应变。

由循环加载试验曲线可知,每次应力循环都有可恢复的弹性应变和不可恢复的塑性应变,后者亦即永久变形。对于结构性很强的原状土,如很硬的黏土,可能在一定的应力范围内,它的变形几乎是"弹性"的,只有到一定的应力水平时,才会产生塑性变形。一般土在加载过程中弹性变形和塑性变形几乎是同时发生的,没有明显的屈服点,所以亦称为弹塑性材料。土在应力循环过程中的另一个特性是存在滞回圈,卸载初期应力-应变曲线陡降,当减少到一定偏差应力时,卸载曲线变缓,再加载,曲线开始陡而随后变缓,这就形成一滞回圈,越接近破坏应力,这一现象越明显。在图 2-4-3 中,另一个值得注意的现象是卸载时试样发生体缩。由于卸载时平均主应力 p 是减小的,这种卸载体缩显然无法用弹性理论解释。人们认为这主要是由土的剪胀变形的可恢复性和加卸载引起的土的变化造成的。总之,即使是在同一应力路径上的卸载—再加载过程中,土的变形也并非是完全弹性的,但一般情况下,可近似认为是弹性的。

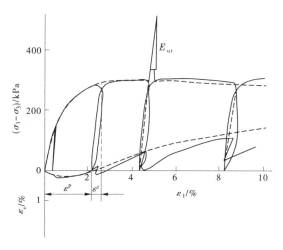

图 2-4-3　单调加载与循环加载的三轴试验曲线

2.4.4　软土的结构特性

土是由分散的颗粒组成的。土的强度、渗透性和应力-应变关系特性是由这些颗粒的矿物、大小形状、颗粒间的排列和粒间的作用力决定的。所谓土的结构通常是指颗粒、

粒组和孔隙空间的几何排列方式,而土的结构则通常用来表示土的组成成分、空间排列和粒间作用力的综合符性。

　　所谓土的结构性就是指这种结构造成的力学特性。结构性的强弱表示土的结构对于其力学性质(强度、渗透及变形性质)影响的强烈程度。一般而言,原状土比重塑土表现出更强的结构性,这是由于原状土在漫长的沉积过程及随后的各种地质作用过程中,土粒间排列和各种作用力具特有的形式。以往土力学研究中的理论和模型基本上是在对重塑土进行室内试验的基础上建立起来的,而自然界存在和工程实践中遇到的大多是原状土。土的结构性对土力学性质的影响有很大意义,土的损伤模型就是在此基础上建立起来的。

　　粗粒土一般是单粒的结构。由于粗粒土中颗粒的大小可以相差很大,小的颗粒填补了大颗粒所形成的孔隙,级配良好的粗粒土比级配均匀的粗粒土密度更高。另外,形状不规则的颗粒可以使密度降低,孔隙更大。即使是由均匀圆球组成的"土",它们在空间的排列方式不同,也会造成不同的松密状态和不同的力学性质。图 2-4-4 表示了几种不同颗粒的空间排列方式。不同排列方式会使粗粒在密度、渗透性、强度、压缩性、各向异性等方面表现出很大的差异。

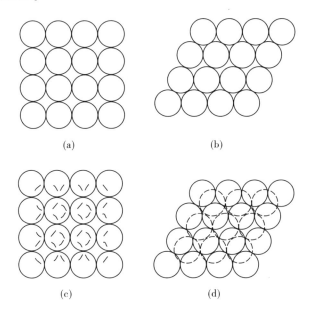

图 2-4-4　均匀圆球在空间的几种排列方式

　　尽管除云母等矿物外,大多数非黏土矿物的颗粒都呈粒状,但它们又不是各方向尺度都相等的,多少呈椭球形、扁平形,甚至针、片状。粗颗粒的长宽比 L/W 的频率分布是表示其颗粒分布的一个重要指标。以蒙特雷 0 号为例,这是一种分选很好的河砂,主要由石英和少量长石组成。即使如此,它仍有 50% 以上颗粒的轴长比(长轴与短轴之比)大于 1.39。这对大多数砂和粉土是有代表性的。在重力场中,土颗粒,特别是粗粒土,在沉积过程中的定向作用是很突出的。可以用颗粒的长轴与空间某一方向(如水平方向)的夹角表示这种空间定向作用。如图 2-4-5(a)表示颗粒的长轴与水平力方向的夹角为 θ,

图 2-4-5(b) 表示的是一种平均轴长比为 1.64 的均匀细砂的 θ 角分布频率柱状图。试样是轻轻敲击圆筒形刚性制样模而成的。这个图反映出土颗粒具有强烈的空间定向作用，亦即颗粒的长轴更倾向于水平方向排列。用砂雨法制成的试样会表现更强的空间定向作用。当粗粒土中含有一定比例的黏土或其胶结物质时，粗粒土还会被黏结而形成不同的集合形式。

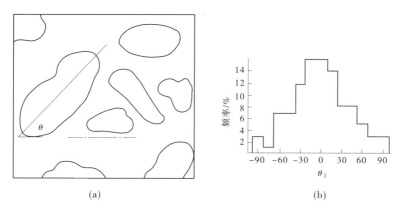

(a) 　　　　　　　　　　　(b)

图 2-4-5　土颗粒在空间的几种排列方式

土是由分散的颗粒组成的。从微观上讲，土的结构性是指土体颗粒、孔隙的性状、排列形式及颗粒间的相互作用；从宏观上讲，土的结构性是指土结构的结构力学效应，即受力时土的结构与其力学行为的相互影响。土的结构性与土的形成有关，即与土的沉积环境、温度、矿物成分、各种沉积力、土颗粒性质、土颗粒表面力及沉积后各种地质力的作用有关，是土体形成条件和沉积环境的自然产物。在黏性土中，敏感性指标是反映黏土结构性的重要指标。

各种地质过程可能会导致结构性的形成、发展及破坏，如沉积作用、胶结作用等会使结构性形成并发展，而化学风化作用则通过颗粒间胶结物的淋溶和应变能的释放而使结构性破坏，以及结构屈服或者颗粒间的黏结作用消失而导致结构性丧失。天然黏土不同于重塑土，在天然沉积过程中黏土颗粒形成一定的骨架结构的聚集体，颗粒间的接触点在长期的物理化学作用下会形成胶结，从而使天然黏土具有结构性和结构性强度。室内配制的重塑土因破坏了土粒间形成的骨架和粒间胶结，则不具有这些性质。

黏土颗粒间存在着复杂的相互作用力，有引力，也有斥力。当总的引力大于斥力时，就表现为静引力，反之表现为静斥力，这使黏土形成不同的结构。黏土颗粒间的作用力主要有如下几种：静电力、分子力、通过离子起作用的静电力、颗粒间的结晶和胶结及渗透斥力。在黏土沉积过程中，悬液中土颗粒一面沉降，一边做不规则布朗运动，它们可能会相互吸引形成粒组，也可能进一步由单粒和粒组间引力而形成絮凝。当黏土在高含盐量的海水中沉积时，由于引力大于斥力，容易形成絮凝结构；而在淡水中沉积则更容易形成分散结构。实际上黏土的结构形式更复杂，可能存在多级组构，即先由颗粒组成粒组、团粒，再由团粒组成宏观上类似于粗粒土性质的土。另外，沉积、固结和历史变故可形成许多特殊土，如湿陷性黄土、膨胀土、红土、盐渍土、分散性土等，它们有不同的结构，表现出特殊的物理力学性质。

土的结构性强度可以定义为土的原生结构与次生结构的差。原生结构是指构成土的最基本的物质成分在搬运、迁移、沉积和成土的演化过程中产生的与周围环境相适应的结构,与之相对应的土体强度即为原状土强度;当天然土受到重塑或其他剧烈扰动时,原状结构被破坏,形成次生结构,与之相对应的土体强度即为次生土体强度。原生土体强度与次生土体强度之差即为天然土的结构性强度。有些黏土具有很强的结构性强度(结构强度通常用灵敏度表征),如日本 Ariake 黏土的灵敏度更是高达 100 以上,扰动后似液体状。

以往土力学研究中的理论及模型基本是建立在对重塑土试验的基础上,因而对于土的结构性的考虑是不够的。自然界和工程实践中大量涉及原状土,而考虑土的结构性对土的力学性能的影响是一个重要课题。所谓的特殊土或区域性土往往具有更强烈或特殊的结构性。土的结构性对土的应力应变强度的影响及土的结构性破坏后应力应变强度性质的变化是土力学理论和实践中的一个重要研究领域。

2.4.5 软土的各向异性

材料的各向异性是指在不同方向的材料物理力学性质的不同。由于土在沉积过程中,长宽比大于 1 的针、片、棒状颗粒在重力作用下倾向于长边沿水平方向排列而处于稳定的状态;另外,在随后的固结过程中,上覆土体重力产生的竖向应力与水平土压力大小是不等的,这种不等向固结也会产生土的各向异性。土的各向异性主要表现为横向各向同性(亦即在水平面各个方向上的性质大体上是相同的),而竖向与横向性质不同。土的各向异性包括两方面:①土结构(微观结构和宏观结构)变化引起的各向异性;②应力在各方向大小不同引起的各向异性,如 K_0 固结现象。土的结构性造成土体明显的各向异性,即在不同主应力方向下剪切土的抗剪强度不同。受地球引力的作用,土的风化、堆积、搬运、沉积、固结等过程中必然受到重力的作用,同时又受到地壳运动、风浪等影响,形成土体的天然结构,土体的这种天然结构具有各向异性。图 2-4-6 是天然沉积的饱和正常固结黏土沿不同方向切取试样进行直剪试验的结果,这说明土的强度具有各向异性,当剪切面与试样沉积层面垂直时抗剪强度最大。原状黏土的不排水强度也和剪切方向有关,例如,十字板剪切试验中沿水平方向剪切的抗剪强度常比沿垂直方向剪切的抗剪强度大,这主要是由于在水平方向上固结应力大。

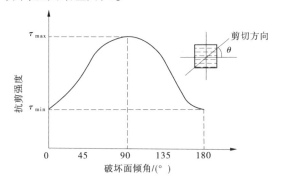

图 2-4-6　黏土直剪试验中剪切方向对强度的影响

图 2-4-7 表示各种黏土三轴不排水强度与主应力方向的关系,其中 α 为剪切破坏面与水平方向的夹角,β 为试样轴向与水平方向的夹角。

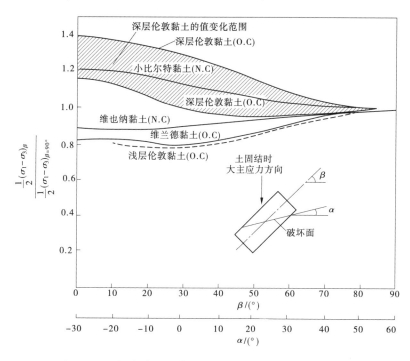

图 2-4-7　各种黏土三轴不排水强度与主应力方向的关系

2.4.6　软土的流变特性

2.4.6.1　流变的概念

黏性土在固结过程中,超静孔隙水压力消散为零后,主固结变形完成,但总变形并未停止。土骨架的流变使变形延续,具有黏滞性的土骨架在应力作用下出现的蠕变变形称为次固结变形。海相软黏土的次固结变形是其流变性的重要表现。

特殊的物质组成和结构特性,决定了软土在外部荷载的作用下表现出特殊的响应,软土在荷载作用下能产生较大的变形,而且在荷载不变的前提下,其变形也能随时间而增长,即软土的蠕变特性。

土体的应力–应变与时间的关系统称为土的流变,它包括:

(1)蠕变。在恒定应力作用下,变形随时间变化而发展的现象。

(2)应力松弛。在变形保持不变的条件下,应力随时间衰减的现象。

(3)应变速率(或荷载率)效应。不同的应变或加荷速率下,土体表现出不同的应力–应变关系和强度特性。

(4)长期强度。土体的抗剪强度随时间而变化,即长期的强度不等于瞬时或短时的强度,在给定的(相对较长)时间内,土体阻抗破坏的能力称为长期强度。

土的流变变形分为压缩流变与剪切流变两大类。压缩流变与土体的体积压缩相联系,剪切流变则是土颗粒间的错动。沉降分析中主要考虑土受压时固结与流变的耦合特性。

影响土的流变性质的因素很多,在不同条件下,显示出不同的性状,但归结起来主要有土的矿物成分、含水率、温度、应力历史和试验方法等。例如,土体的黏粒含量越多,土的活动性越大,应力松弛,蠕变变形就越大。土体的含水率越大,蠕变变形也越大。对于灵敏性软土而言,当作用应力大于土的结构屈服应力时,其蠕变变形就比重塑的非灵敏性土要大。温度对土的强度、变形、孔隙水压力均有很大的影响。在其他因素不变的情况下,随着温度的升高,孔隙水压力增大,有效应力减小,土的强度降低,蠕变变形和应变速率增加,应力松弛增大。

2.4.6.2　流变模型

基本流变元体有胡克弹簧、牛顿黏壶及圣维南刚塑体三种,如图 2-4-8 所示。

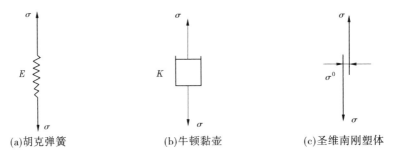

(a)胡克弹簧　　　　　　(b)牛顿黏壶　　　　　　(c)圣维南刚塑体

图 2-4-8　基本流变元体

(1)胡克弹簧。反映材料的弹性,其应力-应变关系就是胡克定律,与时间无关,即

$$\sigma = E\varepsilon \tag{2-4-2}$$

式中: σ 为应力,对于土体为骨架应力(效应力); ε 为应变; E 为胡克弹簧常数。

(2)牛顿黏壶。为一缓冲器,反映材料的黏性,其应力与应变速率呈线性关系,即

$$\sigma = K\dot{\varepsilon} \tag{2-4-3}$$

式中: K 为黏滞系数。

(3)圣维南刚塑体。它由两块相互接触、在接触面上具有黏聚力和摩擦力的板组成,反映材料的刚塑性。当应力 $\sigma \leqslant \sigma^0$ (流动极限)时,圣维南体没有变形;当 $\sigma > \sigma^0$ 时,达到屈服状态,变形可无限增长。

以上三种基本元件按不同方式组合,得到不同的流变模型,可用来解释各种流变现象。仅由弹簧和黏壶组成的称为黏弹性模型,包括以上三种基本元件的称为黏弹塑性模型。

宾汉姆模型由圣维南刚塑体和牛顿黏壶并联组成(见图 2-4-9),由于是并联,模型总应力等于各元件应力之和,而各元件应变相等并等于总应变。宾汉姆模型的应力-应变速率关系为

$$\dot{\varepsilon} = \begin{cases} 0 & \sigma \leqslant \sigma^0 \\ \dfrac{\sigma - \sigma^0}{K} & \sigma > \sigma^0 \end{cases} \tag{2-4-4}$$

弹塑体模型由胡克弹簧和圣维南刚塑体串联而成(见图 2-4-10),模型总应变等于各

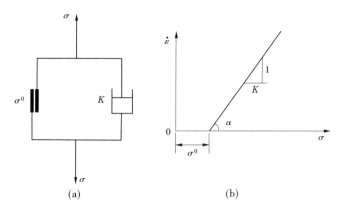

(a)　　　　　　　　　　　　　(b)

图 2-4-9　宾汉姆模型

元件应变之和,总应力即为各元件应力。若应力小于起始阻力 σ^0,即 $\sigma \leqslant \sigma^0$,材料处于弹性状态,应变 $\varepsilon = \sigma/E$;若 $\sigma > \sigma^0$,则材料已屈服,应变可无限增长。

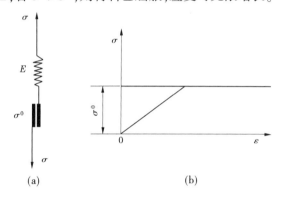

(a)　　　　　　　　　　　　　(b)

图 2-4-10　弹塑体模型

麦克斯韦模型由胡克弹簧和牛顿黏壶串联而成(见图 2-4-11),其流变方程为

$$\frac{\sigma}{E} + \frac{\sigma}{K} = \varepsilon \qquad\qquad (2-4-5)$$

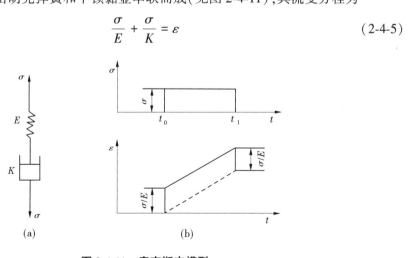

(a)　　　　　　　　　　　　　(b)

图 2-4-11　麦克斯韦模型

在应力 σ 作用下,用初始应变 $\varepsilon_0 = \sigma/E$,解得

$$\varepsilon = \frac{\sigma}{E} + \frac{\sigma}{K}t \qquad (2\text{-}4\text{-}6)$$

若在 t_1 时刻将应力卸除,则 $t \geqslant t_1$ 时刻的应变为

$$\varepsilon = \frac{\sigma}{K}t_1 \qquad (2\text{-}4\text{-}7)$$

可见,卸载后蠕变变形完全不能恢复。

若土体的初始弹性应变为 ε_0,总应力 ε 保持不变,解式(2-4-4)得

$$\sigma = E\varepsilon e^{-Et/K} \qquad (2\text{-}4\text{-}8)$$

可见,在总应力不变条件下,应力随时间衰减,因此麦克斯韦模型又称松弛模型。

沃伊特模型又称开尔文模型,由胡克弹簧和牛顿黏壶并联而成(见图 2-4-12),其流变方程为

$$\sigma = E\varepsilon + K\varepsilon \qquad (2\text{-}4\text{-}9)$$

沃伊特模型又称非松弛模型。

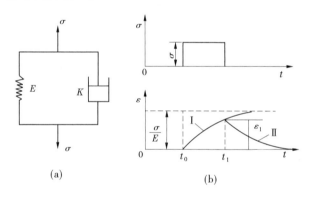

图 2-4-12　沃伊特模型

麦钦特模型由胡克弹簧和沃伊特体串联而成(见图 2-4-13),其流变方程为

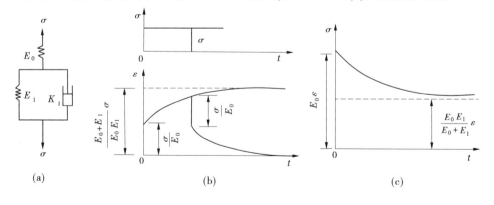

图 2-4-13　麦钦特模型

$$K_1\varepsilon + E_1\varepsilon = \frac{E_0 + E_1}{E_0}\sigma + \frac{K_1}{E_0}\dot\sigma \qquad (2\text{-}4\text{-}10)$$

其应力部分松弛。

薛夫曼模型又称伯格模型,由麦克斯韦体和沃伊特体串联而成(见图 2-4-14),其流变方程为

$$K_1\ddot\varepsilon + E_1\dot\varepsilon = \frac{K_1}{E_0}\ddot\sigma + \left(1 + \frac{E_1}{E_0} + \frac{K_1}{K_0}\right)\dot\sigma + \frac{E_1}{K_0}\sigma \qquad (2\text{-}4\text{-}11)$$

它是非渐止的。

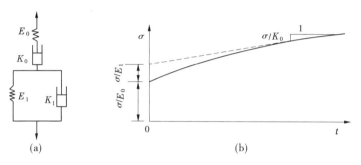

图 2-4-14　薛夫曼模型

广义沃伊特模型由一个麦克斯韦体和 N 个沃伊特体串联组成,总应变为一个麦克斯韦体的应变和 N 个沃伊特体应变之和(见图 2-4-15)。

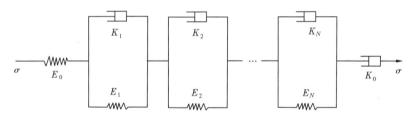

图 2-4-15　广义沃伊特模型

广义麦克斯韦模型由一个沃伊特体和 N 个麦克斯韦体串联组成,总应力为一个沃伊特体和 N 个麦克斯韦体应力之和(见图 2-4-16)。

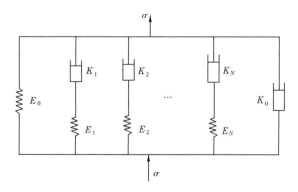

图 2-4-16　广义麦克斯韦模型

2.4.6.3　流变的机制

有些黏性土,尤其是软黏土,具有显著的流变特性。在软土地基上的建筑物的沉降有时在较长的时间内仍不能稳定,固结计算和实际观测超静孔隙水压力已消散完成,沉降却一直在慢慢发展,这种现象就是软土的流变。

例如,软土地基上的高速公路路基填筑完成后,除竖向沉降外,还有侧向的位移。许多现场观测结果表明,在路堤填筑完成后,没有新的荷载使地基软土向外挤压的因素,仅有孔隙水压力的消散引起的体积收缩,路基两侧地基土仍有水平位移发生,而且持续的时间也比较长。这种长时间发生的向外发展的侧向位移就是软土存在剪切流变导致的结果。另外,在具有触变性和结构性的软土地基中进行搅拌桩加固的过程中,施工扰动使软土的结构破坏,在路基填筑过程中由于荷载不断加大导致软土出现剪切流变,并有可能出现流变破坏,最终导致路堤垮塌的严重后果。

黏土的性质受结合水膜的控制和影响。黏土颗粒周围有一层薄膜水包围着,薄膜水受到电分子引力的作用,具有较大的黏滞性。当两个颗粒的距离达到电分子引力的作用范围时,其间的薄膜水同时受到两个颗粒的引力,黏滞性就更大。土粒间距离越小,薄膜水黏滞性越大,土粒就越不易发生相对移动。

在荷载作用下,土体发生变形,很快达到一个相对平衡状态,这就是瞬时变形。然而,这种平衡是相对的、短暂的,在土体内部颗粒排列方式和受力在各个方向下是均匀的,并不平衡。某一方向相邻颗粒靠得近一些、水膜薄一些,就承受较大的力;而另一个方向的相邻颗粒距离就远一些、水膜厚一些,其间的引力作用小一些。这意味着水膜厚度不是均匀的,不同方向的水膜厚度存在一定的差异。薄膜水有从较厚的地方向较薄的方向移动的趋势。这样与相邻颗粒接触处和不接触部分的薄膜水厚度不可能一致,但在移动中有一个寻找最佳状态的趋势,其结果就是使得薄膜水不停地迁移。此外,薄膜水还在颗粒与颗粒之间发生迁移,薄膜水的迁移和颗粒间位置缓慢调整,在宏观上就是体积压缩或剪切变形。由于结合薄膜水的黏滞性较大,其迁移和颗粒之间调整比较缓慢,先是局部调整,然后影响到周围区域的调整,再逐步传播,使得软土的变形长时间发展形成流变,有学者称土的流变为土骨架的变形。

剪切流变仅仅是土颗粒间发生错动,是土体形状的改变,压缩流变涉及土体体积的压缩,就有孔隙水的排出。孔隙水中有一部分原来是自由水,还有一部分原来是薄膜水,在荷载作用和温度变化的情况下转变为自由水,如重力水和毛细水,这种转变和排出也是一个缓慢过程。

薄膜水的黏滞性受温度影响显著,温度越高,分子越活跃,分子运动一定加快,因此黏滞性降低,黏性土的流变速率也就增加。实际上水的黏滞系数是温度的函数。

软土的流变研究主要通过室内流变试验进行。由于室内流变试验的边界条件、受力条件等因素很明确,通过室内相关试验可以解释和揭示软土流变特性的一些基本规律,为建立反映应力、应变、时间之间的关系提供依据。尽管在一些实际工程中也常常对地基土、建筑结构进行长期应力、变形等监测,可以用其数据来验证某些流变特性或流变理论,但要用这些数据研究流变特性或建立相关理论还有不少困难。

图 2-4-17 是将江苏海相软土室内一维蠕变试验结果的汇总得到的变形-时间对数关系曲线。从图 2-4-17(a)中可以看出,按曲线形状可将其分为三种类型:

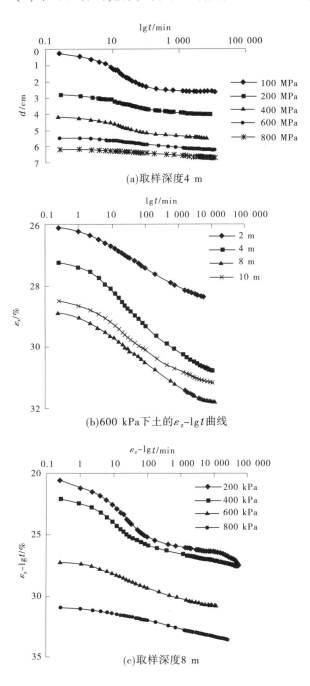

(a)取样深度4 m

(b)600 kPa下土的ε_z-lg$t$曲线

(c)取样深度8 m

图 2-4-17　ε_z-lg$t$ 对数关系曲线

（1）Ⅰ型曲线为典型的倒S形曲线。施加的垂向应力比较低,若用切线法可以将主、次固结两个过程截然分开,连接它们的曲线段上有一明显最大曲率变化点。主固结段上拐点处的切线与次固结直线段的交点,即被认为是主固结完成之处。如图2-4-17(a)中垂直应力水平较低(100 kPa、200 kPa)的固结蠕变曲线。

（2）Ⅲ型曲线特征是无明显的最大曲率变化点。施加的垂向应力比较大,这种情况下曲线已无法像Ⅰ型曲线那样很明显地区分主、次固结。如图2-4-17(a)中600 kPa和800 kPa垂直应力作用下的曲线。

（3）Ⅱ型曲线为Ⅰ、Ⅲ型曲线的过渡型。如图2-4-17(a)中垂直应力水平为400 kPa的曲线。

这种现象是由于土骨架的变形受外力作用大小不同而引起的,或者说与应力水平密切相关。当垂直荷载 $p=800$ kPa,600 kPa时,加荷比等于 $\Delta p/p=1/4$、$1/3$,此时土骨架的变形和孔隙压缩变形同时存在,且土骨架的变形(流变)占有较大比例,从而模糊了主固结变形,使固结蠕变曲线易表现为Ⅲ型。当 $p=200$ kPa,100 kPa时,加荷比为 $\Delta p/p=1/2$、1,此时主固结占较大比例,固结曲线易表现为Ⅰ型。

三轴流变试验的目的:一是想通过试验近似模拟海相软土在加载过程中的变形情况,了解海相软土的变形特征,以指导实际工程的设计与施工;二是通过流变试验获取相关参数,为考虑流变的弹塑性变形的理论作准备;三是通过流变试验了解海相软土的流变破坏特征和流变破坏的极限荷载。图2-4-18~图2-4-20为连云港海相软土三轴流变试验的结果。

试验测得4 m、8 m和10 m深度处的海相软土侧向压力系数 K_0 分别为0.71、0.67和0.68,当竖向荷载加至与围压的比值接近 K_0 值时土样出现流变破坏。这一现象表明在海相软土地区修建高速公路时路堤的高度一旦超过软土的承载能力必将出现流变破坏,沉降将难以稳定。在相关工程(如高速公路、铁路)建设中,对于软土地基,一部分技术人员为

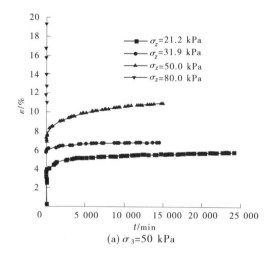

图2-4-18　取样4 m深的海相软土三轴流变试验

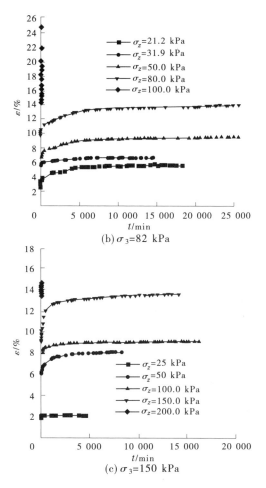

(b) σ_3=82 kPa

(c) σ_3=150 kPa

续图 2-4-18

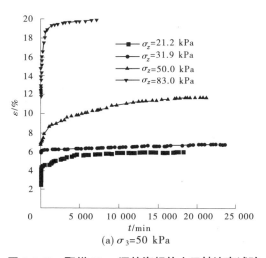

(a) σ_3=50 kPa

图 2-4-19　取样 10 m 深的海相软土三轴流变试验

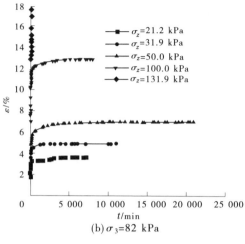

(b) σ_3=82 kPa

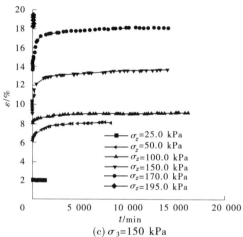

(c) σ_3=150 kPa

续图 2-4-19

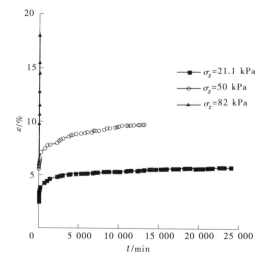

图 2-4-20　取样 8 m 深的海相软土三轴流变试验

达到减小工后沉降的目的,常常采用超载预压,这必须视软土地基土层的力学特性而定,如果土层条件比较差,这时仍采用超载预压可能导致严重后果,应该选择其他控沉技术。

2.5　本章小结

本章主要介绍了软土的成因、分布、判别标准、工程性质、物理力学性质指标、颗粒粒径分布及矿物组成、抗剪强度特性、固结压缩特性、应力应变特性。

第 3 章　换填法

3.1　换填法概述

在规划和设计一般工业与民用建筑时,常可按照地基土的不同物理力学特性和上部建筑物的荷载大小,设计成各种不同形式的基础,如独立基础、条形基础、十字交叉条形基础、筏形基础或箱形基础等,并直接埋置在经过适量开挖而不做任何处理的天然地层上,这种地基称为天然地基。在满足地基容许承载力和建筑物容许变形条件时,应尽量采用天然地基,因为它不但经济,而且施工简便,工期较短。随着人们对建筑物使用需求的发展和建筑技术的进步,重型工业建筑,多层、高层及超高层民用与公共建筑日趋增多,且建筑物的荷载越来越大,当天然地基已不能支承上部荷载和控制建筑物变形时,必须对地基进行加固,也就是把建筑物支承在经过人工处理过的地基上,这种地基称为人工地基。

当软弱土地基的承载力和变形满足不了建筑物的要求,而软弱土层的厚度又不是很大时,将基础底面以下处理范围内的软弱土层的部分或全部挖去,然后分层换填强度较大的砂(碎石、素土、灰土、高炉干渣、粉煤灰)或其他性能稳定、无侵蚀性的材料,并压(夯、振)实至要求的密实度,这种地基处理的方法称为换填法。另外,低洼地域筑高(平整场地、地坪抬高)或堆填筑高(道路路基、园林绿化人造山体)时也会涉及垫层或者堆筑体的施工,其施工方法和质量控制与本章所述的换填法基本相同。

机械碾压、重锤夯实、平板振动可作为压(夯、振、冲击)实垫层的不同机具对待,这些施工方法不但可处理分层回填土,又可加固地基表层土。换填法在国外亦有将它归属于"压实"的地基处理范畴,"压实"可认为是由于排除空气而使空隙减小,因此它不同于"固结","固结"是由于排除孔隙水而使空隙体积减小。换填后将土层压实,就增加了土的抗剪强度,减弱了渗透性、压缩性和液化势,并增加了抗冲刷能力。

换填法适用于淤泥、淤泥质土、湿陷性黄土、素填土、杂填土地基及暗沟、暗塘等的浅层处理。按回填材料不同,垫层可分为砂垫层、砂石垫层、碎石垫层、素土垫层、灰土垫层、二灰垫层、干渣垫层和粉煤灰垫层等;在垫层中铺设土工合成材料可提高垫层的强度和稳定性,称为土工合成材料加筋垫层;在堆筑工程中,为了减小堆筑材料荷载,发明并采用了轻质土工材料,如聚苯乙烯板块,称为聚苯乙烯板块垫层。不同材料的垫层的适用范围见表 3-1-1。虽然不同材料的垫层应力分布稍有差异,但从试验结果分析得到其极限承载力还是比较接近的,通过沉降观测资料发现,不同材料垫层的特点基本相似,故可将各种材料的垫层设计都近似地按砂垫层的计算方法进行计算。但对湿陷性黄土、膨胀土、季节性冻土等某些特殊土采用换土垫层处理时,因其主要处理目的是消除地基土的湿陷性、膨胀性和冻胀性,所以在设计时需考虑的解决问题的关键也应有所不同。

换填法虽也可处理较深的软弱土层,但经常由于地下水位高而需要采取降水措施;坑壁放坡占地面积大或需要基坑支护；以及施工土方量大、弃土多等因素，从而使处理费用增高、工期拖长，因此换填法的处理深度通常宜控制在 3 m 以内，但也不宜小于 0.5 m，因为垫层太薄，则换土垫层的作用并不显著。在湿陷性黄土地区或土质较好的场地，一般坑壁直立或边坡稳定时，处理深度可限制在 5 m 以内。

表 3-1-1　垫层的适用范围

垫层种类		适用范围
砂（砂石、碎石）垫层		多用于中小型建筑工程的滨、塘、沟等的局部处理。适用于一般饱和、非饱和的软弱土和水下黄土地基处理，不宜用于湿陷性黄土地基，也不适宜用于大面积堆载、密集基础和动力基础的软土地基处理，砂垫层不宜用于有地下水，且流速快、流量大的地基处理，不宜采用粉细砂作垫层
土垫层	素土垫层	适用于中小型工程及大面积回填，湿陷性黄土地基的处理
	灰土或二灰垫层	适用于中小型工程，尤其适用于湿陷性黄土地基的处理
粉煤灰垫层		用于厂房、机场、港区陆域和堆场等大、中、小型工程的大面积填筑，粉煤灰垫层在地下水位以下时，其强度降低幅度在 30% 左右
干渣垫层		用于中、小型建筑工程，尤其适用于地坪、堆场等工程的大面积地基处理和场地平整，铁路、道路地基等。但对于受酸性或碱性废水影响的地基不得用干渣作垫层
土工合成材料加筋垫层		护坡、堤坝、道路、堆场、高填方及建（构）筑物垫层等
聚苯乙烯板块垫层		道路工程路基不均匀沉降处理、深软土地基低填方且工期紧迫的路堤修筑工程，高填方工程置换等

换填处理技术是平原地区软弱土处理的常用技术，在山区高等级公路修建过程中也逐步采用。李亚娟依托工程中搜集的资料，总结贵州山区软土的物理力学特征、破坏形式，并归纳总结了用于山区软基处理的方法，根据山区公路软土的特点，分析了两种典型的用于山区软基处理的方法，即粉煤灰垫层法和 CFG 桩复合地基法。蒋国忠经过大量已建工程沉降观测资料及静载荷试验资料证实：选用砂石做换填材料具有沉降速率快、总沉降和差异沉降量小等优点，是山区地基处理中值得普遍推广的方法。党改红、丁伯阳、齐峰结合具体的工程实例应用换填法对杂填土的处理过程进行分析，对以后类似工程具有指导借鉴作用。梅玉龙、陶桂兰鉴于传统的设计方法存在不足，提出了一种改进的方法，经算例验证该法能更好地确定最佳垫层厚度，同时能适应不同的安全要求，具有较大的灵活性。许健等以沈哈线路基 A、B 组填料为研究对象，采用室内冻胀试验，研究粉黏粒含量对其冻胀特性的影响。刘武军、王洁、张向斌提出木桩固基卵石换填法处理淤泥地基可以大幅减小卵石换填层厚度和换填量，采用该方法对渭南市涧峪水库城市供水应急工程

中淤泥地基进行了处理。莫百金介绍了湿软地基常用处理技术,其次结合实际工程,重点介绍换填法处置湿软地基等。

3.2　换填法的加固机制

挖出基底以下全部或部分软弱土,换填为较密实材料,可提高地基承载力并增强稳定性,基础垫层形成整体共同扩散应力以减小地基以下天然土所受的压力,从而减小沉降量,并使下卧层满足承载力的要求,保证基础底面范围内土层压缩性和反力趋于均匀。因此,换填法加固地基能提高承载力,增加地基强度并减小基础沉降。

垫层的作用:提高地基承载力,减小基础沉降量,加速软弱土层的排水固结,防治季节性冻土的冻胀作用,消除地基的湿陷性和胀缩性。

地基浅层处理的最简易做法是表层加固。当需要处理的地基软弱土位于表层,厚度不大或上部荷载较小时,采用表层压实法,可以取得较好的技术经济效果。地基表层压实法一般应用于道路、堆场等,有时也可适于轻型建筑物。经过表层原位压实法加固的地基,同样可用取土样进行土工试验、荷载板试验等检测手段进行验证和质量控制。表层原位压实法可以减少建筑材料的耗用量,施工简便、成本低、工期短,但必须预先正确查明地基的土性状况。当软弱表土层较厚或上部荷载量级较大时,尤应慎重选用。特别要查明加固表层下面的下卧层的特性,以防出现工程事故。表层原位压实法根据不同的施工机械设备和工艺,一般可分为碾压法、振动压实法及重锤夯实法。

3.3　换填法的设计原则及计算方法

3.3.1　换填法设计原则

垫层的厚度和宽度确定是垫层设计的关键内容,换填法可以起到提高地基承载力和减小地基变形的作用,但是针对不同的地基土,其作用机制是不同的。下面结合换填法处理浅部土层的不同作用来介绍不同情况下换填法设计的基本原则。

3.3.1.1　提高地基承载力

浅基础的地基承载力与持力层的抗剪强度有关,以抗剪强度较高的砂或其他填筑材料代替软弱的土,可提高地基的承载力,避免地基破坏。对于以提高地基承载力为目的的垫层,既要求有足够的厚度以置换可能被剪切破坏的软弱土层,又要求有足够大的宽度以防止砂垫层向两侧挤出。土工合成材料加筋垫层则通过垫层中布置的钢筋体来提高地基承载力。

3.3.1.2　减少地基沉降量和湿陷量

一般地基浅层部分沉降量在总沉降量中所占的比例是比较大的。以条形基础为例,在地基深度等于基础宽度的范围内地基沉降量约占总沉降量的50%。如以密实砂或其他填筑材料代替上部软弱土层,就可以减少这部分的沉降量。砂垫层或其他垫层对应力的扩散作用,使作用在下卧层土上的压力较小,这样也会相应减小下卧层土的沉降量。对于这一垫层,其厚度应该满足地基变形的要求。聚苯乙烯板块垫层自重轻,可减小填土荷重,从而达到减小地基沉降量的目的。对于湿陷性黄土地基,采用不具有湿陷性的垫层处理后可大大减小地基湿陷量。在这种情况下,垫层的厚度要满足建筑物对地基剩余湿陷量的要求。

3.3.1.3　防止地基冻胀

因为粗颗粒的垫层材料孔隙大,不易产生毛细管现象,因此可以防止寒冷地区土中结冰所造成的冻胀。这时,砂垫层的底面应满足当地冻结深度的要求。

3.3.1.4　消除膨胀土地基的胀缩作用

在膨胀土地基上可选用砂、碎石、块石、煤渣、二灰或灰土等材料作为垫层以消除胀缩作用。垫层厚度应依据变形计算确定,一般不小于 0.3 m,且垫层宽度应大于基础宽度,而基础的两侧宜用与垫层相同的材料回填。

3.3.2　不同垫层的特性

对砂垫层的设计,既要求有足够的厚度以置换可能被剪切破坏的软弱土层,又要求有足够大的宽度以防止砂垫层向两侧挤出。

素土垫层(简称土垫层)或灰土垫层在湿陷性黄土地区使用较为广泛,这是一种以土治土的处理湿陷性黄土地基的传统方法,处理厚度一般为 1~3 m。通过处理基底下的部分湿陷性土层,可达到减小地基的总湿陷量,并控制未处理土层湿陷量的效果。

粉煤灰是燃煤电厂的工业废弃物,实践证明,粉煤灰是一种良好的地基处理材料,具有良好的物理、力学性能,能满足工程设计的技术要求。粉煤灰垫层适用于厂房、机场、港区陆域和堆场等工程大面积填筑。粉煤灰垫层厚度的计算方法可参照砂垫层。

干渣亦称高炉重矿渣,简称矿渣。它是高炉冶炼生铁过程中所产生的固体废渣经自然冷却而成的。矿渣取代天然碎石是冶金渣综合利用的有效途径之一。矿渣垫层适用于中、小型建筑工程,尤其适用于地坪和堆场工程大面积地基处理和场地整平。对易受酸性或碱性废水影响的地基不得用矿渣作垫层材料。它具有原料量大、工程造价低和节约天然资源等优点。凡缺乏天然砂石料的地区,矿渣用于回填不仅可增加其应用途径,而且可缓解砂石料紧缺的矛盾,因而具有显著的社会效益和经济效益。干渣垫层的厚度和宽度可按砂垫层的计算方法确定,应满足软弱下卧层的强度和变形要求。

除以上砂(砂石、碎石)层、粉煤灰垫层、矿渣垫层、土(素土)和灰土垫层外,还有一些其他类型的垫层:①粉质黏土垫层;②石屑垫层;③工业废渣垫层;④土工合成材料加筋垫层;⑤聚苯乙烯板块垫层。

工程中还有一类垫层可加速软弱地基的排水固结。建筑物的不透水基础直接与软弱土层相接触时,在荷载的作用下,软弱土层地基中的水被迫绕基础两侧排出,因而使基底下的软弱土不易固结,形成较大的孔隙水压力,还可能导致地基强度降低而产生塑性破坏的危险。砂垫层和砂石垫层等垫层材料透水性大,软弱土层受压后,垫层可作为良好的排水面,可以使基础下面的孔隙水压力迅速消散,加速垫层下软弱土层的固结和提高其强度,避免地基土塑性破坏。同一种垫层在不同工程中所起的作用有时也是不同的,如房屋建筑物基础下的砂垫层主要起换土的作用;而在路堤及土坝等工程中,主要是利用砂垫层的排水固结作用。

3.4　换填法的施工方法

3.4.1　施工机械及方法

垫层施工的关键是要达到设计所要求的压实系数。根据垫层施工机械的不同一般可分为机械碾压法、重锤夯实法和平板振动法。不同的施工方法还需要采用合理的施工参数,主要包括垫层分层厚度、施工遍数和施工含水率等,这些施工参数都必须由现场试验确定。

3.4.1.1　机械碾压法

机械碾压法是采用压路机(冲击压路机)、推土机、平碾、羊足碾或其他碾压机械在地基表面来回开动,利用机械自重把垫层或松散土地基压实。此法常用于地下水位以上大面积垫层或填土的压实及一般非饱和黏性土和杂填土地基的浅层处理。

采用冲击压路机进行碾压的方法又被称为冲击碾压法。以曲线为边而构成的正多边形冲击轮在位能落差与行驶动能相结合下对工作面进行静压、揉搓、冲击。在这种“揉压-碾压-冲击”的综合作用下土石颗粒重新组合,强迫排出积在土石颗粒之间的空气和水,细颗粒逐渐填充到粗颗粒孔隙中,从而使土体得到压实。与一般压路机相比,冲击碾压机具有处理面积大、行近速度高(一般可达 10~15 km/h)和工效高的特点。我国于1995 年从南非引入该技术,并在路基工程中得到了广泛应用,为了更好地促进冲击碾压技术的发展,交通部于 2006 年颁布了《公路冲击碾压应用技术指南》。工程实践表明,因土质、冲击压路机的型号、应用条件各不相同,冲击碾压的压实效果、施工工艺、质量控制亦不相同。因此,施工前应修筑试验路段,以确定采用的压路机型号和施工工艺。另外,根据上海地区冲击碾压工程实践的经验,对于地下水位较高的地区,冲击碾压宜结合降水联合进行。冲击碾压施工还应考虑可能对居民、构造物等周围环境带来的影响,可采取以下两种减震隔震措施:①开挖宽 0.5 m、深 1.5 m 左右的隔震沟;②降低冲击压路机的行进速度,增加冲压遍数。

3.4.1.2　重锤夯实法

重锤夯实法是用起重机将夯锤提升到某一高度,然后自由落锤,不断重复夯击以加固地基。重锤夯实法一般适用于地下水位距地表 0.8 m 以上稍湿的黏性土、砂土、湿陷性土、杂填土和分层填土。重锤夯实法的主要设备为起重机械、夯锤、钢丝绳和吊钩等。当直接用钢丝绳悬吊夯锤时,吊车的起重能力一般应大于锤重的 3 倍。采用脱钩夯锤时,起重能力应大于夯锤重量的 1.5 倍。

重锤夯实宜按一夯挨一夯的顺序进行。在独立柱基基坑内,宜按先外后里的夯击顺序夯击。同一基坑的底面标高不同时,应按由下到上的顺序逐层夯实。累计夯击 10~20次,最后两击平均夯沉量,对砂土不应超过 5~10 mm,对细粒土不应超过 10~20 mm。重锤夯实的现场试验应确定最少夯击遍数、最后平均夯沉量和有效夯实深度等。一般重锤夯实的有效夯实深度可达 1 m,并可消除 1.0~1.5 m 厚土层的湿陷性。

3.4.1.3　平板振动法

平板振动法是使用振动压实机来处理无黏性土或黏粒含量少、透水性较好的松散杂填土地基的一种方法。

振动压实机的工作原理是由电动机带动两个偏心块以相同速度反向转动而产生很大的垂直振动力。振动压实的效果与填土成分、振动时间等因素有关,一般振动时间越长,效果越好,但振动时间超过某一值后,振动引起的下沉基本稳定,再继续振动就不能起到进一步压实的作用。为此,需要施工前进行试振,得出稳定下沉量和时间的关系。

振实范围应从基础边缘放出 0.6 m 左右,先振基槽两边,后振中间,其振动的标准是以振动机原地振实不再继续下沉为合格,并辅以轻型触探试验检验其均匀性及影响深度,振实后地基承载力宜通过现场载荷试验确定。一般经振实的杂填土地基承载力可达 100 ~ 120 kPa。

3.4.2　垫层材料及施工工艺

3.4.2.1　砂(石)垫层

砂(石)垫层材料,宜选用颗粒级配良好、质地坚硬的中砂、粗砂、砾砂、圆砾、卵石或碎石等,料中不得含有植物残体、垃圾等杂质,且含泥量不超过 5%。用细砂作填筑材料时,应掺入 30% ~ 50% 的碎石,碎石最大粒径不宜大于 50 mm,当碾压(或夯、振)功能较大时,亦不宜大于 80 m。用于排水固结地基垫层的砂石料,含泥量不宜超过 3%。

干密度为砂垫层施工质量控制的技术标准,设计要求的干密度可由击实试验给出的最大干密度乘以设计要求压实系数求得。在无击实试验资料时,可把中密状态的干密度作为设计要求的密度:中砂为 1.6 t/m³,粗砂为 1.7 t/m³,碎石和卵石为 2.0 ~ 2.2 t/m³。

3.4.2.2　素土(或灰土、二灰)垫层

素土中有机质含量不得超过 5%,亦不得含有冻土或膨胀土,不得夹有砖、瓦和石块等渗水材料,碎石粒径不得大于 50 mm。灰土的体积比宜为 2∶8 或 3∶7。土料宜用黏性土及塑性指数大于 4 的粉土,不得含有松软杂质,并应过筛,其颗粒不得大于 15 mm。石灰宜用新鲜的消石灰,其颗粒不得大于 5 mm。

控制垫层质量的压实系数 λ_c 应符合:当垫层厚度不大于 3 m 时,$\lambda_c \geq 0.93$;当垫层厚度大于 3 m 时,$\lambda_c \geq 0.95$。

素土(或灰土、二灰)垫层采用分层填夯(压)实的施工方法。分层铺填厚度应该按照所采用的施工机具来确定,素土(或灰土、二灰)材料的施工含水率宜控制在最优含水率 ±2% 的范围内。素土(或灰土等)垫层分段施工时不得在柱基、墙角及承重窗间墙下接缝。上下两层的缝距不得小于 500 mm。灰土应拌和均匀,应当日铺填夯压,压实后 3 d 内不得受水浸泡。

3.4.2.3　粉煤灰垫层

粉煤灰垫层可采用分层压实法,压实机具有压路机和振动压路机、平板振动器、蛙式打夯机。机具选用应按工程性质、设计要求和工程地质条件等确定。粉煤灰不应采用水沉法或浸水饱和施工法。

对过湿粉煤灰应沥干装运,装运时含水率以 15% ~ 25% 为宜。底层粉煤灰宜选用较

粗的灰,并使含水率稍低于最佳含水率。施工压实参数可由室内击实试验确定。压实系数一般可取 0.9~0.95,根据工程性质、施工机具、地质条件等因素确定。

垫层填筑应分层铺筑和碾压。虚铺厚度、碾压遍数应通过现场小型试验确定。若无试验资料,可选用铺筑厚度为 200~300 mm、碾压后的压实厚度为 150~200 mm。施工压实含水率可控制在 ω_{op}±4% 范围内。小型工程可采用人工分层摊铺,在整平后用平板振动器或蛙式打夯机进行压实。施工时须一板压 1/3~1/2 板,往复压实,由外围向中间进行,直至达到设计密实度要求。大中型工程可采用机械摊铺,在整平后用履带式机具初压二遍,然后用中、重型压路机碾压,施工时须一轮压 1/3~1/2 轮,往复碾压,后轮必须超过两施工段的接缝。碾压次数一般为 4~6 遍,碾压至设计密实度即可。

施工时最低气温不低于 0 ℃,以防止粉煤灰冻胀。每一层粉煤灰垫层验收合格后,应及时铺筑上层或采用封层,以防干燥松散起尘污染环境,并禁止车辆在其上行驶。

3.4.2.4 干渣垫层

干渣垫层材料可根据工程具体条件选用分级干渣、混合干渣或原状干渣。小面积垫层一般用 8~40 mm 与 40~60 mm 的分级干渣,或 0~60 mm 的混合干渣;大面积铺垫时可采用混合干渣或原状干渣,原状干渣最大粒径不大于 200 mm 或不大于碾压分层虚铺厚度的 2/3。

用于垫层的干渣技术条件应符合下列规定:稳定性合格;松散密度不小于 1.1 t/m³;泥土与有机质含量不大于 5%。对于一般场地平整,干渣质量可不受上述指标限制。

施工采用分层压实法。压实可用平板振动法或机械碾压法。小面积施工宜采用平板振动器振实,电动功率大于 1.5 kW,每层虚铺厚度为 200~250 mm,振捣遍数由试验确定以达到设计密实度为准。大面积施工宜采用 8~12 t 压路机,每层虚铺厚度不大于 300 mm;也可采用振动压路机碾压,碾压遍数均可由现场试验确定。根据冶金部对矿渣垫层的研究,无论是采用碾压施工还是采用振动法施工,当满足压实条件时,均可获得很高的变形模量,从而满足工程要求。

3.4.2.5 土工合成材料垫层

土工合成材料上的第一层填土摊铺宜采用轻型推土机或前置式装载机。一切车辆、施工机械只容许沿路堤的轴线方向行驶。铺设土工合成材料时,地基土层顶面应平整,防止土工合成材料被刺穿、顶破。回填填料时,应采用后卸式卡车沿加筋材料两侧边缘倾卸填料,以形成运土的交通便道,并将土工合成材料张紧。填料不允许直接卸在土工合成材料上面,必须卸在已摊铺完毕的土面上,卸土高度以不大于 1 m 为宜,以免造成局部承载力不足。卸土后应立即摊铺,以免出现局部下陷。

第一层填料宜采用推土机或其他轻型压实机具进行压实,只有当已填筑压实的垫层厚度大于 60 cm 后,才能采用重型压实机械压实。

3.4.2.6 聚苯乙烯板块垫层

聚苯乙烯板块垫层施工时,宜按施工放样的标志沿中线向两边采用人工或轻型机具把 EPS 块体准确就位,不许重型机械或拖拉机在 EPS 块体上行驶。EPS 块体与块体之间分别采用连接件单面爪(底部和顶部)、双面爪(块体之间)和"L"形金属销钉连接紧密。

3.5　质量检验

垫层施工质量检验的主要项目是垫层的密实程度。垫层的施工质量检验必须分层进行。应在每层的压实系数符合设计要求后填上层土。

对粉质黏土、灰土、粉煤灰和砂石垫层的施工质量检验可用环刀法、贯入仪、静力触探、轻型动力触探或标准贯入试验检验;对砂石、矿渣垫层可用重型动力触探检验,并均应通过现场试验以设计压实系数所对应的贯入度为标准检验垫层的施工质量。压实系数也可用环刀法、灌砂法、灌水法或其他方法检验。

竣工验收采用荷载试验检验垫层承载力时,每个单体工程不宜少于 3 点,对于大型工程则应按单体工程的数量或工程的面积确定检验点数。

3.6　工程案例

3.6.1　工程概况

本项目位于三灶科技工业园北部,贯通生物医药产业园,衔接定家湾东片区和生物医药产业园西片区,既是生物医药产业园的园区道路,也是三灶镇重要的交通道路,承担着生物医药园区对外交通联系和园区内部交通联系的交通职能,其建设是三灶镇定家湾东片区、生物医药产业园区和三灶镇区域路网规划落地的重要内容,是生物医药产业园和定家湾东片区产业发展的必然要求。

珠海航空产业园生物医药二期市政配套工程位于珠海市航空产业园(三灶镇西北部),本项目为综合性市政配套工程,Ⅰ标段包含 1 条主干路、1 条次干路、1 条支路,道路施工总长约 2 km,工程位置如图 3-6-1 所示。

具体规模如下:

(1)湖滨路西段:西起湖滨路西段($X = 2\ 441\ 924.981$、$Y = 96\ 981.278$),东至机场西路($X = 2\ 441\ 488.227$、$Y = 97\ 637.311$),道路全线均为直线,道路施工长度 711.767 m,为城市主干路,呈东西走向,道路宽度为 50 m。

(2)南湾路西段:西起滨河路($X = 2\ 441\ 596.729$、$Y = 96\ 803.784$),东至机场西路($X = 2\ 441\ 219.875$、$Y = 97\ 552.544$),道路全线均为直线,道路施工长度 647.601 m,为城市支路,呈东—西走向,道路宽度为 18 m。

(3)规划一路:北起湖滨路西段($X = 2\ 441\ 716.359$、$Y = 97\ 294.643$),南至规划五路西段($X = 2\ 440\ 802.250$、$Y = 96\ 911.310$),道路全线设 2 个交点,交点 1 位于 CK0+362.013,道路偏角 10°59′52.8″,交点 2 位于 CK0+549.121,道路偏角 38°14′2.4″,圆曲线半径均为 300 m,道路施工长度为 647.338 m,为城市次干路,呈南北走向,道路宽度为 24 m。

珠海航空产业园生物医药二期市政配套工程项目总布置和效果分别见图 3-6-2 和图 3-6-3。

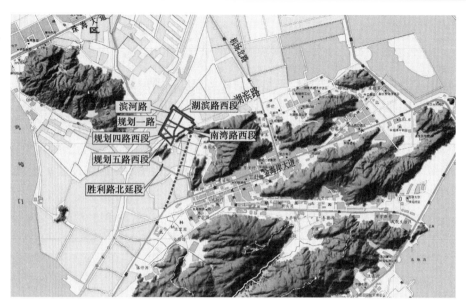

图 3-6-1　珠海航空产业园生物医药二期市政配套工程位置

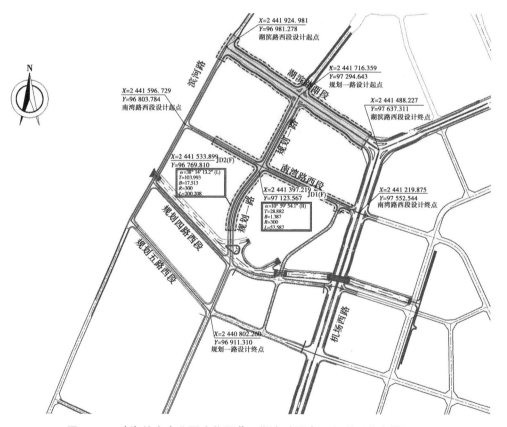

图 3-6-2　珠海航空产业园生物医药二期市政配套工程项目总布置图

图 3-6-3　珠海航空产业园生物医药二期市政配套工程效果图

3.6.2　工程水文地质条件

3.6.2.1　地形地貌

拟建场地位于珠海市金湾区航空产业园。根据场地地形条件和现场勘探结果,场地地貌属滨海沉积平原和丘陵两个类型。滨海沉积平原地貌大部分地段已填土平整,局部有鱼塘分布。丘陵地貌场地已经基本平整,地势总体相对平坦开阔,起伏不大。勘察期间钻孔最高地面高程 4.29 m,最低地面高程 0.55 m,平均地面高程 1.92 m。

3.6.2.2　气候

珠海濒临南海,地处低纬度地区,冬夏季风交替明显,终年气温较高,偶有阵寒,但无严寒,夏不酷热,年、日温差小,属南亚热带海洋性季风气候。

珠海地区年均日照时数为 1 991.8 h,太阳辐射年总量为 4 651.6 MJ/m²。年平均气温为 22.4 ℃,最热月(7 月)平均气温为 28.6 ℃,极端最高气温 38.5 ℃,日气温高于 35 ℃的天数全年只有 2 d;最冷月(1 月)平均气温为 14.5 ℃,历年极端最低温度也出现在此段时间,极端最低气温 2.5 ℃。

珠海地区降雨量丰富,介于 1 700~2 200 mm,但降雨在年内分配不均,主要集中在雨季(4—9 月),占年降雨量的 84%,日降雨强度平均在 11.7~20.2 mm,暴雨集中在雨季;10 月到翌年 3 月为旱季,雨量只有 308.1 mm,仅占年降雨量的 16%。

珠海地区风速较大,年平均风速为 3.3 m/s,累年最大风速超过 12 级,有 40 m/s 以上的记录,最大风速出现在 8—10 月,均是台风影响的结果。珠海位于珠江口段的中心,属台风多登陆地段,平均每年受影响 4.1 次,其中从本区登陆的台风,年平均 1.4 次,并伴随有暴雨、暴潮和巨浪,每年的 7—10 月是台风的盛季。常年盛行风向为东南风和东北风,频率均在 10%,较多风向集中在 N—E—SE,最少风向为 NW-WSW。珠海地区重现期 10 年、50 年、100 年的基本风压分别为 0.50 kN/m²、0.85 kN/m²、1.00 kN/m²。

3.6.2.3　地质条件

本次钻探揭露岩土层分为人工填土层(Q_4^{ml})、第四系海陆交互相沉积层(Q_4^{mc})、残积层(Q^{el})、寒武系长石石英砂岩(ε),按地质年代和成因类型来划分自上而下为:

1. 人工填土层(Q_4^{ml})

(1)填筑土①₁。灰黄色、黄褐色,由砂岩风化土,石英砂及碎、块石组成,局部块石含量较多,松散—稍压实,稍湿—湿。块石粒径 0.15~1.00 m,含石率 30%~60%。该层场地内分布广,场内共 88 个钻孔揭露到该层,揭露层厚 0.50~6.50 m,平均层厚 2.96 m;层底面标高 -4.83~0.70 m。

(2)块石①₂。灰黄色、灰色、紫红色等,主要由砂岩碎、块石回填而成,混少量黏性土及砂粒,稍压实。局部呈松散状态,整体欠固结。该层场地内分布少,场内仅 8 个钻孔揭露到该层,揭露层厚 2.00~5.30 m,平均层厚 4.01 m;层底面标高 -1.90~1.88 m。

2. 第四系海陆交互相沉积层(Q_4^{mc})

(1)淤泥②₁。灰黑色,流塑为主,饱和,具腥臭味。主要成分为黏粒,含腐殖质及少量贝壳碎屑。干强度中等,韧性低。该层场地内分布广泛,除 GHHW4~GHHW6、GHY13、NWX9、ZK16~ZK20 孔外其他钻孔均揭露到该层,揭露层厚 1.80~23.40 m,平均层厚 13.03 m;层底面标高 -24.72~-1.86 m。

(2)淤泥质土②₂。灰褐色,湿,流塑,主要由黏粒组成,局部夹少量粗砂。含腐殖质及贝壳碎屑,具腥臭味。该层场地内分布较广,场内共 82 个钻孔揭露到该层,揭露层厚 0.80~17.70 m,平均层厚 7.12 m;层底面标高 -36.25~-0.62 m。

(3)粉质黏土②₃。褐黄色、灰褐色,软塑—可塑,湿。成分以黏粒为主,粉粒为次,黏性一般—较好。土质较均匀—不均匀,局部含较多粗粒。该层场地内分布一般,场内共 56 个钻孔揭露到该层,揭露层厚 1.30~14.00 m,平均层厚 5.15 m;层底面标高 -45.13~-16.21 m。

(4)粗砂②₄。褐黄色、灰白色,饱和,以松散—稍密为主,颗粒矿物成分主要为石英,次棱角状,分选性一般,含黏粒,夹薄层黏性土。该层场地内分布较少,场内共 24 个钻孔揭露到该层,揭露层厚 1.10~11.70 m,平均 4.58 m;层底面标高 -31.82~-18.71 m。

3. 残积层(Q^{el})

为砂质黏性土③,灰黄色、褐黄色,湿—饱和,可塑—硬塑,原岩结构依稀可辨,矿物成分除石英外均风化成土,遇水易软化。该层场地内分布一般,场内共 58 个钻孔中揭露到该层,揭露层厚 0.80~21.70 m,平均层厚 7.41 m;层底面标高 -51.95~-2.74 m。

4. 寒武系长石石英砂岩(ε)

(1)全风化砂岩④₁。褐黄色、灰黄色等,湿,硬塑状,原岩结构可辨,矿物成分除石英外均风化成土,岩芯呈土柱状。岩石坚硬程度为极软岩,岩体完整程度为极破碎,岩体基本质量等级为 V 类。该层场地内分布较广,勘探深度范围内共 71 孔中揭露到该层,揭露层厚 0.60~17.60 m,平均层厚 4.38 m;层顶面标高 -51.95~-1.14 m。

（2）强风化砂岩④₂。灰黄色、灰褐色等，很湿，硬塑—坚硬状，原岩细粒结构清晰，节理裂隙极发育，岩芯呈半岩半土状，局部夹有中风化岩碎块。岩石坚硬程度为软岩，岩体完整程度为破碎，岩体基本质量等级为Ⅳ类。勘探深度范围内共 29 个钻孔揭露到该层，揭露层厚 0.50～16.20 m，平均层厚 5.59 m；层顶面标高−52.34～−0.62 m。

（3）中风化砂岩④₃。灰黄色、灰褐色等，细粒结构，块状构造，岩芯大部分呈碎块状、少数呈短柱状，锤击易碎，裂隙发育。属坚硬岩，岩体完整程度为较完整，岩体基本质量等级为Ⅲ级。勘探深度范围内共 9 个钻孔揭露到该层，揭露层厚 1.50～6.00 m，平均层厚 4.82 m；层顶面标高−36.12～−13.07 m。

根据地基土的时代、成因、物理力学性质、土工试验结果及现场原位测试指标，并结合地区经验综合分析，提供南湾西路地层岩性的物理力学参数见表 3-6-1。

表 3-6-1 南湾西路地层岩性的物理力学参数

分层号	土的名称	状态	重度 γ/(kN/m³)	含水率 w/%	孔隙比 e	压缩系数 $a_{v_{1-2}}$/MPa⁻¹	压缩模量 $E_{s_{1-2}}$/MPa	直剪 黏聚力/kPa	直剪 内摩擦角/(°)	地基承载力基本容许值 f_{e0}/kPa
①₁	填筑土	松散～稍压实	17.8	29.2	0.954	0.499	4.04	15.0	12.0	75
①₂	块石	稍压实	—	—	—	—	—	—	—	200
②₁	淤泥	流塑	15.2	76.8	2.049	2.215	1.47	2.3	1.8	40
②₂	淤泥质土	流塑	16.5	53.4	1.450	1.133	2.21	6.9	5.9	60
②₃	粉质黏土	软塑—可塑	18.3	29.4	0.909	0.497	4.00	21.6	16.8	140
②₄	粗砂	松散～稍密	20.5	15.2	0.495	0.152	10.70	—	25.6	160
③	砂质黏性土	可塑～硬塑	18.7	26.7	0.809	0.383	4.93	22.5	23.9	250
④₁	全风化砂岩	硬塑	18.8	26.1	0.791	0.352	5.22	23.3	25.6	350
④₂	强风化砂岩	硬塑—坚硬状	—	—	—	—	—	—	—	500
④₃	中风化砂岩	碎块～短柱状	单轴抗压强度值：f_{rk} = 73.5 MPa							1 800

3.6.2.4　水文条件

1. 地表水

拟建场地通过人工填筑形成陆地,存在未填筑的水塘、人工修筑的沟渠。地表水主要受邻近区域径向渗流、大气垂直降水影响。

2. 地下水

拟建场地地下水主要有两种赋存方式:一是第四系土层孔隙水;二是基岩裂隙水,它们都与海水有较大的水力联系。

1)第四系土层孔隙水

第四系土层孔隙水的主要类型属潜水,主要赋存于人工填土层及海陆交互相沉积层中,砂层中地下水具有承压性。第四系孔隙潜水主要赋存于①层填土中和②$_4$层粗砂中,水量一般,为相对强透水层。

2)基岩裂隙水

基岩裂隙水主要是各风化带裂隙水,砂岩强风化带是主要储水层段。基岩裂隙水具如下特征:即地下水的分布受赋存岩体裂隙发育程度的影响较大,具明显的各向异性特点,属非均质渗流场,在节理裂隙较发育的地段,裂隙水赋存丰富,且透水性较强。

拟建场地地下水的补给来源主要是大气降水竖向入渗,同时与地表水体互为补给,地下水主要以蒸发及地下径流方式排泄。地下水位的变化与季节关系密切。雨季时,大气降水充沛,地下水水位上升;而在枯水期因降水减少,地下水位会随之下降。

对本线路有影响的地下水主要为潜水,潜水主要赋存于①层填土中,富水性较弱—中等,主要接受大气降水和地表水的补给。勘探期间量测的潜水初见水位和稳定水位相差不大,稳定水位 0.24~2.54 m,静止水面最高高程 2.04 m,最低高程 0.31 m,平均高程 1.08 m。水位变化因气候、季节而异。

根据地区经验,场地地下水水位年变化幅度在 1.50~2.00 m。

3.6.2.5　工程地质评价

(1)填筑土(①$_1$)。呈松散—稍压实状态,结构不均匀,局部含 30%~60% 的碎、块石。为 2013 年人工堆填,结构松散,整体未完成自重固结,下伏软弱层,易产生沉降变形,不可作为拟建道路基础持力层。

(2)块石(①$_2$)。场地东南侧部分钻孔有分布,主要为砂岩风化碎石、块石等,为 2013 年人工堆填,结构松散,若其下部无软弱土层分布,可以作为拟建道路基础持力层。

(3)淤泥(②$_1$)。该层具含水率高、孔隙比大、透水性差、高灵敏度、高压缩性、低强度、易发生蠕变和扰动、工程性质差、承载力低等特性。属均匀的高压缩性地基土,未经软基处理,不可作为拟建道路的基础持力层。

(4)淤泥质土(②$_2$)。呈饱和、流塑状态,该层具含水率高、孔隙比大、透水性差、高灵敏度、高压缩性、低强度、易发生蠕变和扰动、工程性质差、承载力低等特性。属均匀的高压缩性地基土,未经软基处理,不宜选作拟建道路的基础持力层。

(5)粉质黏土(②$_3$)。呈饱和、可塑状态,具中等强度及中等压缩性,属均匀的中等压缩性地基土。有一定承载力,可以根据拟建项目上部荷载需要选作道路的桩基础持力层。

(6)粗砂(②$_4$)。呈饱和、松散—稍密状态,属不甚均匀的中等压缩性地基土。有一定承载力,可以根据拟建项目上部荷载需要选作道路的桩基础持力层。

(7)砂质黏性土(③)。呈湿—饱和、可塑—硬塑状态,埋深相对较大,具较高强度和中等压缩性,可选作拟建道路的桩基础持力层。

(8)全风化砂岩(④₁)。呈湿、硬塑状态,该层具中高强度,中低压缩性,为性质较好的地基土,但分布不均匀,层厚变化较大。可选作拟建道路的桩基础持力层,不宜选作拟建桥梁的桩基础持力层。

(9)强风化砂岩(④₂)。呈很湿、硬塑—坚硬状,具高强度和低压缩性,可作为拟建道路及桥梁的桩基础持力层。

(10)中风化砂岩(④₃)。该层高强度,基本不可压缩,为性质好的地基土,埋藏较深,可作为拟建桥梁的桩基础持力层。

3.6.2.6 不良地质与特殊性岩土

场地地貌属滨海沉积平原和丘陵地貌。据本次勘察及钻探揭露,场地范围内未揭露有断裂带、古河道、墓穴等不良地质现象。场地内及附近未发现地面塌陷、地裂、滑坡和崩塌、泥石流等地质灾害现象。场地主要不良地质现象是广布厚层淤泥软土层。

淤泥软土层具高压缩性和触变性,自然条件下因淤泥的长期固结压缩会导致地面持续缓慢下沉,淤泥类软土层因自重固结会对桩基础产生负摩阻力,还会给基坑开挖及支护带来不利影响。除此之外,未发现其他不良、灾害地质现象。

3.6.3 设计施工方案

3.6.3.1 软土路基处理原则

软土路基经处理后,要求使用期内不发生较大的沉降和不均匀沉降,路面结构完整并且车辆行驶平稳、安全、舒适。同时,路基在施工期和使用期不发生局部或整体破坏。

软基处理主要遵循技术可行、造价合理的原则,根据场地地形地貌、地勘报告、周边建筑物分布情况等,分路段采用不同的软基处理方法。

1. 一般路段

道路分布场地开阔。周边无建筑物及地下管线,采用真空联合堆载预压处理。考虑到快速路、主干路两侧场地后期开发以及地基处理对道路路基的影响,在道路路基外20 m 范围采用堆载预压处理,避免互相影响。

2. 桥头及道路衔接段

为避免不均匀沉降过大,路桥接合部采用管桩→素混凝土桩过渡段,素混凝土桩过渡段进行桩间距渐变过渡处理,保证刚度均匀过渡。

3. 不同软基处理加固区过渡段、真空区黏土墙过渡段

为避免不均匀沉降,真空联合堆载预压处理区与复合地基处理区过渡段采用土工格栅+碎石进行过渡;两个真空联合堆载预压区之间设置了黏土墙,为避免黏土墙处形成一个刚性较大的区域,需在黏土墙前后一定长度范围内进行过渡。采用土工格栅+碎石进行过渡,换填法处理软土地基路段纵断面图如图 3-6-4 所示。

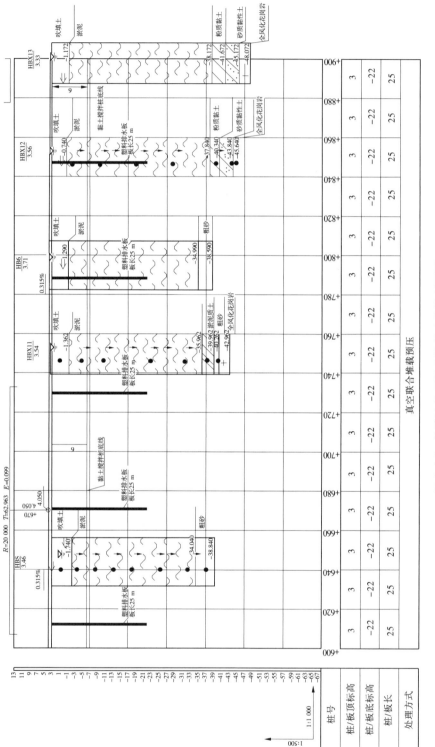

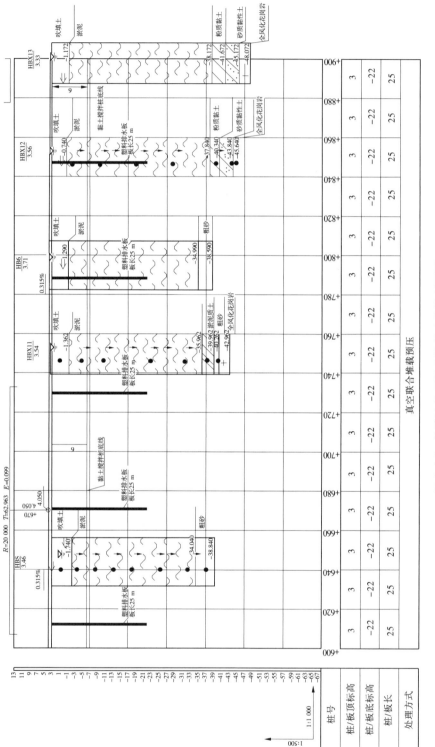

图 3-6-4　换填法处理软土地基路段纵断面图

3.6.3.2 软基处理技术标准

(1)快速路、主干路路面使用年限(沥青路面 15 年)内工后容许固结沉降≤30 cm,桥台与路堤相邻处≤10 cm,涵洞、通道处≤20 cm。

(2)次干路路面使用年限(沥青路面 15 年)内工后固结沉降≤50 cm。

(3)支路路面使用年限(沥青路面 10 年)内工后固结沉降≤50 cm。

(4)处理后交工面浅层地基承载力特征值≥120 kPa。

3.6.3.3 软基处理设计变更

珠海航空产业园生物医药二期市政配套工程 I 标段。

1. 变更内容

根据项目南湾路 BK0+738~BK0+787.601 段地勘报告,该段上部分布填筑土,下部为砂岩风化层。设计软基处理方案为开挖至标高±0.00 m 后,换填 2.5 m 厚石屑。

该段开挖至标高±0.00 m 后发现,现状多为淤泥或淤泥质土,与地勘报告所揭露地质情况不符,无法按原设计进行施工。

经现场探坑,确认该段淤泥平均厚约 2 m(开挖至标高±0.00 m 后)。其中一个探坑点选取为原勘察钻孔点,±0.00 m 以下为填筑土,与地勘报告一致。变更原因主要为地形突变。

2. 变更原因

结合现场实际情况,拟将该段淤泥全部挖除换填石屑、碎石混合料,做出变更,变更后的软基处理方案见图 3-6-5,换填处理路段平面图见图 3-6-6。

3. 变更工程量道路工程

核增:石屑 4 552.43 m³,碎石 1 951.04 m³,外购土 812.93 m³。核减:石屑 4 064.67 m³。

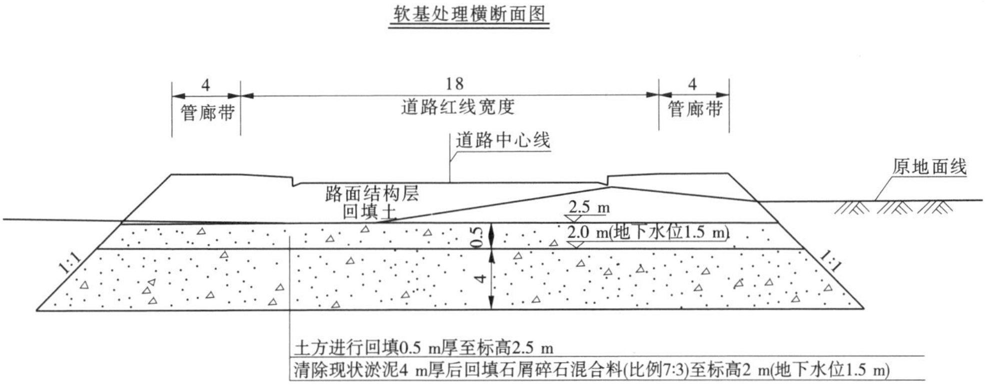

软基处理横断面图

说明:1. 本图尺寸除注明外,余均以 m 为单位;

2. 换填部分压实度应达到 95%;

3. 砂砾材料的最大粒径应小于 50 mm,砾石强度不低于四级(洛杉矶法磨耗率小于 60%);

4. 本图适用于南湾路西段(BK0+738~BK0+787.601)。

图 3-6-5 南湾路西段(BK0+738~BK0+787.601)软基处理方案

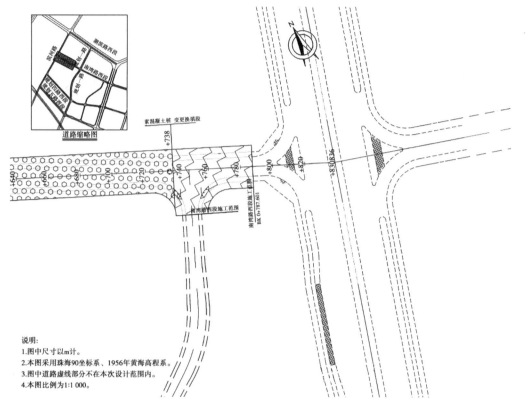

图 3-6-6　换填处理路段平面图

3.7　换填法的数值模拟分析

3.7.1　计算参数

数值模型中地基土体、换填材料参数见表 3-7-1。填筑土、淤泥、淤泥质土、粉质黏土、粗砂、砂质黏性土、全风化砂岩分别采用线弹性模型和 Mohr-Coulomb 模型，根据地勘报告确定土体的渗透系数，土体自重根据土体实际重度确定。路堤回填料采用线弹性模型和 Mohr-Coulomb 模型，但不考虑回填料的渗透性，根据实际材料重度添加自重。

表 3-7-1　数值模型中地基土体、换填材料参数

岩土名称	层厚/m	密度/(g/cm³)	含水率/%	孔隙比	压缩系数/MPa⁻¹	压缩模量/MPa	泊松比	弹性模量/MPa	直剪快剪		渗透系数/(m/d)
									黏聚力/kPa	内摩擦角/(°)	
填筑土	2.9	1.80	28.4	0.918	0.487	3.94	0.28	3.08	21.0	15.4	0.000 086 4
淤泥	9.8	1.53	76.0	2.028	2.150	1.43	0.33	0.97	2.4	1.9	0.000 181

续表 3-7-1

岩土名称	层厚/m	密度/(g/cm³)	含水率/%	孔隙比	压缩系数/MPa⁻¹	压缩模量/MPa	泊松比	弹性模量/MPa	直剪快剪		渗透系数/(m/d)
									黏聚力/kPa	内摩擦角/(°)	
淤泥质土	8.0	1.66	53.0	1.439	1.118	2.18	0.3	1.62	7.0	6.0	0.000 215
粉质黏土	5.2	1.84	29.1	0.896	0.486	3.92	0.28	3.07	21.9	17.2	0.001 85
粗砂	3.6	2.06	14.8	0.482	0.145	10.28	0.25	8.57	1.5	27.2	0.852
砂质黏性土	6.5	1.88	26.6	0.803	0.374	4.83	0.25	4.28	22.7	24.0	0.058
全风化砂岩	11.5	1.89	25.9	0.787	0.348	5.15	0.22	4.51	23.5	25.8	0.285
回填料	4.5	2.0		0.6			0.25	45.00	45.0	38.0	

3.7.2　计算模型

采用 ABAQUS 有限元软件建立换填法处理软土地基的二维数值模型,如图 3-7-1 所示。充分考虑边界条件影响,取模型宽度为 500 m,模型高度为 43 m。计算模型土层及参数如表 3-7-1 所示。加固区宽度为 41 m,从天然地表开挖清除 4 m 厚吹填土和淤泥,之后在加固区换填 4.5 m 厚碎石回填料,回填断面边坡坡度为 1:1。

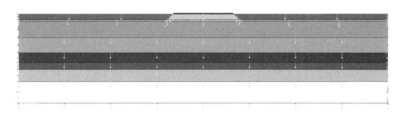

图 3-7-1　软土地基换填处理数值模型

3.7.3　单元类型及网格划分

地基土体采用二维四节点孔压单元 CPE4P 进行划分,换填材料采用二维平面应变四节点单元 CPE4 进行划分,网格划分情况如图 3-7-2 所示。采用生死单元法模拟天然地基表面的清淤施工,再分层进行回填。

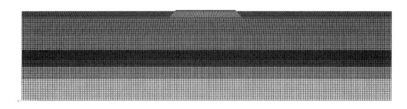

图 3-7-2　软土地基换填处理网格划分

3.7.4　荷载条件、边界条件、分析步

荷载条件:考虑换填后堆载下地基的排水固结作用,地基各土层均采用 body force 进行土体自重应力施加。

边界条件:计算模型左右边界采用水平位移边界条件,水平位移设置为 0;在模型底部设置竖向位移边界条件,竖向位移设置为 0;在地基土表面设置为排水边界,排水边界孔压设置为 0。

分析步:软土地基的换填加固共分为 4 个步骤。

步骤一:自重应力,根据地基土层的实际重度进行设置,通过自重应力平衡模拟实际的地基应力场,并消除地基中的初始位移,计算步时间为 1 s。

步骤二:采用生死单元法模拟地基表层淤泥开挖,将厚度为 1.4 m 的吹填土及厚度为 2.6 m 的淤泥单元进行消除,计算步时长为 5 d。

步骤三:采用生死单元法模拟地基换填,生成厚度为 4.5 m 的换填料,并施加换填材料的土体自重应力,模拟地基堆载计算步时长为 20 d。

步骤四:进行软土地基换填后的工后沉降及地基承载特性分析,考虑换填后地基的沉降、水平位移、孔压、应力、塑性变形等,分析地基换填后的工后沉降及承载特性,计算步时长为 5 年。

3.7.5　结果分析

3.7.5.1　地基变形与位移

1. 地表沉降

换填法处理软土地基的沉降见图 3-7-3。图 3-7-3(a)为自重应力平衡完成后,地基的初始位移云图,在自重应力平衡之后,地基中产生了初始地应力场,但是并未产生相应的竖向沉降,表明自重应力平衡完成,能够合理反映地基的应力状态。地应力平衡后计算模型中的最大沉降量仅为 10^{-6} m,可以认为竖向位移不存在,表明生成地应力生成方法合理。

图 3-7-3(b)为表层 4 m 吹填土和淤泥开挖之后地基的沉降情况,可见在 4 m 厚吹填土和淤泥挖除后,地基产生了一定的竖向回弹,回弹最大值为 0.186 m。图 3-7-3(c)为换填施工完成后的沉降分布情况,在路基地表填筑 4 m 高的填筑材料之后,路基中心地表处产生了较大的沉降,呈脸盆形沉降趋势,沉降量在路基中心最大,达到了 1.56 m,主要沉降均在这一阶段产生。因此,施工期间要注意该阶段沉降对工程造成的影响。图 3-7-3(d)为

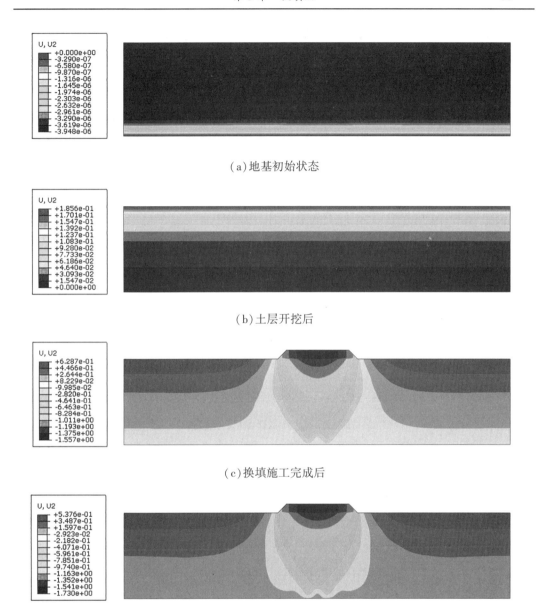

（a）地基初始状态

（b）土层开挖后

（c）换填施工完成后

（d）换填施工完成 5 年后

图 3-7-3　换填法处理软土地基的沉降

换填施工完成 5 年后的沉降分布情况,沉降趋势与路基填筑刚完成时的沉降分布相似,但是沉降量相比填筑完成时有一定的增长,沉降量增长了约 17 cm,工后沉降较大。沉降分布变化表明由于该路段地层中有较厚的淤泥层,因此在路堤填筑完成后,即使竖向排水通道较少,在工后较长时期内也会产生较大的工后沉降。在进行地基处理时应重点关注这一问题。

2. 水平位移

换填法处理软土地基在不同阶段的水平位移情况见图 3-7-4。图 3-7-4(a)为数值模拟中初始地应力平衡之后的水平位移情况,可见在生成初始地应力场后,地基模型的水平位移量仍然非常小,最大水平位移仅为 10^{-8} m,约等于不产生水平位移,表明生成初始地应力场成功。图 3-7-4(b)为换填法对表层 4 m 的吹填土和淤泥开挖后的地基水平位移情况,可见基本不产生水平位移,最大水平位移量为 10^{-5} m。

图 3-7-4(c)是路基填筑 4 m 施工完成后地基的水平位移情况,可见在加固区回填路堤两个坡脚处以下为最大的水平位移点,最大水平位移达到了 54 cm,产生了较大的水平位移。此时,要注意地基的稳定性问题,表明在路堤堆载的竖向应力作用下,地基整体产生了向下的变形,但是由于软黏土的渗透性较差,在受到路堤荷载作用后,不能及时将土中形成的超孔隙水压力排出,导致土体的抗剪强度下降,产生了较大的变形,并使加固区两侧的土体产生挤压变形,产生较大的水平力。

图 3-7-4(d)是换填施工完成 5 年后的地基水平位移情况,可见与换填刚完成时的水平位移趋势非常接近,但是水平位移量相对于刚换填完成时略有减小,水平位移在工后 5 年内减小了约 0.23 cm,表明随着时间的增长,地基中的超孔压在排水固结作用下略有消散,使地基土产生了一定的回弹变形。

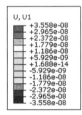 

(a)地基初始状态

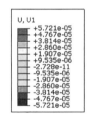 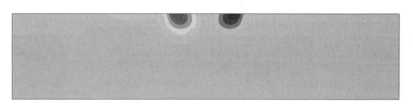

(b)土层开挖后

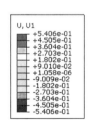 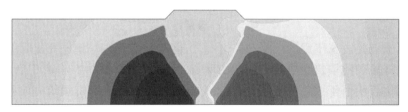

(c)换填施工完成后

图 3-7-4　换填法处理软土地基在不同阶段的水平位移

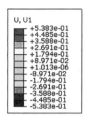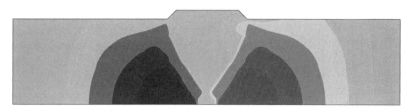

(d)换填施工完成 5 年后

续图 3-7-4

3. 总位移矢量图

图 3-7-5 为换填法处理软土地基的总位移趋势,能够反映在不同阶段地基整体的变形变化方向。如图 3-7-5(a)所示,在地应力平衡之后地基的变形量非常小,几乎不产生变形。图 3-7-5(b)在地基表层吹填土和淤泥挖除后的变形趋势,可见,开挖卸载在加固区产生了一定的回弹趋势,回弹的方向整体向上,整体回弹量很小。图 3-7-5(c)为换填施工完成后地基的总位移趋势,在加固区顶部的路基填料堆载完成后,在堆载产生的竖向附加荷载作用下产生了向下的压缩变形,但是由于软土的渗透性较差,不能及时排水固结,因此产生加固区土体的压缩变形,该变形为弹性变形,并未产生塑性变形,主要是挤压加固区两侧土体,令加固区土体产生了向斜上方的膨胀趋势。图 3-7-5(d)为换填施工 5 年后地基的总位移趋势,可见地基整体位移趋势基本不变,但竖向位移量增加了 16 cm,水平位移略有减小,整体为中部向下挤压,两侧土体挤压膨胀的变形趋势。

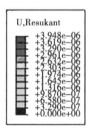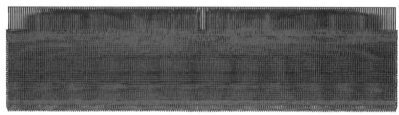

(a)地基初始状态

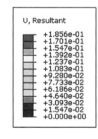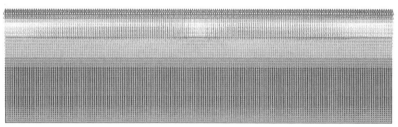

(b)土层开挖后

图 3-7-5 换填法处理软土地基的总位移趋势

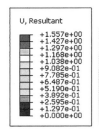
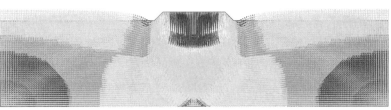

（c）换填施工完成后

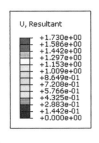
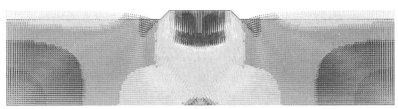

（d）换填施工完成5年后

续图 3-7-5

4. 塑性变形

图 3-7-6 为换填法处理软土地基的塑性变形，能够反映软土地基在换填施工过程中地基是否发生塑性破坏。图 3-7-6(a) 和图 3-7-6(b) 为地基的初始应力状态及卸载开挖后的应力状态，由于初始状态时土体已经固结完成，因此并未产生塑性变形，而在软土开挖完成后，土体也并未产生塑性变形。而图 3-7-6(c) 为换填施工完成后的塑性变形情况，由于地基土层主要为淤泥质土，抗剪强度较低，在上部堆载后，在坡脚两侧以及加固区最底部产生了塑性贯通区，地基已经发生了破坏，导致中部加固区土体产生滑移，使加固区两侧非加固区土体产生了向上的膨胀变形。图 3-7-6(d) 为换填施工5年后的塑性变形情况，可见塑性贯通破坏面与填筑完成时基本一致，但是塑性变形略有减小，由于排水固结作用，土地的有效应力增加，抗剪强度提高，最终导致土体的塑性变形减小。

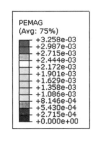

（a）地基初始状态

图 3-7-6 换填法处理软土地基的塑性变形

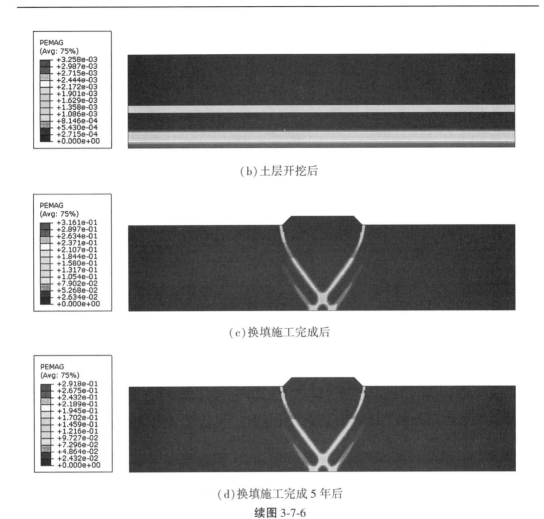

（b）土层开挖后

（c）换填施工完成后

（d）换填施工完成 5 年后

续图 3-7-6

3.7.5.2　地基应力与孔压

1. Mises 应力

图 3-7-7 为换填法处理软土地基的 Mises 应力场。可见,图 3-7-7(a)为地基的初始应力状态,地基中的 Mises 应力自上而下基本呈线性增加。图 3-7-7(b)为地基开挖淤泥后的 Mises 应力分布,地基中的 Mises 应力同样为自上而下呈线性增长的趋势,但是淤泥开挖造成的卸载,使土体中的 Mises 应力产生一定的下降。图 3-7-7(c)为换填施工完成后地基中 Mises 应力的分布情况,在换填完成后,上部路基填料产生的附加应力,使地基中的 Mises 应力迅速增大,从地表开始向下逐渐递增,反映了地基中 Mises 应力的变化情况。而图 3-7-7(d)是换填施工 5 年后的 Mises 应力分布,与填筑刚刚完成时的接近,仅是土体 Mises 应力绝对值略有增加。通过 Mises 应力场分析可知,在路堤两侧坡脚处附近及整个加固区最底部的土层处 Mises 应力为最大。因此,在上述区域会产生最大的塑性变形,并且能够反映地基的破坏趋势。

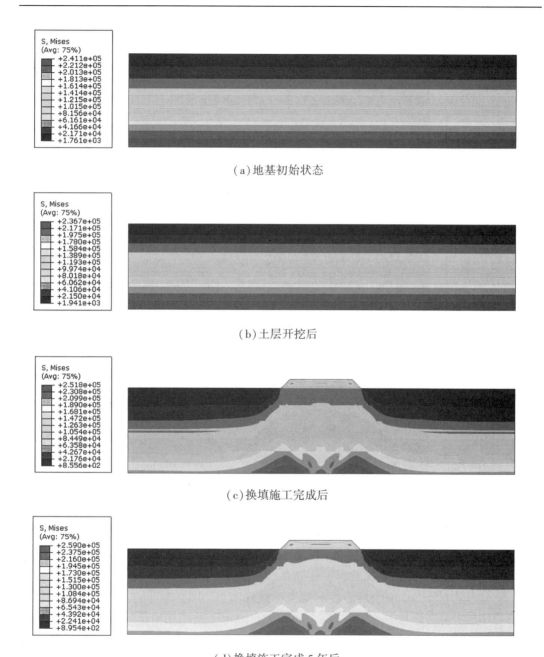

（a）地基初始状态

（b）土层开挖后

（c）换填施工完成后

（d）换填施工完成 5 年后
图 3-7-7　换填法处理软土地基的 Mises 应力场

2. 竖向应力

图 3-7-8 为换填法处理软土地基的竖向应力,图 3-7-8（a）和图 3-7-8（b）分别为地基初始应力状态和淤泥开挖卸载之后的地基竖向应力分布,可见两种工况下地基土的竖向应力均自地表向下呈线性增加,两种工况的竖向应力分布基本一致。图 3-7-8（c）为换填施工完成后竖向应力分布情况,竖向应力在加固区处有明显增加,而在加固区两侧基本保持不变,在加固区最下部土体的竖向应力为最大,在路堤填筑完成后竖向应力有显著提

高。而在换填施工完成 5 年后[见图 3-7-8(d)],竖向应力分布与刚填筑完成时基本一致,但是由于土体的排水固结作用,加固区底部的竖向应力在工后 5 年内有一定增加,竖向有效应力增加了 11 kPa,表明地基在路堤堆载荷载下,排水固结作用使竖向应力得到提高,增大了地基土的抗剪强度。

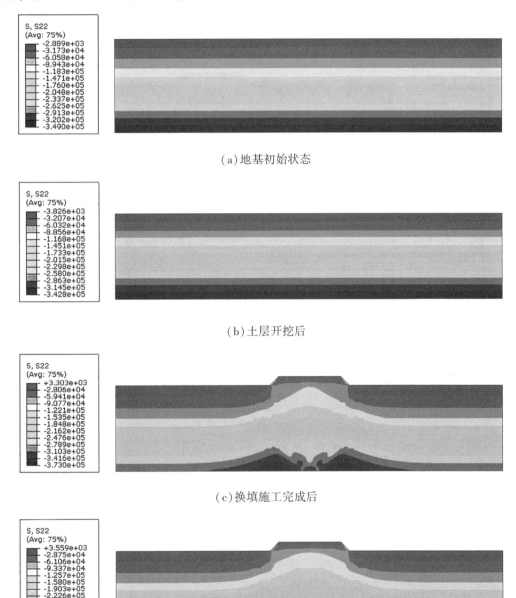

(a)地基初始状态

(b)土层开挖后

(c)换填施工完成后

(d)换填施工完成 5 年后

图 3-7-8　换填法处理软土地基的竖向应力

3. 孔隙水压力

在图 3-7-9(a) 路基换填施工完成后,由于 4 m 路基填料产生了正的附加应力,因此在路基表面产生了正的孔隙水压力,最大值达到 18.7 kPa,孔隙水压力自地表向下逐渐衰减。在路基填筑完成 5 年后,由于长时间的排水固结作用,地基中的孔隙水压力场逐渐平衡,如图 3-7-9(b) 所示,在换填施工完成 5 年后,地基中的超孔隙水压力基本消散殆尽,地基完成固结。

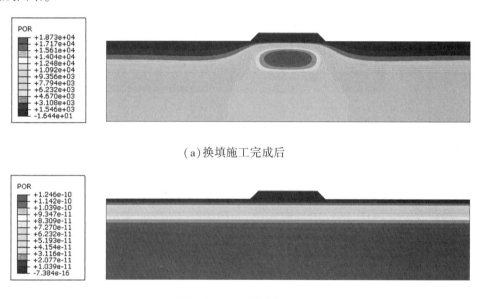

(a)换填施工完成后

(b)换填施工完成 5 年后

图 3-7-9　换填法处理软土地基的孔隙水压力

3.7.5.3　地基应力应变的历时特性

1. 沉降-时间曲线

图 3-7-10 为换填法处理软土地基的地表沉降-时间曲线。由图 3-7-10 可见,在固结初期,由于路堤的填筑施工,地基中产生了附加荷载,地基沉降量迅速增加到 1.5 m 左右,之后随着时间的不断增长,地基固结作用逐渐显著,在较短时间内快速固结完成。之后随着固结时间的继续增加,在路基填筑完成 5 年后,整个地基的沉降趋势逐渐减缓,但沉降量仍有一定增加,在沉降-时间曲线拐点之后一定距离,直到工后 5 年后地基仍有缓慢增加,表明了软土地基换填施工后在排水固结作用下仍会产生一定的工后沉降。

2. 分层沉降-时间曲线

图 3-7-11 为换填法处理软土地基路基中心的分层沉降-时间曲线。各条曲线分别表示地基从埋深较浅到埋深较大处土体的沉降情况。不同埋深土体的沉降-时间曲线的变化趋势基本接近,但在地表处土地的沉降量最大且发展最为迅速,由于该处土体距离地表较近,排水距离最小,因此产生了最大的固结沉降。而地表以下各土层的固结沉降趋势及沉降速率基本一致,各土层之间的压缩量基本相同,表明整个地基大部分为性质接近的淤泥,淤泥层单位厚度压缩量基本一致,通过分析可知主要压缩层淤泥层在路堤荷载下的排水固结作用导致了换填法处理软基的主要沉降。

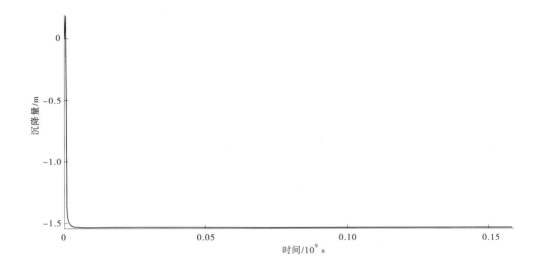

图 3-7-10　换填法处理软土地基的地表沉降−时间曲线

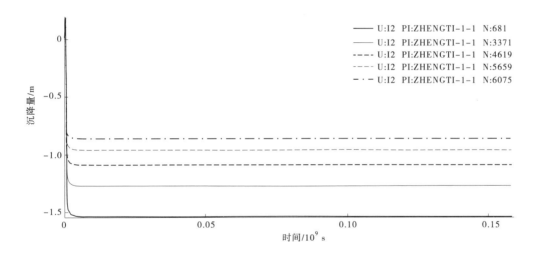

图 3-7-11　换填法处理软土地基路基中心的分层沉降−时间曲线

[节点编号及埋深:N681(0 m);N3371(5.8 m);N5659(10.7 m);N4619(15.7 m);N6075(20.9 m)]

3. 水平位移−时间曲线

图 3-7-12 为换填法处理软土地基路基坡脚的水平位移−时间曲线,可见不同深度处土体的水平位移变化速率并不相同,土层距地表越近,地基土的水平位移越小,随着土体埋深的增大,地基土的水平位移量及变化速率逐渐增加,由地基土水平位移云图可见,不同深度处土体水平位移变化规律并不相同,反映了土体水平位移随时间的变化规律。

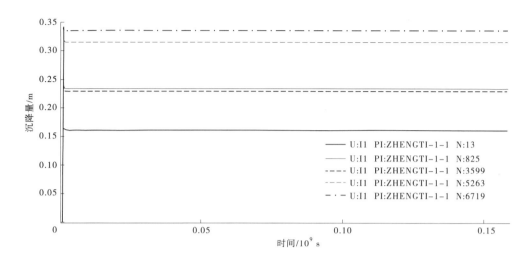

图 3-7-12 换填法处理软土地基路基坡脚的水平位移-时间曲线

〔节点编号及埋深:N681(0 m);N4619(4.8 m);N3371(8.7 m);N5659(12.7 m);N6075(17.8 m)〕

3.8 本章小结

(1)由于地基中存在较厚的淤泥层,因此在路堤填筑完成之后,即使竖向排水通道较少,在工后较长时期内也会产生较大的工后沉降,在进行地基处理时应重点关注这一问题。

(2)随着时间的增长,地基产生了一定的排水固结作用,地基中的超孔隙水压力在排水固结作用下消散,地基的有效应力得到增长,使地基的抗剪强度增长,并令地基土产生了一定的回弹变形,减小了堆载时产生的瞬时弹性变形。

(3)在路基填料堆载完成后,在堆载产生的竖向附加荷载作用下产生了向下的压缩变形,但是由于软土的渗透性较差,不能及时排水固结,因此产生加固区土体的压缩变形,该变形为弹性变形,并未产生固结压缩,主要是挤压加固区两侧土体,令加固区土体产生了向斜上方的膨胀趋势。

(4)地基土层主要为淤泥质土,抗剪强度较低,在上部堆载之后,在坡脚两侧以及加固区最底部产生了塑性贯通区,地基已经发生了破坏。地基发生破坏,导致中部加固区土体产生滑移,使加固区两侧非加固区土体产生了向上的膨胀变形。

(5)在路堤两侧坡脚处附近及整个加固区最底部的土层处 Mises 应力为最大,因此在该区域会产生最大的塑性变形。

(6)地基在路堤堆载荷载下,排水固结作用使竖向应力得到提高,增大了地基土的抗剪强度。

(7)长时间的排水固结作用使地基中的孔压场逐渐平衡。地表附近的孔隙水压力在排水固结作用下逐渐消散,因此地表处土体孔隙水压力较低。而地基中部的土体由于距离地表排水边界较远,孔隙水压力消散速度较慢。

(8)在路堤填筑施工阶段,地基中产生了附加荷载,地基沉降迅速增加到 2.8 m 左右,之后随着固结时间的继续增加,整个地基的沉降趋势逐渐减缓,但沉降仍有一定增加。

(9)不同埋深土体的沉降-时间曲线的变化趋势基本接近,但在地表处土地的沉降量最大且发展最为迅速。整个地基大部分为性质接近的淤泥,淤泥层单位厚度压缩量基本一致,主要压缩层淤泥层在路堤荷载下的排水固结作用导致了换填法处理软基的主要沉降。

(10)不同深度处土体的水平位移变化速率并不相同,土层距地表越近,地基土的水平位移越小,随着土体埋深增大,地基土的水平位移量及变化速率逐渐增加。

第4章　堆载预压法

4.1　堆载预压法概述

我国东南沿海和内陆广泛分布着海相、湖相以及河相沉积的软弱黏性土层。这种土的特点是含水率大、压缩性高、强度低、透水性差且不少情况埋藏深厚。由于其压缩性高、透水性差,在建筑物荷载作用下会产生相当大的沉降和沉降差,而且沉降的延续时间很长,有可能影响建筑物的正常使用。另外,由于其强度低,地基承载力和稳定性往往不能满足工程要求。因此,这种地基通常需要采取处理措施,排水固结法就是处理软黏土地基的有效方法之一。该法是对天然地基或先在地基中设置砂井、塑料排水带等竖向排水井,然后利用建筑物本身重量分级逐渐加载,或是在建筑物建造以前,在场地先行加载预压,使土体中的孔隙水排出,逐渐固结,地基发生沉降,同时强度逐步提高的方法。

排水固结法是由排水系统和加压系统两部分共同组合而成的。排水固结法见图4-1-1。

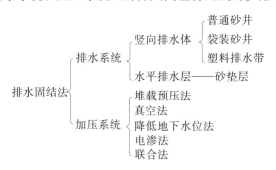

图4-1-1　排水固结法

排水系统主要在于改变地基原有的排水边界条件,增加孔隙水排出的途径,缩短排水距离。该系统是由竖向排水井和水平排水层构成的。当软土层较薄或土的渗透性较好而施工期允许较长,可仅在地面铺设一定厚度的砂垫层,然后加载,当工程上遇到透水性很差的深厚软土层时,可在地基中设置砂井或塑料排水带等竖向排水体,地面连以排水砂垫层,构成排水系统,加快土体固结。

加压系统的目的是在地基土中产生水力梯度,从而使地基土中的自由水排出而孔隙比减小。加压系统主要包括堆载预压法、真空法、降低地下水位法、电渗法和联合法。对于一些特殊工程,可以采用建筑物或构筑物的自重作为堆载预压法的堆载材料,如高路堤软基处理中可以采用路堤自重作为堆载,油罐软基处理可在油罐中注水作为堆载。堆载预压法中的荷载通常需要根据地基承载力的增长分级施加,科学控制加载速率以免产生地基失稳。而对于真空法、降低地下水位法、电渗法,由于未在地基表面堆载,也就不需要控制加载速率。

无论采用何种加压方式,排水固结法的最终目的都是使地基土中孔隙水排出,有效应力逐渐提高,孔隙比减小,从而达到减小沉降、增加地基土强度的目的。

堆载预压法是用填土等加荷对地基进行预压,是通过增加总应力,并使孔隙水压力消散来增加有效应力的方法,堆载预压是在地基中形成超静水压力的条件下排水固结,称为正压固结。堆载预压,根据土质情况分为单级加荷或多级加荷,根据堆载材料分为自重预压、加荷预压和加水预压,堆载一般用填土、碎石等散体材料,油罐通常采用充水对地基进行预压,对堤坝等以稳定为控制的工程,则以其本身的质量有控制地分级逐级加载,直至设计标高,有时也采用超载预压的方法来减少堤坝使用期间的沉降。

堆载预压法一开始是采用普通砂井作为竖向排水井,随着材料技术的进步,塑料排水板依靠其高透水性和施工简便等优势逐渐取代了砂井,成为堆载预压主要采用的排水措施。1925 年,美国工程师摩然(D. J. Moran)最早采用砂井作为堆载预压竖向排水体,并在第二年申请了砂井排水预压专利。1934 年,美国最先运用砂井排水固结法对公路软土路基进行了加固处理,实际结果表明该处理方法取得了不错的效果。1937 年,Kjellman首先使用排水板代替砂井应用到工程实践,因当时的材料技术较落后,排水板是由纸板制作而成的,耐久性和透水性都相对较差,结果最终的加固效果不够理想。同时随着板式排水材料的不断进步,出现了一种采用聚合物滤膜和塑料板芯的塑料排水板。1971 年,O. Weger 发明了一种由聚氯乙烯制成的透水芯带,外套无纺滤布制成的新型竖向排水材料,直到今天 O. Weger 发明的塑料排水板在工程实践中还能经常看到。1953 年,我国开始使用砂井堆载预压来处理软土地基,最早采用该方法用于实际工程的是武汉市武昌区造船厂工程,之后越来越多的工程开始运用这种方法,但由于当时的纸质排水板耐久性和透水性差,一直未被人们广泛采用,砂井堆载预压法几乎是当时唯一可选择的排水固结法。后来通过不断的技术改进,发现在塑料板芯外围包上聚合物滤膜材料,能大大提高排水板的耐久性和透水性,新的排水板材料很快被工程师所推广,开始投入工程使用。1980年,我国第一条塑料排水板由河海大学研制而成,次年塑料排水板插板机研制成功,由天津港湾工程研究所设计研制,并于 1982 年开始投入使用,我国第一个使用插板机插打塑料排水板进行堆载预压处理的项目是天津塘沽新码头堆场软基加固工程,该项目软基处理效果不错。从此,塑料排水板取代长久以来砂井作为竖向排水体的唯一选择,开始广泛应用。塑料排水板虽然在材料性质和排水形式上与砂井相比有很大不同,但加固机制基本相同,同时塑料排水板具有生产技术简单、排水性能好、施工操作方便、效率高、费用低等优点。随着塑料排水板制作技术的进步,其性能也不断改善。20 世纪 90 年代,我国为了推广塑料排水板材料和施工工艺,制定了《塑料排水板施工规程》(JTJ/T 256—1996)及《塑料排水板质量检验标准》(JTJ/T 257—1996),在工程设计和施工中应依据这两本规范来指导塑料排水板应用,并按照规范选择适用的排水板参数和施工工艺,同时《塑料排水板质量检验标准》(JTJ/T 257—1996)也作为塑料排水板材料的检测和施工质量验收的标准。2015 年,庄妍、张飞等基于某铁路软土地基处理工程,利用 ABAQUS 软件模拟了加固区的沉降和水平位移,与现场观测值对比,误差介于 5%～22%。通过改变膜下真空度、排水板深度、间距的影响因素模拟,证明排水板的设置深度极大地影响了加固效果。2017

年,曹松华、朱珍德等利用 FLAC3D 对某工程分析了水平位移、排水板打设深度、板端土层的渗透系数对加固效果的影响,表明堆载预压会缓解表面土层的水平位移,排水板深度宜在需处理软土层上方 1 m 处。

4.2　堆载预压法的加固机制

堆载排水预压通常以土石料或建筑物本身作为荷载,对被加固的地基进行预压,软土地基在此附加荷载作用下,产生正的超静孔隙水压力,经过一段时间后,超静孔隙水压力消散,土中的有效应力不断增加,地基产生固结,强度得到提高。为加快地基固结进程和速率,常在地基中打设一定深度的砂井、袋装砂井或塑料排水板等垂直排水通道。其固结机制可用有效应力进行解释(见图 4-2-1)。

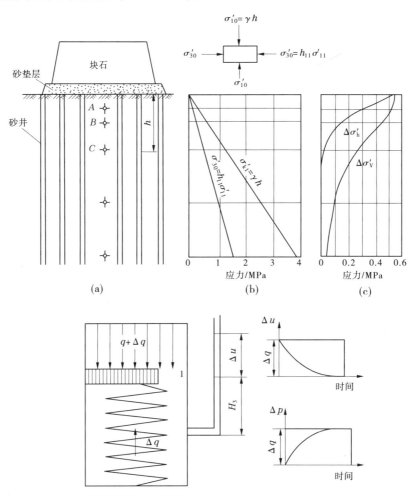

(d)堆载预压水-弹簧模型,$u_0 = q$,$\Delta p = q + \Delta q - (u_0 - \Delta u) = \Delta q + \Delta u$

图 4-2-1　软土堆载排水预压加固应力分布

堆载预压法和真空预压法加固原理对比如下：

（1）堆载预压法。采用堆重，如土、水或建筑物自重；真空预压法则通过真空泵、真空管、密封膜来提供稳定负压。

（2）堆载预压过程中地基土中总应力是增加的，是正压固结；真空预压过程中地基土中总应力不变，是负压固结。

（3）堆载预压过程中排水系统中的水压力接近静水压力，真空预压过程中排水系统中的水压力小于静水压力。

（4）堆载预压过程中地基土中水压力由超孔隙水压力逐渐消散至静水压力，真空预压过程中地基土中水压力由静水压力逐渐消散至稳定负压。

（5）堆载预压过程中地基土中水由加固区向四周流动，相当于"挤水"过程，真空预压过程中地基土中水由四周向加固区流动，相当于"吸水"过程。

（6）堆载预压法需要严格控制加载，地基有可能失稳；真空预压法不需要控制加载速率，地基不可能失稳。

4.3　堆载预压法的设计计算方法

在设计以前应进行详细的勘探和土工试验以取得必要的设计资料，主要的设计资料如下：

（1）土层分布及成因。通过钻探了解土层的分布，天然沉积土层通常都是成层分布的，应查明土层在水平和竖直方向的变化。通过必要的钻孔连续取样及试验以确定土的种类、土的成层程度。黏性土层中常分布有薄砂层或粉砂夹层，它们对土的固结速率有很大影响。通过钻探确定透水层的位置，地下水位及地下水的承压与补给情况等。

（2）固结试验。通过试验取得固结压力与孔隙比 e 的关系，土的先期固结压力，不同固结压力下土的竖向及水平向固结系数。

（3）土的抗剪强度指标及不排水强度沿深度的变化。

（4）砂井及砂垫层所用砂料的颗粒分布、渗透系数。

（5）塑料排水带在不同侧压力和弯曲条件下的通水量。

软黏土常规土工试验项目见表 4-3-1。

堆载预压法设计包括加压系统设计、排水系统设计和监测系统设计。加压系统主要指堆载预压计划及堆载材料的选用；排水系统包括竖向排水体的材料选用、排水体长度、断面，平面布置的确定；监测系统主要是提出监测要求和目的，确定监测项目、监测设备、监测方法、控制标准、测点布置和数量。

4.3.1　加压系统设计

堆载预压，根据土质情况分为单级加荷和多级加荷；根据堆载材料分为自重预压、加荷预压和加水预压。

堆载一般用填土、砂石等散粒材料；油罐通常利用罐体充水对地基进行预压。对堤坝等以稳定为控制要求的工程，则以其本身的重量有控制地分级逐渐加载，直至设计标高。

由于软黏土地基抗剪强度低,无论直接建造建筑物还是进行堆载预压往往都不可能快速加载,而必须分级逐渐加荷,待前期荷载下地基强度增加到足以加下一级荷载时方可加下一级荷载。其计算步骤是:首先用简便的方法确定一个初步的加荷计划,然后校核这一加荷计划下地基的稳定性和沉降,实施时根据监测系统的监测结果进行调整和动态设计。

表 4-3-1　软黏土常规土工试验项目

试验目的	试验名称	试验项目
土体基本性质的掌握	物理性试验	含水率(w),密度(ρ),孔隙比(e) 塑限(w_p),液限(w_L) 塑性指数(I_p),液性指数(I_L) 饱和度(S_r),土颗粒比重(d_s)
固结沉降量固结速率的推定	固结试验	先期固结压力(σ_p'),压缩指数(C_c) 固结系数(C_v,C_h),$e\text{-}\sigma_c'$ 或 $e\text{-}lg\sigma_c'$曲线,渗透系数(k)
地基承载力及稳定性分析	三轴试验 直剪试验 无侧限抗压、十字板剪切试验	三轴固结不排水试验 c'、φ' 三轴或直剪试验$\begin{cases}不固结不排水试验\ C_u,\varphi_u\\固结不排水试验\ C_{cu},\varphi_{cu}\ 和\ C、\varphi_c\end{cases}$ 不排水抗剪强度

4.3.2　排水系统设计

4.3.2.1　竖向排水体材料选择

竖向排水体可采用普通砂井、袋装砂井和塑料排水带。宜就地取材,一般情况下采用塑料排水带。

4.3.2.2　竖向排水体深度设计

竖向排水体深度主要根据土层的分布、地基中附加应力大小、施工期限和施工条件及地基稳定性等因素确定。

(1)当软土层不厚、底部有透水层时,排水体应尽可能穿透软土层。

(2)当深厚的高压缩性土层间有砂层或砂透镜体时,排水体应尽可能打至砂层或砂透镜体。

(3)按建筑物对地基的稳定性、变形要求和工期确定。

(4)按稳定性控制的工程,如路堤、土坝、岸坡、堆料等,排水体深度应通过稳定分析确定,排水体长度应大于最危险滑动面以下 2.0 m。

(5)按沉降量控制的工程,排水体长度应根据在限定的预压时间内需完成的变形量确定,排水体宜穿透受压土层。

4.3.2.3　竖向排水体平面布置设计

普通砂井直径一般为 300~500 mm,袋装砂井直径一般为 70~120 mm。

竖向排水体直径和间距主要取决于土的固结性质和施工限期的要求,排水体截面积大小只要能及时排水固结就行,由于软土的渗透性比砂性土更小,所以排水体的理论直径可很小。但直径过小,施工困难,直径过大对增加固结速率并不显著,从原则上讲,为达到同样的固结度,缩短排水体间距比增加排水体直径效果要好。

排水竖井的间距可根据地基土的固结特性和预定时间内所要求达到的固结度确定,设计时,竖井的间距可按井径比选用。塑料排水带或袋装砂井的间距可按 $n = 15 \sim 22$ 选用,普通砂井的间距可按 $n = 6 \sim 8$ 选用。竖向排水体的布置范围一般比建筑物基础范围稍大为好。扩大的范围可由基础的轮廓线向外增大 $2 \sim 4$ m。

4.3.2.4　砂料设计

制作砂井的砂宜用中粗砂,砂的粒径必须能保证砂具有良好的透水性。砂井粒度要不被黏土颗粒堵塞。砂应是洁净的,不应有草根等杂物,其黏粒含量不应大于 3%。

4.3.2.5　地表排水砂垫层设计

为了使砂井排水有良好的通道,砂井顶部必须铺设砂垫层,以连通各砂井将水排到工程场地以外。垫层厚度应根据保证加固全过程砂垫层排水的有效性确定,若垫层厚度较小,在较大的不均匀沉降下很可能是垫层不连续而使排水性失效。砂垫层砂料宜用中粗砂,黏粒含量不应大于 3%,砂料中可含有少量粒径不大于 50 mm 的砾石。砂垫层的干密度应大于 1.5 t/m^3,渗透系数宜大于 1×10^{-2} cm/s。

砂垫层应形成一个连续的、有一定厚度的排水层,以免地基沉降时被切断而使排水通道堵塞。陆上施工时,砂垫层厚度不应小于 500 mm;水下施工时,一般为 1 m。砂垫层的宽度应大于堆载宽度或建筑物的底宽,并伸出砂井区外边线 2 倍砂井直径。在砂料贫乏地区,可采用连通砂井的纵横砂沟代替整片砂垫层。

4.3.3　监测系统设计

堆载预压加载过程中,应满足地基强度和稳定控制要求,因此应进行竖向变形、水平位移及孔隙水压力的监测,堆载预压加载速率应满足下列要求:

(1)竖井地基最大竖向变形量不应超过 15 mm/d。

(2)天然地基最大竖向变形量不应超过 10 mm/d。

(3)堆载预压边缘处水平位移不应超过 5 mm/d。

(4)根据上述观测资料综合分析、判断地基的强度和稳定性。

4.4　堆载预压法的施工方法

从施工角度分析,要保证排水固结法的加固效果,主要做好以下三个环节:铺设水平排水垫层、设置竖向排水体和施加固结压力。

4.4.1　水平排水垫层的施工

排水垫层的作用是在预压过程中,从土体进入垫层的渗流水迅速地排出,使土层的固结能正常进行,防止土颗粒堵塞排水系统。因而垫层的质量将直接关系到加固效果和预压时间的长短。

4.4.1.1　垫层材料

垫层材料应采用透水性好的砂料,其渗透系数一般不低于 10^{-3} cm/s,同时能起到一定的反滤作用。通常采用级配良好的中、粗砂,含泥量不大于3%。一般不宜采用粉、细砂。

4.4.1.2　垫层尺寸

(1)一般情况下陆上排水垫层厚度为0.5 m左右,水下垫层为1.0 m左右。对新吹填不久的或无硬壳层的软黏土及水下施工的特殊条件,应采用厚的或混合粒排水垫层。

(2)排水砂垫层宽度等于铺设场地宽度,砂料不足时,可用砂沟代替砂垫层。

(3)砂沟的宽度为2~3倍砂井直径,一般深度为400~600 mm。

4.4.1.3　垫层施工

不论采用何种施工方法,都应避免对软土表层的过大扰动,以免造成砂和淤泥混合影响垫层的排水效果。另外,在铺设砂垫层前,应清除干净砂井顶面的淤泥或其他杂物,以利于砂井排水。

4.4.2　竖向排水体施工

4.4.2.1　砂井施工

砂井施工要求:①保持砂井连续和密实,并且不出现颈缩现象;②尽量减小对周围土体的扰动;③砂井的长度、直径和间距应满足设计要求。

砂井施工一般先在地基中成孔,再在孔内灌砂形成砂井。

4.4.2.2　袋装砂井施工

袋装砂井基本上解决了大直径砂井中所存在的问题,使砂井的设计和施工更加科学化,保证了砂井的连续性,施工设备实现了轻型化,比较适宜在软弱地基上施工;用砂量大为减少;施工速度加快、工程造价降低,是一种比较理想的竖向排水体。

1.施工机具和工效

在国内,袋装砂井成孔的方法有锤击打入法、水冲法、静力压入法、钻孔法和振动贯入法五种。

2.砂袋材料的选择

砂袋材料必须选用抗拉力强、抗腐蚀和抗紫外线能力强、透水性能好、韧性和柔性好、透气并且在水中能起滤网作用和不外露砂料的材料制作。国内采用过的砂袋材料有麻布袋和聚丙烯编织袋。

4.4.2.3　塑料排水带施工

塑料排水带法是将塑料排水带用插带机将其插入软土中,然后在地基面上加载预压(或采用真空预压),土中水沿塑料带的通道逸出,从而使地基土得到加固的方法。

4.4.3　预压堆载施工

预压堆载的材料一般以散料为主,如石料、砂、砖等。大面积施工时通常采用自卸汽车与推土机联合作业。对超软地基的堆载预压,第一级荷载宜用轻型机械或人工作业。

施工时应注意以下几点:

(1)堆载面积要足够。堆载的顶面面积不小于建筑物底面面积。堆载的底面面积也应适当扩大,以保证建筑物范围内的地基得到均匀加固。

(2)堆载要求严格控制加荷速率,保证在各级荷载下地基的稳定性,同时要避免部分堆载过高而引起地基的局部破坏。

(3)对超软黏性土地基,荷载的大小、施工工艺更要精心设计以避免对土的扰动和破坏。

不论利用建筑物荷载加压还是堆载预压,最为危险的是急于求成,不认真进行设计,忽视对加荷速率的控制,施加超过地基承载力的荷载。特别对打入式砂井地基,未待因施打砂井而使地基减小的强度得到恢复就进行加载,这样就容易导致工程的失败。从沉降角度来分析,地基的沉降不仅仅是固结沉降,由于侧向变形也产生一部分沉降,特别是当荷载大时,如果不注意加荷速率的控制,地基内产生局部塑性区而因侧向变形引起沉降,从而增大总沉降量。

4.5 现场观测及加荷速率控制

4.5.1 现场观测

在排水预压地基处理施工过程中,为了了解地基中固结度的实际发生情况、更加准确地预估最终沉降和及时调整设计方案,需要同时进行一系列的现场观测。另外,现场观测是控制堆载速率非常重要的手段,可以避免工程事故的发生。因此,现场观测不仅是发展理论和评价处理效果的依据,同时也可及时防止因设计和施工不完善而引起的意外工程事故。

现场观测项目包括:孔隙水压力观测、沉降观测、边桩水平位移观测、真空度观测、地基土物理力学指标检测等。

4.5.1.1 孔隙水压力观测

孔隙水压力现场观测时可根据测点孔隙水压力-时间变化曲线,反算土的固结系数、推算该点不同时间的固结度,从而推算强度增长,并确定下一级施加荷载的大小,根据孔隙水压力和荷载的关系曲线可判断该点是否达到屈服状态,因而可用来控制加荷速率,避免加荷过快而造成地基破坏。

4.5.1.2 沉降观测

沉降观测是最基本、最重要的观测项目之一。观测内容包括:荷载作用范围内地基的总沉降、荷载外地面沉降或隆起、分层沉降及沉降速率等。

4.5.1.3 边桩水平位移观测

边桩水平位移观测包括边桩水平位移和沿深度的水平位移两部分。它是控制堆载预压加荷速率的重要手段之一。

4.5.1.4 真空度观测

真空度观测分为真空管内真空度、膜下真空度和真空装置的工作状态。膜下真空度能反映整个场地"加载"的大小和均匀程度。膜下真空度测头要求分布均匀,每个测头监控的预压面积为 1 000~2 000 m²,抽真空时一般要求真空管内真空度值大于 90 kPa,膜下真空度值大于 80 kPa。

4.5.1.5　地基土物理力学指标检测

通过对比加固前后地基土物理力学指标可更直观地反映排水固结法加固地基的效果。对以稳定性控制的重要工程,应在预压区内选择有代表性的地点预留孔位,在堆载不同阶段,对真空预压法在抽真空结束后,进行不同深度的十字板抗剪强度试验和取土进行室内试验,以验算地基的抗滑稳定性,并检验地基的处理效果。

4.5.2　加荷速率控制

4.5.2.1　地基破坏前的变形特征

地基变形是判别地基破坏的重要指标。对软土地基,一旦接近破坏,其变形量就急剧增加,故根据变形量的大小可以大致判别破坏预兆。在堆载情况下,地基破坏前有如下特征:

(1)堆载顶部和斜面出现微小裂缝。

(2)堆载中部附近的沉降量急剧增加。

(3)堆载坡趾附近的水平位移向堆载外侧急剧增加。

(4)堆载坡趾附近地面隆起。

(5)停止堆载后,堆载坡趾的水平位移和坡趾附近地面的隆起继续增大,地基内孔隙水压力也继续上升。

4.5.2.2　控制加荷速率的方法

(1)变形速率控制法。

(2)基于变形指标的其他方法。

(3)超孔隙水压力判别法。

(4)应力路径法。

4.6　质量检验

预压地基施工过程的质量检验和监测应包括以下内容:

(1)应按设计要求检验预压区地面的标高和地表清理工作。

(2)竖向排水体施工质量监测包括材料质量、允许偏差、垂直度等,砂井或袋装砂井的砂料必须取样进行颗粒分析和渗透性试验;塑料排水带必须现场随机取样送往实验室进行纵向通水量、复合体抗拉强度、渗膜抗拉强度、渗透系数和等效直径等方面的试验。

(3)水平排水体砂料质量检验要求同上,按施工分区进行检验单元划分,或以每 10 000 m² 的加固面积为一检验单元,每一检验单元的砂料检验数量应不少于 3 组。

(4)对有密实度要求的垫层,应按设计要求进行现场密实度检验。

(5)堆载分级荷载的高度偏差不应大于本级荷载折算高度的 5%,最终堆载高度不应小于设计总荷载的折算高度。

　　(6)堆载分级堆高结束后应在现场进行堆料的重度检验,检验数量宜为每 1 000 m² 一组,每组 3 个点。

　　(7)堆载高度应采用水准仪检查,每 25 m² 宜设一个点,卸载时应观测地基的回弹情况。

　　(8)对堆载预压工程,应进行地基竖向变形、侧向位移和孔隙水压力等监测,真空预压、真空和堆载联合预压工程,除应进行地基变形、孔隙水压力监测外,尚应进行膜下真空度和地下水位监测。

　　预压后消除的竖向变形和平均固结度应满足设计要求。预压后应对预压的地基土进行原位试验和室内土工试验。原位试验应在卸载 3~5 d 后进行,可采用十字板剪切试验或静力触探,检验深度不应低于设计处理深度。检验数量按每个处理分区不少于 6 点进行检测,对于斜坡、堆载等应增加检验数量。必要时进行现场荷载试验,试验数量不应少于 3 点。对以稳定性控制的重要工程,应在预压区内选择有代表性的地点预留孔位,对加载不同阶段和真空预压法在抽真空结束后进行原位十字板剪切试验、静力触探试验和取土进行室内试验。

　　在预压期间应及时整理沉降与时间、孔隙水压力与时间、位移与时间等的关系曲线,推算地基的最终变形量、不同时间的固结度和相应的变形量,分析处理效果并为确定卸载时间提供依据。

4.7　工程案例

4.7.1　工程概况

　　本工程位于泥湾门的出海口,项目主要由市政道路、金岛大桥及下穿式隧道三大部分组成。建设范围道路部分包含湖滨路西段(机场东路—龙湖路)、龙湖路北段(湖滨路—金岛路)、金岛路、巡逻道、恒星路、星云一路、星云二路、三千街、天豁路北段(龙湖路—星云一路)、燕羽路北段(龙湖路—白龙路);隧道部分包含龙湖路车行下穿隧道、湖滨路人行下空隧道;桥梁部分包含金岛大桥;其他部分包含副渠软基处理。工程项目位置如图 4-7-1 所示。

4.7.2　工程地质条件

4.7.2.1　地形地貌

　　拟建场地位于珠海市金湾区三灶镇航空产业园白龙河尾滨水区内。场地地貌属山前海积平原,经人工吹填,现形成陆域。拟建道路除湖滨路西端、金岛路西端和东端、燕羽路西端、龙湖路西端与已建道路连接,其他区域多为吹填形成。勘察期间大部分场地填土整平,最高地面高程 4.47 m,最低地面高程 0.56 m,平均地面高程 3.28 m。地形总体平坦、开阔。

4.7.2.2　气候

　　珠海濒临南海,地处低纬,冬夏季风交替明显,终年气温较高,偶有阵寒,但无严寒,夏

图 4-7-1　珠海航空产业园滨海商务区二期 I 标工程位置图

不酷热,年、日温差小,属南亚热带海洋性季风气候。

珠海地区气候条件见 3.6.2.2。

4.7.2.3　地质条件

根据本项目地质勘探成果及沿线地质勘探资料,本项目所在区域主要位于五桂山隆起的南侧,地质构造复杂,自侏罗纪以来,经多次构造运动。中生代岩浆活动强烈,酸性岩浆侵入遍布全区,新生代伴以小规模的基性岩浆侵入。珠海市区域断裂主要有北西向和北东向两组,其次为北北东向和北东东向。本区域断裂构造晚更新中期以来尚未发现明显的活动迹象,拟建项目所处区域是稳定的。

场地原始地貌单元为滨海堆积地貌。沿线地形平坦,按地质年代和成因类型来划分,本次钻探揭露岩土层分为人工填土层(Q_4^{ml})、第四系海陆交互相沉积层(Q_4^{mc})、残积层(Q^{el})、燕山三期花岗岩风化层和泥盆系砂岩风化层(D),具体特征如下。

1. 人工填土层(Q_4^{ml})

(1)填筑土层号①$_1$。灰黄色、黄褐色,由黏性土、石英砂及花岗岩碎石组成,少量块石夹杂,局部含量较多,松散,稍湿。层厚 0.50~15.80 m,平均层厚 5.65 m。

(2)吹填土层号①$_2$。灰褐色、褐黄色,主要由粉细砂及少量贝壳碎屑吹填而成,颗粒成分较均匀,饱和,松散。层厚 0.40~7.60 m,平均层厚 4.18 m。

2. 第四系海陆交互相沉积层(Q_4^{mc})

(1)淤泥层号②$_1$。灰黑色,流塑为主,饱和,具腥臭味。主要成分为黏粒,含腐殖质及少量贝壳碎屑。干强度中等,韧性低。该层场地内分布广泛,场内钻孔均揭露到该层,层厚 6.50~60.40 m,平均层厚 19.74 m;层底面标高 -58.49~-9.93 m。

(2)淤泥质土层号②$_2$。灰褐色,湿,软塑,主要由黏粒组成,局部夹少量粉细砂。含腐殖质及贝壳碎屑,具腥臭味。层厚 2.10~49.30 m,平均层厚 24.21 m。

(3)粉质黏土层号②$_3$。局部揭露为黏土,褐红色、褐黄色、灰黄色,可塑,湿。成分以黏粒为主,粉粒为次,黏性一般—较好。土质较均匀—不均匀,局部含较多粗粒。该层场地内分布一般,勘探深度范围内共 59 个钻孔中揭露到该层,揭露层厚 0.20~12.20 m,平均层厚 4.02 m;层底面标高 -64.79~-27.08 m。

(4)粗砂层号②$_4$。该层以粗砂为主,局部揭露为中砂。褐黄色、灰白色,饱和,松散—稍密,分选性一般,含黏粒。夹薄层黏性土及细砂。该层场地内分布较广,勘探深度范围内共 87 个钻孔中揭露到该层,揭露层厚为 0.80~7.90 m,平均层厚 3.13 m;层底面标高 -61.53~-19.70 m。

3. 残积层(Q^{el})

该层号③,以砂质黏性土为主,局部揭露为砾质黏性土。灰黄色、褐黄色,湿,可塑—硬塑,长石多已土化。原岩结构依稀可辨,遇水易软化。该层场地内分布一般,勘探深度范围内共 59 个钻孔中揭露到该层,揭露层厚 0.80~16.60 m,平均层厚 5.21 m;层底面标高 -70.89~-15.03 m。

4. 燕山三期花岗岩风化层

(1)全风化花岗岩层号④$_1$。褐黄、褐红等色,湿,硬塑,可辨原岩结构,岩芯呈土柱状,长石部分为颗粒状,遇水易软化。岩石坚硬程度为极软岩,岩体完整程度极破碎,岩体基本质量等级为 V 类。该层场地内分布少,勘探深度范围内共 17 个钻孔中揭露到该层,揭露层厚 3.30~12.60 m,平均层厚 8.29 m;层底面标高 -79.99~-52.91 m。

(2)强风化花岗岩层号④$_2$。黄褐色、灰褐色、灰白色,岩体极破碎,裂隙发育,岩芯呈半岩半土状。原岩结构明显。岩石坚硬程度为软岩,岩体完整程度破碎,岩体质量等级为 V 类。该层场地内分布少,勘探深度范围内共 24 个钻孔中揭露到该层,揭露层厚 1.10~31.50 m,平均层厚 11.75 m;层底面标高 -96.80~-21.70 m。

(3)中风化花岗岩层号④$_3$。褐黄、青灰等色,花岗岩结构,岩体较破碎,风化裂隙比较发育,组织结构部分破坏。岩芯呈短柱状、碎块状。岩石坚硬程度为较软—软岩,岩体完整程度为破碎—较破碎,岩体基本质量等级为 Ⅳ~V 类。

该层场地内分布少,勘探深度范围内共 10 个钻孔中揭露到该层,揭露层厚 0.60~4.20 m,平均层厚 1.68 m;层底面标高 -96.29~-55.28 m。

(4)微风化花岗岩层号④$_4$。青灰色、浅灰色,花岗结构,块状构造;由长石、石英、云母等组成。岩体破碎—较完整,裂隙发育—较发育。岩芯以长柱状为主、短柱状为次,少量呈块状。为硬质岩,岩体基本质量等级为 Ⅲ 级。

该层场地内揭露少,勘探深度范围内共 20 个钻孔中揭露到该层,揭露层厚 2.00~5.00 m,平均层厚 3.94 m;层顶面标高 -90.92~-46.56 m。

5. 泥盆系砂岩风化层(D)

(1)强风化砂岩层号⑤$_1$。黄棕色、灰黑色,岩芯呈半岩半土状,碎屑状,原岩结构可见,岩块手可折断,风化不均,局部夹有中风化岩碎块。岩质强度极软,岩体基本质量分级为 V 类。该层场地内分布少,勘探深度范围内共 31 个钻孔中揭露到该层,揭露层厚为 1.10~32.00 m,平均层厚 13.75 m;层底面标高 -87.94~-34.61 m。

（2）微风化砂岩层号⑤$_2$。灰褐色、浅灰色，泥质—粉砂结构，块状构造；由石英、长石、云母碎屑等组成。岩体破碎—较完整，裂隙发育。岩芯以短柱状为主，少量呈块状。岩质强度较硬，属较硬质岩石，岩体基本质量分级为Ⅲ类。层厚 1.00~4.40 m，平均层厚 3.19 m。

地层岩性的物理力学参数如表 4-7-1 所示。

表 4-7-1　地层岩性的物理力学参数

分层号	土的名称	状态	重度 γ/ (kN/m³)	含水率 w/ %	孔隙比 e	压缩模量 $E_{s_{1-2}}$/ MPa	压缩系数 a_{v1-2}/ MPa⁻¹	直剪 黏聚力 c/kPa	直剪 内摩擦角 /(°)	地基承载力基本容许值 f_{eo}/kPa
①$_1$	填筑土	松散	18.5	—	—	—	—	10.0	12.0	70
①$_2$	吹填土	松散	20.3	17.8	0.537	8.37	0.19	—	23.6	80
②$_1$	淤泥	流塑	15.3	75.3	2.018	1.56	2.037	2.5	1.9	45
②$_2$	淤泥质土	软塑	16.5	51.7	1.419	2.21	1.125	7.2	6.2	60
②$_3$	粉质黏土	可塑	18.3	31.4	0.932	4.05	0.510	21.0	16.5	140
②$_4$	粗砂	松散—稍密	20.4	15.6	0.495	10.63	0.242	—	27.2	120
③	砂质黏性土	可塑—硬塑	18.8	26.3	0.795	5.13	0.363	22.8	24.2	220
④$_1$	全风化花岗岩	硬塑	18.8	25.9	0.788	5.53	0.349	23.0	25.8	300
④$_2$	强风化花岗岩	半岩半土状								650
④$_3$	中风化花岗岩	碎块—短柱状，单轴抗压强度：$f_{ck}=29.9$ MPa								2 000
④$_4$	微风化花岗岩	花岗岩，短柱状—柱状，单轴抗压强度值：$f_{ck}=73.8$ MPa								6 500
⑤$_1$	强风化花岗岩	砂岩，半岩半土状								600
⑤$_2$	微风化花岗岩	砂岩，短柱状，单轴抗压强度值：$f_{ck}=27.9$ MPa								4 000

4.7.2.4　水文条件

1. 地表水

道路沿线主要为滨海堆积地貌，水文地质条件相对较简单，大气降水多沿地面漫流，后汇入城市排水系统或附近溪沟。

目前场地南侧有一条较大的排洪渠，由三灶镇四道雨水渠汇合流向外海，渠宽一般 42~76 m，渠深 2.5 m 左右。局部岸坡已用浆砌块石支护，大致呈西东走向。渠内水质污染严重，平时水量不大，流速较小；暴雨时节，水量增长迅速，流速较快。

排洪渠呈弧形展布，其淤积层厚度呈不均匀状态。渠道内两侧局部地段有浅滩不连续分布，中部则为水道，浅滩通常高出现状水面数十厘米，其宽度一般介于 1.00~2.50 m。因此，局部地段渠道内淤积层呈 U 形分布，即两侧厚度大，中部厚度小。沿线有零星大小不一的水坑分布。

2. 地下水

沿线地下水主要有两种赋存方式：一是第四系松散层孔隙水；二是基岩裂隙水。综合评价为：勘察场地属Ⅱ类环境，场地地下水水质在强透水性地层中对混凝土具分解类弱腐蚀性，在弱透水性地层中对混凝土不具分解类弱腐蚀性；水质对混凝土不具结晶分解复合类、结晶类腐蚀性。勘察结果表明：勘察场地内砾砂为强透水性地层，其他地层均为弱透水性地层。

4.7.2.5　不良地质与特殊性岩土

本项目拟建场地地貌属山前海积平原地貌。据本次勘察及钻探揭露，场地范围内未揭露有断裂带、古河道、沟浜、墓穴等不良地质现象。场地内及附近未发现地面塌陷、地裂、滑坡和崩塌、泥石流等地质灾害现象。场地主要不良地质现象是广布厚层淤泥软土层。

淤泥层②$_1$：揭露层厚 6.50~60.40 m，平均层厚 19.74 m，厚度较大。其具高压缩性和触变性，自然条件下因淤泥的长期固结压缩会导致地面持续缓慢下沉，淤泥类软土层因自重固结均会对桩基础产生负摩阻力，还会给基坑开挖及支护带来不利影响。此外，未发现其他不良地质现象。

（1）场地地貌类型为山前海积平原地貌；本次钻探场地内未揭露有断裂破碎带，属构造基本稳定区；场地所处区域近年属弱震区，发生强震的可能性小；场地范围除揭露厚层淤泥软土外，未发现其他不良地质现象。场地采取适当工程措施后适宜道路建设。

（2）根据《建筑抗震设计规范（2016 年版）》（GB 50011—2010）及《中国地震动参数区划图》（GB 18306—2015），珠海市抗震设防烈度为Ⅶ度，设计地震分组为第二组，场地土的类型属软弱土，建筑场地类别为Ⅲ~Ⅳ类。Ⅲ类场地基本地震峰值加速度为 0.125g，特征周期取值为 0.55 s。Ⅳ类场地基本地震峰值加速度为 0.12g，特征周期取值为 0.75 s。该场地属于对建筑抗震的不利地段。

（3）场地地下水按环境类型（Ⅱ类环境）判定对混凝土结构具弱腐蚀性；按地层渗透性（A）判定场地地下水埋藏较浅，对混凝土结构具微腐蚀性；在长期浸水条件下对钢筋混凝土结构中的钢筋具微腐蚀性；在干湿交替条件下对钢筋混凝土结构中的钢筋具中等腐蚀性，应按规范采取相应的防腐措施。

（4）拟建道路沿线上部地基土以填土和软土为主，填土的成分复杂、结构松散、密实度不均匀、性质差异大，冲填砂土会产生中等~严重液化；软土具高含水率、高压缩性、大孔隙比、强度低等特性，具流变、触变特征，均不宜直接作天然地基使用，建议进行地基处理。

4.7.3　设计施工方案

4.7.3.1　软土地基处理技术标准

（1）快速路、主干路路面使用年限（沥青路面 15 年）内工后容许固结沉降≤30 cm，桥台与路堤相邻处≤10 cm，涵洞、通道处≤20 cm。

（2）次干路路面使用年限（沥青路面 15 年）内工后固结沉降≤50 cm。

（3）支路路面使用年限（沥青路面 10 年）内工后固结沉降≤50 cm。

（4）处理后交工面浅层地基承载力特征值≥120 kPa。

4.7.3.2　堆载预压方法

（1）堆载预压塑料排水板采用 SPB100B 型原生料整体板，呈正方形布置，间距 1.2 m，整平标高为 3.0 m，设计板顶高程为 3.0 m。

①板长设计：20 m。

②砂垫层设计：50 cm 砂垫层。

③土工布：铺设砂垫层之前先铺设一层有纺土工布。

④堆载土：堆载土优先考虑采用整平挖方的吹填砂，吹填砂不足时可考虑外购土方，根据实际沉降情况补充填土，确保本项目完工时堆载面高于场地地面标高。

（2）整平。现状场地整平至 3.0 m 标高。

（3）堆载土。堆载土填筑要求根据道路路基填筑要求标准，堆载土分层厚度≤30 cm，压实度满足设计要求，堆载土源应按《城市道路路基设计规范》（CJJ 194—2013）进行检测，检测频率同一土源抽检不少于 3 组，堆载土每层回填后应形成路中高、路肩低的双面坡（横坡 2%），以形成良好的排水通道，避免积水，堆载土填至满载标高后应采取有效措施对路基边坡坡面进行保护，避免降雨雨水汇集冲刷坡面。

（4）砂垫层。砂垫层用砂应是具有良好透水性的中粗海砂，不含有机质、黏土块、淤泥包和其他影响工程。膜下砂垫层在打设排水板后、铺设密封膜前应检查厚度，厚度不满足要求的应补足，砂垫层应分层铺设并压实，膜下砂垫层采用中粗砂，中粗砂原材料抽检频率为 5 000 m³/次。

（5）堆载施工过程中，位于分区隔离墙处应与一般路段一起堆载，不得空出该部分形成薄弱带。

（6）塑料排水板板芯材料应采用原生料。

堆载预压法处理路段纵断面图见图 4-7-2。堆载预压处理软土地基方案断面图见图 4-7-3。

4.7.4　监测检测方案

4.7.4.1　施工单位监测

1.一般性要求

（1）施工期监测由施工单位实施。

（2）施工期监测包括地表沉降和水平位移观测。

（3）路堤地表沉降量采用沉降标观测。根据观测数据可调整路堤填筑速率，预测沉降趋势。路堤地表水平位移量采用地表水平位移边桩进行观测，监测路堤地表水平位移量情况，以确保路堤施工的安全和稳定。

（4）用于沉降与稳定观测的仪器使用前需进行全性能检查和校验，以保证测定仪器的正常使用和观测数据的可靠。观测仪器的操作和保养应按照使用说明和保养制度进行，易出故障或测读数异常的仪器应及时予以更换或修理。测点标杆安装时应严格按规定进行，安装必须稳固，对露出地面的部分均应设置保护装置。在路面施工期间必须采取严格的防护措施，一旦发现标杆受拉或移位，需立即进行修复，保证观测数据的连续性。

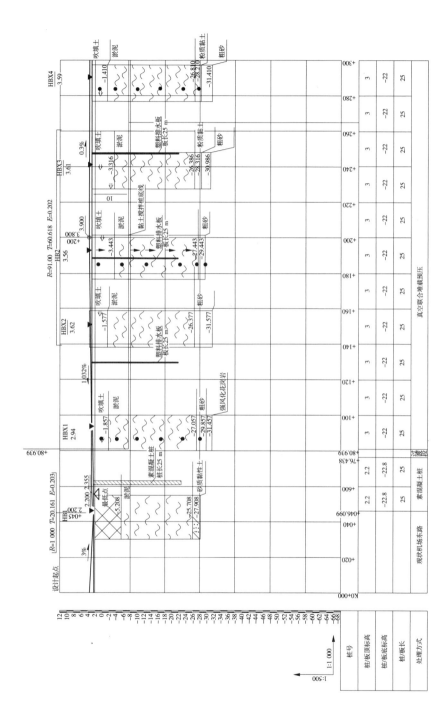

图 4-7-2 堆载预压法处理路段纵断面图

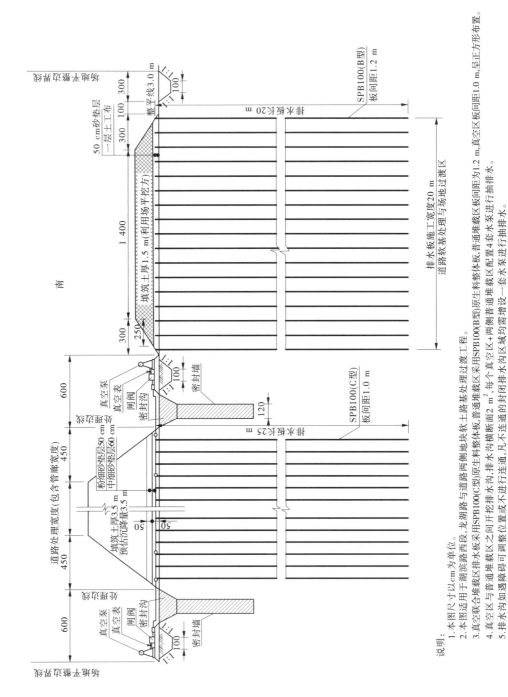

图 4-7-3 堆载预压处理软土地基方案断面图

说明：
1. 本图尺寸以 cm 为单位。
2. 本图适用于湖滨路西段、龙湖路与道路西侧两地块软土路基处理过渡工程。
3. 真空区联合堆载区排水板采用 SPB100(C 型)原生料整体板，普通堆载区采用 SPB100(B 型)原生料整体板。普通堆载区采用 SPB100(B 型)原侧普通堆载区板间距为 1.2 m，真空区板间距 1.0 m，呈正方形布置。
4. 真空区与普通堆载区之间开挖排水沟，排水沟横断面 2 m²，每个真空区+两侧普通堆载区配置 4 套水泵进行抽排。真空区域均需增设一套水泵进行抽排水。
5. 排水沟如遇障碍可调整位置或不进行连通，凡不连通的封闭排水沟沟区域均需增设一套的封闭排水沟沟不进行连通。

（5）观测设备应在软土路基处治之前埋设，并在观测到稳定的初始值后，方可进行路堤的填筑。每次观测应按规定格式做记录，并及时整理、汇总观测结果。观测资料整理：应绘制"荷载–时间–沉降和水平位移"过程曲线，并将观测结果会同专业监测单位进行综合分析。在施工期间应严格按设计要求进行沉降和稳定的跟踪观测。每填筑一层至少应观测一次，如果两次填筑间隔时间较长，每 3 d 至少观测一次。

（6）当路堤稳定出现异常情况而可能失稳时，应立即停止填土并采取果断措施，待路基恢复稳定后，方可继续填筑。

2. 稳定性观测

（1）路基的稳定性控制可通过观测地表面位移边桩的水平位移和地表隆起量实现。一般路段沿纵向每隔 100 m 设置一个观测断面；桥头路段、小型构筑物路段应设置 2~3 个观测断面，桥头纵向坡脚、填挖交界的填方端、沿河、沿沟等特殊路段增设观测点，两种软土路基处置方法的交界处两侧应设置观测断面。位移观测边桩埋设在路堤两侧趾部，以及路堤外缘以外 10 m，一般在趾部以外设置 3~4 个位移边桩。同一观测断面的边桩应埋在同一横轴线上。边桩除观测位移外，还兼测沉降（或隆起）。

（2）位移观测边桩的埋设与观测。位移观测边桩采用 ϕ 90 mm×3 mm 钢管，打入地下部分深度应不小于 1.5 m。埋置方法可采用打入埋设，要求桩周围回填密实，确保边桩埋置稳固。边桩沉降后影响观测操作时可焊接接长。在地势平坦、通视条件好的路段，水平位移观测可采用视准线法；地形起伏较大或水网路段以采用单三角前方交会法观测为宜；地表隆起采用高程观测法。

（3）地面位移观测仪器与精度。当采用视准线法观测时，观测仪器宜采用光电测距仪；当采用单三角前方交会法观测时，观测仪器宜采用经纬仪。观测精度：测距仪误差为±5 mm；方向观测水平角误差为±2.5°。

3. 沉降观测

（1）沿路纵向每 100 m 设置一个沉降观测断面（与稳定观测断面布置在同一断面）。

（2）沉降标埋置于路堤中心、路肩及坡趾的基底。沉降板由钢底板、金属测杆和保护套管组成。底板尺寸不小于 50 cm×50 cm×10 mm，测杆直径以 40 mm 为宜，保护套管尺寸采用直径 100 mm、壁厚 4 mm 左右的塑料管。随着填土的增高，测杆和保护套管亦相应接高，每节长度不宜超过 50 cm。套管应加盖封口，避免填料落入管内而影响测杆下沉自由度，盖顶高出碾压面高度不宜大于 50 cm。

（3）沉降观测以二级中等精度要求的几何水准测量高程，观测精度应小于 1 mm，读数精确至小数点后 1 位。

（4）测点保护：工作标点桩、沉降板观测标、边桩、工作基点桩、校核基点桩在观测期中均必须采取有效措施加以保护或由专人看管。沉降板观测标杆易遭施工车辆、压路机等碰撞和人为损坏，除采取有力的保护措施外，还应在标杆上设有醒目的警示标志。测量标志一旦遭受碰损，应立即复位并复测。

4.7.4.2　第三方监测

1. 真空联合堆载预压重点断面监测

路堤施工过程中除进行施工观测外,必须对路基变形、应力和强度进行第三方观测与监测。此项监测工作由专业监测单位进行,正式监测工作开始前应编制详细监测方案并获甲方、监理和设计审评。

2. 监测目的及监测设计布置

(1)监测目的。为实时了解软土路基处理动态,特别是沉降、位移、孔隙水压力等信息,控制路堤填筑速率,保障路堤施工期安全。预测工后沉降,确定路基卸载时间和路面结构施工时间。

(2)监测设计布置。监测一般沿路纵向 500 m 左右布置 1 个监测断面,且每个分区不少于 1 个监测断面,典型断面布置见图 4-7-4 和图 4-7-5。

3. 监测内容

(1)地表沉降量及沉降速率。

(2)路基外侧地表隆起(沉降)。

(3)软土层中孔隙水压力。

(4)两侧土体深层水平位移。

(5)软土层分层沉降量。

4. 监测技术要求

(1)监测单位应具备资质,且应有在类似工程的良好业绩和经验。

(2)监测指标超出限值时监测频率应加密,直至数据回归正常值。

(3)监测结果应定期报送相关单位(包括周报、月报等,必要时应有日报,紧急情况随时上报以指导施工)。

(4)报送材料除文字部分外,应包括以下图件资料:

①沉降–荷载–时间关系曲线(包括沉降速率曲线)。

②地表隆起(沉降)–荷载–时间关系曲线(包括位移速率曲线)。

③深层土体水平位移–荷载–时间关系曲线(包括位移速率曲线)。

④分层沉降–时间关系曲线。

⑤(超静)孔隙水压力–荷载关系曲线。

(5)根据要求应提供监测阶段报告和最终的评估报告,报告应全面分析监测数据,对处理效果提出评估意见,包括对设计填筑加载速率的调整意见、真空卸载时间、路面施工时间等。最终的评估报告应对沉降量、工后沉降量等做出评估。

(6)监测频率按表 4-7-2 执行(特殊情况除外)。

(7)当第三方监测发现监测数据有异常情况存在时,应分析出现异常情况的原因,并及时以书面形式报告参建各方。

(8)第三方监测报告中须含有施工监测数据分析内容。

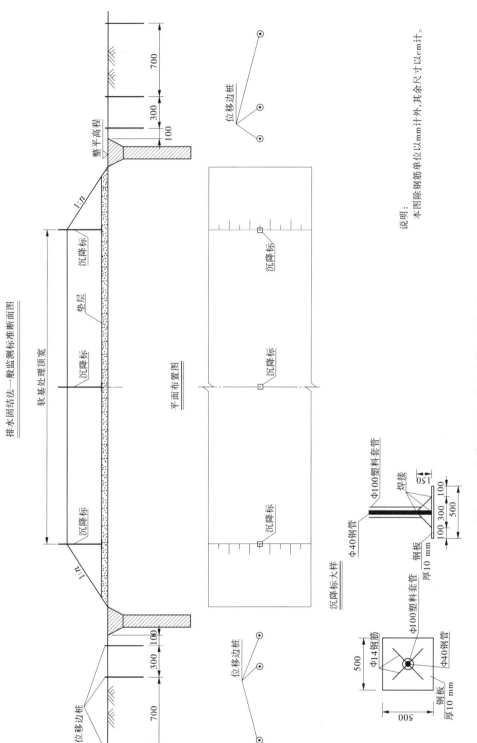

图 4-7-4　堆载预压处理软土地基一般监测标准断面图

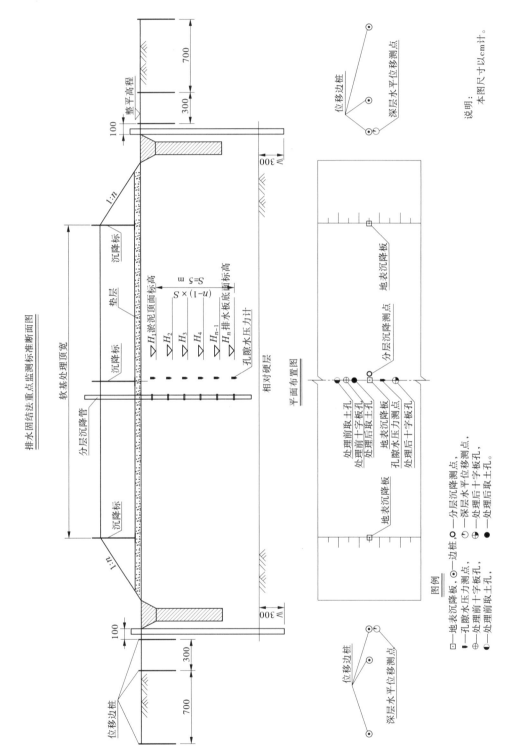

$$\overline{S} = \frac{\sum_{i=1}^{n} S_i \times (n-1)}{n} \quad \text{m}$$

图 4-7-5　堆载预压处理软土地基重点监测标准断面图

表 4-7-2　监测频率表

观测项目	填筑期	预压期	卸载期	备注
路基沉降	2 次/层(且≥1 次/d)	1 次/7 d	1 次/3 d	
地面隆起(沉降)(边桩)	1 次/d	1 次/7 d	1 次/3 d	
深层土水平位移	1 次/2 d	1 次/7 d	1 次/3 d	
孔隙水压力	1 次/2 d	1 次/7 d	1 次/7 d	
分层沉降	1 次/4 d	1 次/7 d	1 次/7 d	

5. 监测指标限值

真空联合堆载预压路段出现下列情况之一时,必须停止路堤填筑,分析其原因,并采取相应的措施。

(1)沉降速率大于 20 mm/d(该项限值监测单位可根据实际情况做适当调整)。

(2)指向路堤外侧的水平位移速率大于 5 mm/d。

(3)超静孔隙水压力系数大于 0.6。

(4)其他异常情况。

上述监测指标超限后,禁止任何原因造成的停抽真空。

4.7.4.3　软土路基处理效果检测

软土路基处理的效果检测由专业检测单位实施。

1. 检测目的及原则

(1)检测目的:了解软土路基处理的效果。

(2)检测原则:通过选择具有代表性路段的少量检验,将处理前后的软土物理力学性质指标进行对比,检验加固效果。

2. 真空联合堆载预压施工质量检测要求

真空联合堆载预压检测内容包括:静载压板试验、十字板剪切试验及钻孔土工试验。

(1)静载压板试验。真空联合堆载预压处理卸载后,应进行现场静载压板试验,检测处理后路基的承载力特征值大小,加载终止值应以变形控制,压板尺寸为直径 1.0 m 的圆形(或边长 1 m 的正方形),检测数量为每个分区不少于 3 点。

(2)十字板剪切试验。真空联合堆载预压处理前后,均应在重点监测断面处进行十字板剪切试验,以检测处理前后软土不排水抗剪强度和灵敏度的变化幅度。十字板剪切试验的深度方向检测点间距为 1.0 m,试验深度至排水板底标高。

(3)钻孔土工试验。真空联合堆载预压处理前后,均应在重点监测断面处进行钻孔取芯,检测处理前后软土层标高的变化,同时进行室内土工试验,检验处理前后软土物理力学性质的变化幅度,钻孔取样间距为 2.0 m,试验深度至排水板底标高。试验内容如下:

①室内常规土工试验;

②抗剪试验,包括直剪快剪、固结快剪和三轴固结不排水试验,透水性土层采用有效指标;

③试验土层包括路基交工面以下所有土层,每种土层取样数量不少于 2 组。

4.8　堆载预压法的数值模拟分析

4.8.1　计算参数

堆载预压处理软土地基模型的材料参数见表 4-8-1。其中,地基土体包括吹填土、淤泥、粗砂等采用线弹性模型和 Mohr-Coulomb 模型,土体渗透系数根据地质勘察报告确定;水平砂垫层、竖向排水板采用线弹性模型和 Mohr-Coulomb 模型,渗透系数根据地基处理设计方案设置;堆载填筑料材料参数根据施工方案确定,材料采用线弹性模型和 Mohr-Coulomb 模型模拟,不考虑填筑材料的渗透性。

表 4-8-1　堆载预压处理软土地基模型的材料参数

材料名称	层厚/m	含水率/%	重度/(kN/m³)	孔隙比	压缩模量/MPa	泊松比	弹性模量/MPa	直剪快剪		渗透系数/(m/d)
								黏聚力/kPa	内摩擦角/(°)	
吹填土	1.6	17.8	20.3	0.537	8.37	0.28	6.55	18.5	23.6	0.000 086 4
淤泥	24.8	75.3	15.3	2.018	1.56	0.33	1.05	2.5	1.9	0.000 181
粗砂	5.2	15.6	20.4	0.495	18.63	0.25	15.53	1.5	27.2	0.852
中粗砂垫层	0.5	16.2	19.4	0.526	16.38	0.25	13.65	6.2	34.4	0.682
排水板			12			0.28	3	25	12	8.64
回填料			20	0.6		0.25	45	45	38	

4.8.2　计算模型

采用 ABAQUS 有限元软件建立堆载预压加固软土地基的二维数值模型,见图 4-8-1。考虑边界条件影响取模型宽度为 500 m,地基模型高度为 31.6 m。计算模型选取天然地基共分 3 层,分别为厚度 1.6 m 的吹填土、厚度 24.8 m 的淤泥、厚度 5.2 m 的粗砂。加固区宽度为 20 m,堆载断面边坡坡度 1∶1。中粗砂垫层厚度为 0.5 m,堆载填筑料厚度为 1.5 m。排水板宽度为 0.1 m,呈正方形布置,排水板间距 1.2 m,长度为 20 m。

4.8.3　单元类型及网格划分

地基土体、砂垫层和排水板均采用 ABAQUS 软件中的二维四节点孔压单元 CPE4P 进行模拟,模拟平面应变问题及地基土、砂垫层和排水板的排水固结,堆载填筑料采用二维平面应变单元模拟 CPE4。对排水板及砂垫层的网格进行加密,考虑关键部位的排水固结作用,地基土、砂垫层、堆载和排水板网格划分情况如图 4-8-2 所示。

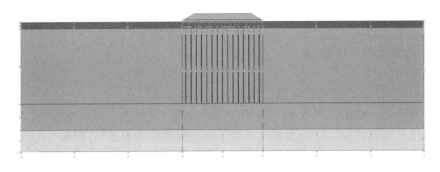

图 4-8-1　软土地基堆载预压数值模型

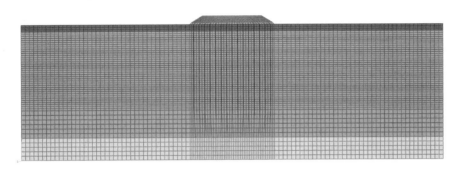

图 4-8-2　软土地基堆载预压模型的网格划分

4.8.4　荷载条件、边界条件、分析步

（1）荷载条件：对地基土、砂垫层、堆载和排水板均采用 body force 进行材料重度加载，荷载为材料的自重。

（2）边界条件：软土地基堆载预压模型采用水平位移约束，水平位移设置为 0；在模型底部设置竖向位移约束，竖向位移设置为 0；在地基土表面设置排水边界，排水边界孔隙水压力设置为 0，作为水平排水通道。

（3）分析步：软土地基堆载预压加固共分为 4 个步骤。

步骤一：地基的自重应力平衡计算步，根据土层重度模拟地基中的自重应力场并消除初始位移，还原地基初始状态，计算步时间为 1 s。

步骤二：砂垫层施工步，采用生死单元法生成厚度为 0.5 m 的砂垫层单元，计算步采用 soil 模拟固结过程，计算步时间为 5 d。

步骤三：堆载填筑施工步，采用生死单元法生成厚度为 4 m 的路堤堆载，计算步类型为 soil 模拟固结过程，计算步时间长度为 20 d。

步骤四：工后沉降及承载情况分析步，模拟施工完成后 5 年内的地基加固情况，分析工后 5 年内地基的沉降、水平位移、孔隙水压力、应力情况等承载特性，计算步时间为 5 年。

4.8.5　结果分析

4.8.5.1　地基变形与位移

1. 地表沉降

图 4-8-3 为堆载预压法处理软土地基的沉降情况。图 4-8-3(a) 为自重应力平衡之后地基初始沉降场。初始沉降在 10^{-14} m 几乎没有沉降，表明地应力平衡有效。图 4-8-3(b) 为砂垫层施工完成后的沉降分布情况。由于砂垫层厚度为 0.5 m，产生了附加荷载，因此在地基中产生脸盆形沉降，产生了 9 cm 左右的沉降。图 4-8-3(c) 为上部 2.5 m 堆载施工完成后的地基沉降分布情况。由于 2.5 m 的堆载荷载，地基沉降趋势也呈脸盆形，沉降量增加到 41.5 cm。图 4-8-3(d) 为堆载施工完成 5 年后的沉降情况，沉降趋势同堆载完成时基本一致，自加固区中心向外逐渐扩散呈脸盆形沉降，沉降量从堆载完成时的 41.5 cm 增加到 48.7 cm，5 年时间仅增加了 7 cm 沉降。上述结果表明，在堆载初期由于排水板的作用，地基已经快速完成大部分固结沉降，在工后 5 年内仅增加 7 cm 沉降，表明堆载预压处理软土地基产生了很好的效果，工后沉降满足设计要求。

2. 水平位移

图 4-8-4 为堆载预压法处理软土地基的水平位移情况。图 4-8-4(a) 为初始状态时的地基水平位移，水平位移在 10^{-14} m 量级，几乎不产生水平位移。当地表填筑 0.5 m 砂垫层时，对地基增加了附加荷载，此时在加固区两个角点处下方一定深度处出现最大水平位移，在砂垫层 0.5 m 完成时产生的水平位移约为 3 cm。图 4-8-4(c) 为堆载施工完成后的水平位移情况，在砂垫层基础之上增加了 2.5 m 的堆载，此时地基水平位移趋势仍然在加固区域边缘角点以下，水平位移从 3 cm 增加到 9 cm，增加了 6 cm，对比换填法处理软土地基，堆载预压显著减小了地基的水平位移量。图 4-8-4(d) 为堆载施工完成 5 年后的水平位移情况，由于 5 年的排水固结，土体水平向弹性变形得到卸载回弹，水平位移减小，从 9 cm 减小到 7 cm，减小了 2 cm，表明排水固结作用可减小地基堆载产生的水平向弹性变形，有益于地基稳定。

3. 总位移矢量图

图 4-8-5 为堆载预压法处理软土地基的总位移趋势。初始状态时地基位移量很小，基本不产生变形。而砂垫层施工完成后[见图 4-8-5(b)]，在加固区中心产生向两侧的水平变形和沉降，自加固区边缘底部开始向两侧产生了水平向的挤压膨胀，出现了膨胀变形过渡区。加固区中部的不可压缩弹性变形，自加固区中部向两侧挤出。在图 4-8-5(c) 中，随着堆载的增加，加固区中心沉降进一步增大，从加固中心向底部和两侧产生了扩散变形，而中部突起产生的挤压变形，在加固区两侧向周边膨胀挤出，产生了一个明显的对数螺旋膨胀变形区，并且附加应力越大这个变形的趋势越明显。图 4-8-5(d) 为堆载施工完成 5 年后的位移趋势，可见由于排水固结作用，在加固区深处排水板排水效果增大，整个加固区土体的附加应力通过排水固结得到了释放，超孔隙水压力消散，地基的弹性变形趋势减小，对加固区周边土体的挤压作用减小，使加固区周边土体的膨胀趋势减弱。

4. 塑性变形

图 4-8-6 为堆载预压法处理软土地基的塑性变形情况。可以看出，图 4-8-6(a) 和

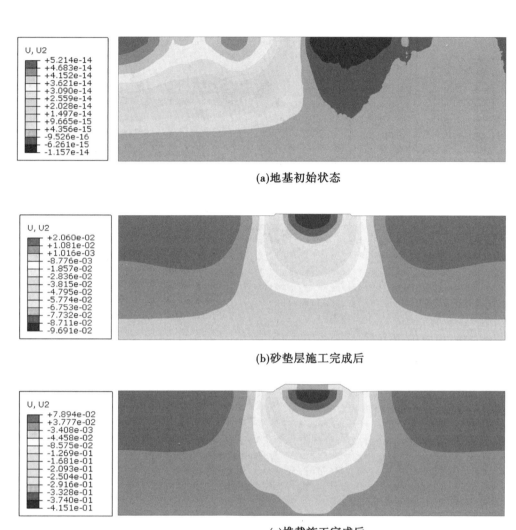

(a)地基初始状态

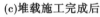

(b)砂垫层施工完成后

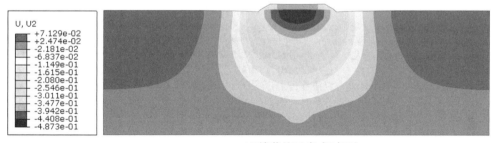

(c)堆载施工完成后

(d)堆载施工完成5年后

图 4-8-3　堆载预压法处理软土地基的沉降

图 4-8-6(b)分别为地基初始状态和砂垫层施工完成后的塑性变形情况,初始状态由于没有附加荷载而没有产生塑性变形,砂垫层施工完成后由于荷载相对较小,地基并未产生局

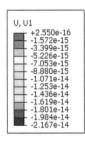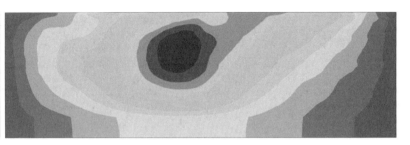

(a)地基初始状态

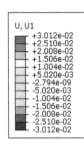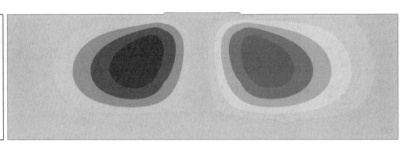

(b)砂垫层施工完成后

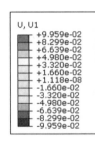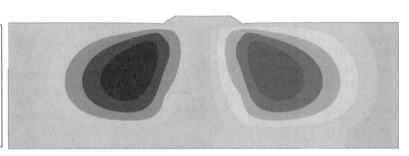

(c)堆载施工完成后

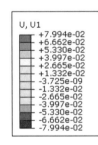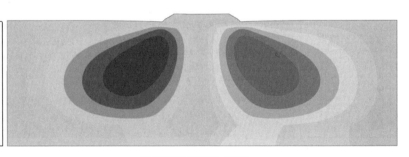

(d)堆载施工完成5年后

图 4-8-4 堆载预压法处理软土地基的水平位移

部破坏,因此塑性变形同样未发生。而在图 4-8-6(c)堆载预压阶段,由于荷载增大,超过土体的承受能力,因此在砂垫层边缘两侧表层及地基土底部产生了区域破坏,出现了塑性

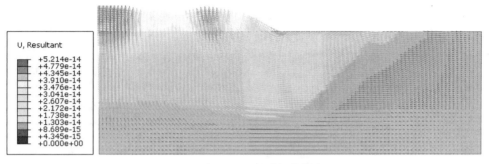

(a)地基初始状态

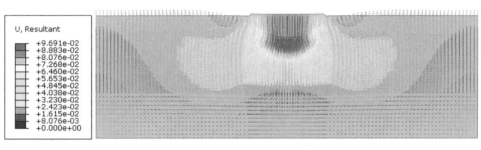

(b)砂垫层施工完成后

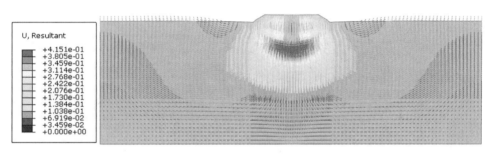

(c)堆载施工完成后

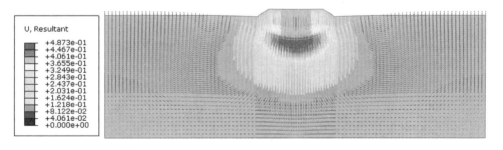

(d)堆载施工完成5年后

图 4-8-5　堆载预压法处理软土地基的总位移趋势

变形。图 4-8-6(d) 是堆载施工完成 5 年后地基塑性变形情况,由于排水固结作用,有效应力进一步增大,地基中有效应力增加使塑性变形进一步增大,从 2.0% 增加至 2.4%,表明排水固结作用增加了地基中的有效应力,使土体的塑性变形进一步增大。

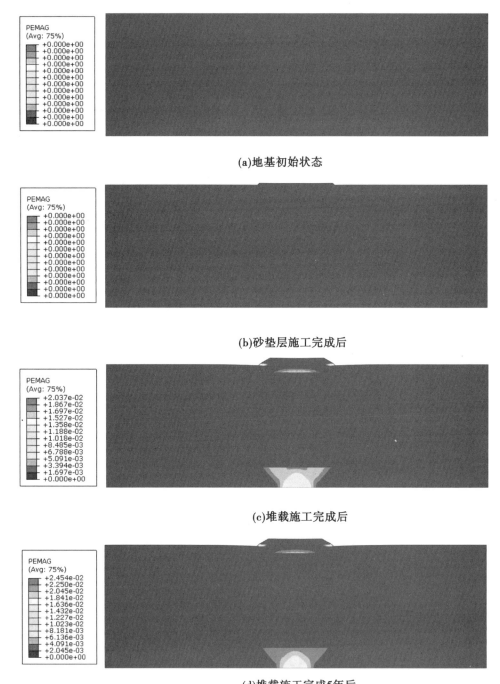

(a)地基初始状态

(b)砂垫层施工完成后

(c)堆载施工完成后

(d)堆载施工完成5年后

图 4-8-6　堆载预压法处理软土地基的塑性变形

4.8.5.2　地基应力与孔隙水压力

1. Mises 应力

图 4-8-7 为堆载预压法处理软工地基土的 Mises 应力分布。图 4-8-7(a)为地基的初始状态,由于没有附加荷载,地基土的 Mises 应力自上而下线性增加,而在砂垫层施工完成后[见图 4-8-7(b)],由于 0.5 m 砂垫层产生的附加荷载,在加固区宽度范围内地基土体的 Mises 应力增加,在地基土上部的 Mises 应力曲线向上弯曲,呈现应力增大的趋势。图 4-8-7(c)为堆载施工完成后,地基加固区的附加应力进一步增加,整个地基中附加应力出现明显增大,在路堤顶部,由于水平变形作用,水平上拉应力增大,因此该位置 Mises 应力增加,而在加固区底部,竖向应力增大,导致该位置 Mises 应力达到最大值。图 4-8-7(c)堆载施工完成后最大 Mises 应力达 16.5 kPa,而在图 4-8-7(d)堆载施工完成 5 年后,地基的 Mises 应力从 16.5 kPa 减小到 16.2 kPa,略有下降,表明排水固结作用使整个地基的附加应力逐渐趋于平衡,超孔隙水压力逐渐消散,对整个地基的承载力和变形沉降、不均匀沉降起到增强作用。

2. 竖向应力

图 4-8-8 为堆载预压法处理软土地基的竖向应力。图 4-8-8(a)为初始状态时竖向应力自上而下线性分布,而随着砂垫层施工完成后[见图 4-8-8(b)],竖向应力在加固区宽度范围内出现增加,顶部增加较多,底部增加较少。当堆载施工完成后[见图 4-8-8(c)],加固区范围内的竖向应力进一步增大,地基竖向应力场的分布改变,竖向应力在地基土上部增加较为明显。图 4-8-8(d)为堆载施工完成 5 年后,由于排水固结作用,地基的附加应力得到消散,一部分超孔隙水压力也得到消散,导致地基中的应力场变得更均匀,竖向有效应力增加,相比堆载施工刚完成时略有增大。

3. 孔隙水压力

图 4-8-9(a)为地基初始状态,此时地基中没有超孔隙水压力的分布。而图 4-8-9(b)为砂垫层施工完成后地基的超孔隙水压力分布,由于附加应力增加,地基中产生了相应的超孔隙水压力,在排水板处超孔隙水压力消散,出现线性降低,而在排水板之间土体中超孔隙水压力并未及时消散,出现了孔隙水压力局部增大的情况。可见,在水平排水砂垫层以及竖向排水板的范围内,超孔隙水压力呈降低的状态,而在排水板之间的土体中存在超孔隙水压力集中区,由于并未及时排水固结,此时超孔隙水压力增大,最大超孔隙水压力达到了 8.1 kPa。图 4-8-9(c)在堆载施工完成后地基中超孔隙水压力达到最大,加固区底部土体超孔隙水压力达到 14.2 kPa。在堆载施工完成后一段时间之内,超孔隙水压力逐渐降低,在水平排水通道和竖向排水通道范围内,孔隙水压力进一步消散趋近于零,而排水板之间的土体孔隙水压力消散趋势较为明显,整个地基范围内的孔隙水压力从加固区开始向周边呈逐渐消散的状态。图 4-8-9(d)为堆载施工完成 5 年后的孔隙水压力变化情况,与图 4-8-9(c)具有明显对比,整个加固区范围内的土体基本上不存在超孔隙水压力。这表明在工后 5 年内加固区范围内土地基本已经完成固结,没有超孔隙水压力存在。而地基底部土体的超孔隙水压力从最初的 14.2 kPa 逐渐消散到 4.5 kPa,表明堆载预压法处理软土地基,除使加固区土体在排水固结作用下得到加强外,也对加固区周边土体的超孔隙水压力起到消散作用。

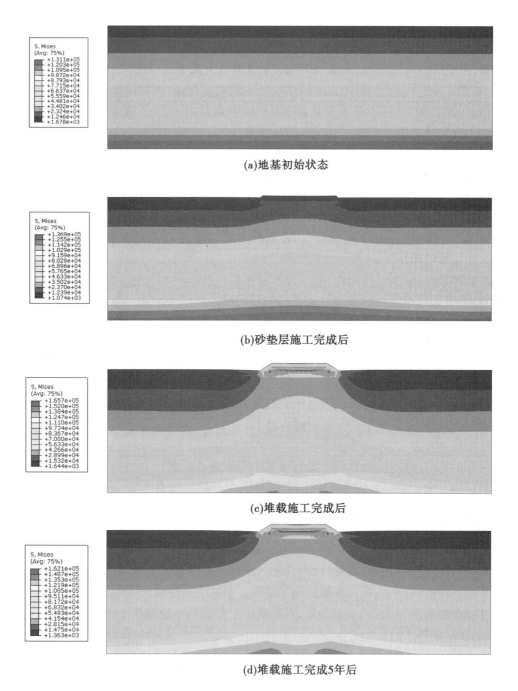

(a)地基初始状态

(b)砂垫层施工完成后

(c)堆载施工完成后

(d)堆载施工完成5年后

图 4-8-7　堆载预压法处理软土地基的 Mises 应力分布

4.8.5.3　地基应力应变的历时特性

1. 沉降–时间曲线

图 4-8-10 为堆载预压法处理软土地基路基中心地表的沉降–时间曲线。在加固初期,由于砂垫层和路堤堆载作用,沉降迅速下降,当堆载完成后,整个地基进入排水固结阶

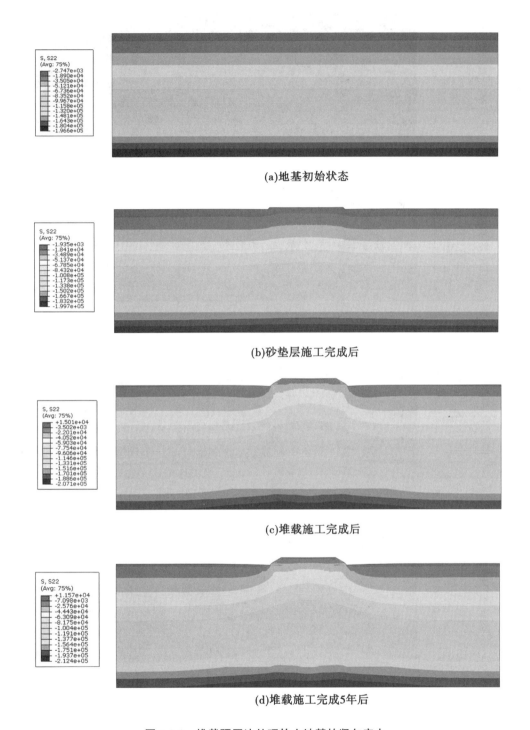

(a)地基初始状态

(b)砂垫层施工完成后

(c)堆载施工完成后

(d)堆载施工完成5年后

图 4-8-8　堆载预压法处理软土地基的竖向应力

段。此时,由于排水板和水平砂垫层的排水固结作用,超孔隙水压力逐渐消散,土体出现一个渐进的沉降趋势,沉降在加固初期速率较快,之后随着时间的增长,沉降逐渐减缓,表

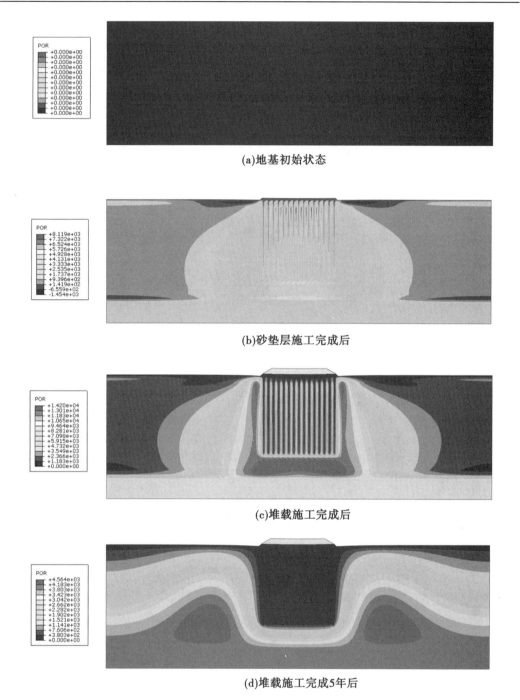

(a)地基初始状态

(b)砂垫层施工完成后

(c)堆载施工完成后

(d)堆载施工完成5年后

图 4-8-9　堆载预压法处理软土地基的孔隙水压力

明排水固结产生了效果,地基的工后沉降较小。在工后 5 年内,地基排水固结产生的沉降量仅为 7 cm 左右,表明堆载预压对减小地基工后沉降起到作用。

2. 分层沉降-时间曲线

图 4-8-11 为堆载预压法处理软土地基路基中心的分层沉降-时间曲线。可见,在不

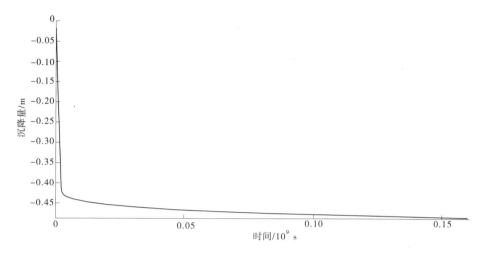

图 4-8-10　堆载预压法处理软土地基路基中心地表的沉降–时间曲线

同深度,土层的压缩量基本一致。由于整个地基基本为较厚的淤泥,其压缩特性比较一致,因此不同埋深处土层的压缩曲线随深度增加呈确定比例关系,并且由于各土层都埋设了排水板,在排水板影响范围内,各土层的排水固结速率基本一致。由此表明,由于排水板作用,不同深度土体的固结沉降速率和工后沉降量基本一致。

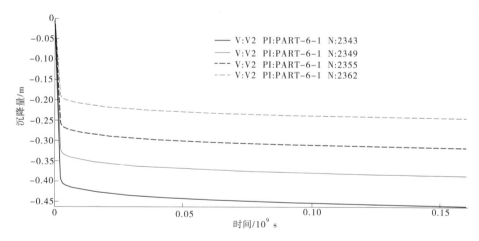

图 4-8-11　堆载预压法处理软土地基路基中心的分层沉降–时间曲线

[节点编号及埋深:N2343(2.1 m);N2349(5.1 m);N2355(8.1 m);N2362(11.6 m)]

3. 孔隙水压力–时间曲线

图 4-8-12 为堆载预压法处理软土地基路基中心的孔隙水压力–时间曲线,可见在加固初期由于时间较短,砂垫层和路堤堆载的排水固结作用不明显,地基中超孔隙水压力增长,超孔隙水压力最多达到了 8.1 kPa。之后,由于水平排水层及竖向排水层的作用,不同深度处土体的超孔隙水压力均迅速消散,在堆载完成后一段时间内,不同深度处土体的超孔隙水压力基本消散,各土层超孔隙水压力消散速率基本一致,表明排水板在地基浅层和深层的排水作用基本一致,对整个地基的加固起到了非常明显的作用。此外,由于超孔隙

水压力在超过某一时间点后基本就消散完毕,说明排水板对地基在工期内的加固效果非常显著,由于超孔隙水压力基本消散完毕,工后不会继续出现超孔隙水压力的消散作用,因此地基的工后沉降较小,排水固结法有利于减小工后沉降。

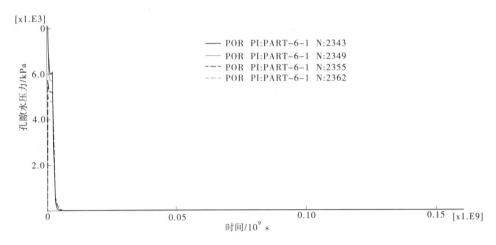

图 4-8-12　堆载预压法处理软土地基路基中心的孔隙水压力-时间曲线

[节点编号及埋深:N2343(2.1 m);N2349(5.1 m);N2355(8.1 m);N2362(11.6 m)]

4. 水平位移-时间曲线

图 4-8-13 为堆载预压法处理软土地基路基坡脚的水平位移-时间曲线,可见不同区域处地基土水平位移的发展趋势不同。在地基较浅层,在加载初期由于堆载作用,土层都出现了水平位移增大的趋势,之后随堆载施工完成,又缓慢出现弹性回弹,但是浅部土体和深部土体的水平位移变化趋势并不一致。浅层土体在堆载时产生较大水平位移,在堆载完成后逐渐出现回弹,之后随着时间增长,回弹量逐渐增大并趋于稳定。而地基深部土体,由于底部的排水固结作用,先是产生了一定回弹,之后随着固结变形的增加,水平位移进一步增大。

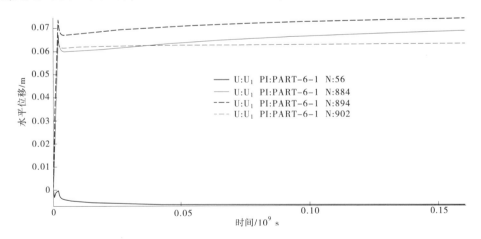

图 4-8-13　堆载预压法处理软土地基路基坡脚的水平位移-时间曲线

[节点编号及埋深:N56(0 m);N902(3.1 m);N894(7.1 m);N884(12.1 m)]

4.9　本章小结

（1）在堆载初期，随着排水板的作用，地基已经快速完成大部分固结沉降，堆载预压处理软土地基产生了很好的效果，工后沉降满足设计要求。

（2）排水固结作用可减小地基堆载产生的水平向弹性变形，有益于地基稳定。

（3）在加固区深处排水板增大排水效果，整个加固区土体的附加应力通过排水固结得到了释放，地基的弹性变形趋势减小，对加固区周边土体的挤压作用减小，使加固区周边土体的膨胀趋势减弱。

（4）荷载下在砂垫层边缘两侧表层及地基土底部产生了区域破坏，出现了塑性变形。排水固结作用增加了地基中的有效应力，使土体的塑性变形进一步增大。

（5）排水固结作用使整个地基的附加应力逐渐趋于平衡，超孔隙水压力逐渐消散，对整个地基的承载力和变形沉降、不均匀沉降起到增强作用。

（6）排水固结作用使地基的附加应力得到消散，导致地基中的应力场变得更均匀，竖向有效应力增加，相比堆载刚完成时略有增大。

（7）堆载预压法处理软土地基，除使加固区土体在排水固结作用下得到加强外，也对加固区周边土体的超孔隙水压力起到消散作用。

（8）由于排水板和水平砂垫层的排水固结作用，超孔隙水压力逐渐消散，土体出现一个渐进的沉降趋势，沉降在加固初期速率较快，之后随着时间增长，沉降逐渐减缓，排水固结产生了效果，地基的工后沉降较小。堆载预压对减小地基工后沉降起到作用。

（9）不同埋深处土层的压缩曲线随深度增加呈确定比例关系，在排水板影响范围内各土层的排水固结速率基本一致。由于排水板作用，不同深度土体的固结沉降速率和工后沉降量基本一致。

（10）排水板在地基浅层和深层的排水作用基本一致，对整个地基的加固起到了非常明显的作用。排水板对地基在工期的加固效果非常显著，排水固结法有利于减小工后沉降。

第 5 章　真空联合堆载预压法

5.1　真空联合堆载预压法概述

　　真空预压法,具有不需要堆载材料、不需要分级加载、不会失稳破坏且施工安全、工期短、造价低、耗能少、加固效果好、文明施工、有利于环保、特别适合软土或超软土地基加固等特点;但任何加固方法都不是万能的,必然存在不足与局限。如真空预压法一般降低孔隙水压力值为 85 kPa,其极限降低值为 100 kPa,故加固预压荷载时有一定限制。又如,它只适合以黏性土为主的地基。这些不足就需要联合其他加固法来弥补,以避免自身之短。反之,也是取真空预压之长,弥补其他加固方法之短。所以,相互扬长避短,以达到最优的加固效果,始终是联合加固方法应遵守的原则。

　　在软黏土地基上,要求大于 85 kPa 预压荷载时,可采用真空联合堆载预压法,可在较短的工期内,采用较少的堆载材料,得到较高的地基承载力;又如,在软土地基上的公路和铁路路基、围埝、防波堤、堤坝等,由于这些工程具有高填方的特点,易产生向外的挤出变形而导致滑坡。真空联合自重预压后,可利用真空预压的收缩变形,抵消高填方时向外的挤出变形,从而达到快速填方而不失稳、缩短工期、节省造价,并且提高加固效果的目的。

　　1983 年真空预压列为国家"六五"科技攻关时,将真空联合堆载预压法作为重点攻关内容之一。"六五"科技攻关后,天津港湾工程研究院继 1987 年获得"真空预压加固软土地基法"专利后,1988 年 7 月 27 日获得"真空联合堆载预压加固软土地基法"专利。

　　真空联合堆载预压法包括抽真空和联合堆载,将真空预压同堆载预压结合起来,其应用范围广,并且特点和优势较多。真空排水预压法及堆载预压法都属于排水固结法,其固结机制不同,用有效应力原理分析真空排水预压法的加固机制,太沙基的有效应力理论认为,土体强度的提高和压缩的发生是以有效应力的变化为前提的。只有当土的有效应力发生变化时,土的变形和强度才会发生变化。真空联合堆载预压施工示意图见图 5-1-1。

　　真空预压加固法处理软土地基技术是由瑞典皇家地质学院 W. Kjellman 教授在 1952 年提出的,在其发表的文章《利用大气压力加固黏土》中,对真空预压法进行了解释,并认为真空可以改善土体中的孔隙压力,进而促进软土中的水分由于压力差的存在而排出,该方法的提出引起了广泛的关注。1973 年,美国威廉教授通过二维渗流网对真空预压加固技术进行了解释,并指出该技术虽然排出了软土中的水分,但是由于未考虑土体自身的固结作用,所以无法评判其加固效果。1957 年,美国费城国际机场跑道扩建工程中首次运用真空预压法进行软土地基加固,并取得了成功。此外,在 1982 年,日本大阪南港的软土填筑也利用了真空预压技术。结果证明,该技术在软土地基的加固应用上效果非常显著。20 世纪 80 年代,随着我国经济的快速发展,我国沿海港口城市快速发展,城市港口建设和各种基础设施建设快速进行,为了应对沿海大量的软土地基状况,天津大学、南京水利

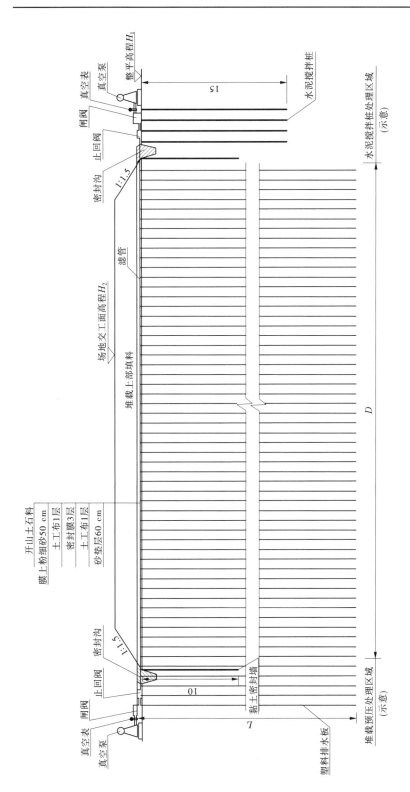

图 5-1-1　真空联合堆载预压施工示意图

科学研究院及河海大学都相继开展了真空预压加固技术研究,并获得了技术性突破。1985 年,我国真空预压加载技术取得了巨大成果,经测试后其在真空度和加固面积方面已经达到国际领先水平,其中膜内真空度等效于 78~92 kPa 荷载,单块加固面积达到3 000 m²,软土地基经过 40~70 d 的真空预压处理,固结度可达 80%,承载能力也得到极大提高,满足一般货场、仓库、道路和住宅及办公建筑的需要。近年来,随着真空技术的快速发展,真空预压及真空堆载联合预压技术已经得到巨大改善,并已经成功应用于高速公路、码头、港口、机场、市政工程及人工岛屿的建设中。目前,膜下真空度已经可以达到90 kPa 荷载,最大单块加固面积也达到了 10 万 m²,并已经取得了良好的社会效益和经济效益。

　　我国利用该技术进行软土地基处理的时间非常早,然而,由于早期的抽真空设备、密封材料、竖向排水砂井及其他辅助技术尚未成熟,这些因素综合作用后导致该技术的应用情况十分不理想。随着技术的不断发展,得益于抽真空设备和密封设备的升级更新,一些工程实践应用的成功,为后期软土地基处理技术的革新提供了充足的资料。20 世纪 80年代,鉴于我国沿海地区快速发展的需要,我国国内以交通部工程局、天津大学、河海大学及南京水利科学院为主的科研力量对真空联合堆载预压技术进行了深入的分析和探索,并于 20 世纪 90 年代,实现了突破性的进步,极大地促进了我国沿海地区的发展和建设。真空预压与真空联合堆载预压的设计方法目前仍存在许多不足和不完善的地方。在计算时,往往是将真空荷载看作等效堆载荷载,即当真空度为 80 kPa 时,则视为 4 m 左右的堆载物的堆载作用,这种方法虽然简化了真空联合堆载预压法工艺的计算过程,但该方法等效后的荷载与其真实荷载相差较大,因此会导致该加固方法在实际应用时其效果不理想。随着技术的发展和进步,真空联合堆载预压加固技术已经取得了巨大的进步,并逐渐趋于成熟。目前,通过该技术膜下真空度已经可以达到 90 kPa 以上,且单块加固面积可达10 万 m²,并成功应用于港口、市政工程、人工岛、堤坝及高速公路等工程软土地基的建设,且已经取得了良好的社会效益和经济效益。

5.2　真空联合堆载预压法的加固机制

　　堆载预压和真空预压两者单独加固的原理都已清楚,前者来源于外荷载给孔隙水以正压,后者是直接降低孔隙水压力给孔隙水以负压,两者存在本质的不同,但两者都是通过主体中同一孔隙水压力的变化而转化为有效应力的。当两者同时对孔隙水作用时,正负压是互相抵消或相互叠加的,这是研究真空联合堆载法前人们非常怀疑的问题。如果正负压互相抵消,则这个联合加固毫无意义;如果两者相互叠加,这才是联合加固法能够存在的最基本的前提条件。

　　为解决这一最基本前提条件,在进行现场试验之前,天津港湾工程研究院与河海大学进行了离心模型试验,离心模型试验结果充分证明,真空与堆载联合预压加固时,正负压是相互叠加的,并非相互抵消。从而说明,真空与堆载联合加固是完全可行的。

　　真空联合堆载预压法主要由两大部分组成,分别是加压系统和固结排水系统。其中,加压系统又涵盖了真空加压和堆载加压,通过共同作用实现较短的时间达到预期的加压效果,又能够防止出现堆载材料不足的情况。真空联合堆载预压法原理见图 5-2-1。

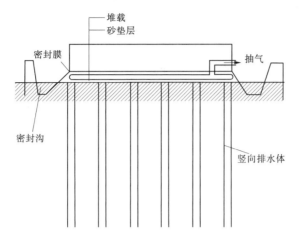

图 5-2-1 真空联合堆载预压法原理

在联合预压法中,软土地基在堆载和真空负压的共同影响下,变形特征表现为:竖向仍为沉降变形,且沉降量较前两者增大;横向在抽真空阶段为指向负压源的收缩变形,施加堆载后四周土为向内收缩变形和向外挤出变形的叠加效果。

地基中孔隙水的水力坡度($\Delta h/L$)与渗透速率成正比关系,不管是缩短排水距离 L 还是增加水头差 Δh ,都可以加快地基土的排水固结。真空预压法的加固机制是使加固区土体中孔隙水压力减小,即形成负超静孔隙水压应力,通过让排水通道与土体之间存在水头差,从而形成孔隙水渗流水力梯度;而堆载预压法是通过外部荷载产生正超静孔隙水压应力,促使孔隙水压力消散而使土体强度提高。在两者联合作用下,正负超静孔隙水压力进行叠加使得压差增大,即增加水头差 Δh ,从而加快孔隙水压力消散速度,固结效果更好。

在真空排水预压法中,竖向排水体(排水板或砂井)不仅起着纵向排水通道、减少排水距离、加速土体固结的作用,而且起着传递真空度的作用,"预压荷载"在这里是通过纵向排水体向土体施加的。在真空排水预压法中竖向排水体起着双重作用,因而它是影响加固效果的主要因素。真空排水预压法中真空度的传递过程包括:

(1)射流泵为真空度源,它通过铺设在砂垫层中的主管和滤管使密封膜下形成真空度。这是真空传递过程的第一步。影响膜下真空度的因素除射流泵自身结构(所能提供的真空度)、射流器的密封性及水箱结构外,主要是泵后连接的管路、膜下砂层渗透性及滤管布置等。此外,周围土体特别是表层土体也是影响膜下真空度的重要因素。

(2)膜下真空度通过打设的竖向排水体向加固区的深度方向传递,使加固区域形成网状真空度。这是真空度传递过程的第二步。影响竖向排水体中真空度的因素除膜下真空度外,主要是排水体自身的纵向通水能力、滤膜渗透性、土体渗透性等。

(3)竖向排水体中的真空度通过土体的孔隙沿横向传递,使整个加固区域形成一定的真空度。这是真空度传递过程的第三步。影响加固土(淤泥)中真空度的因素除膜下和竖向排水体中的真空度外,主要是加固区域内土体的孔隙比、饱和度、渗透性和土层分布状况等。另外,地基中有无强透水层对真空度影响很大,若有则真空度难以维持。

整个真空度传递过程如图 5-2-2 所示。

图 5-2-2　整个真空度传递过程

加固区域土体渗流过程如图 5-2-3 所示。

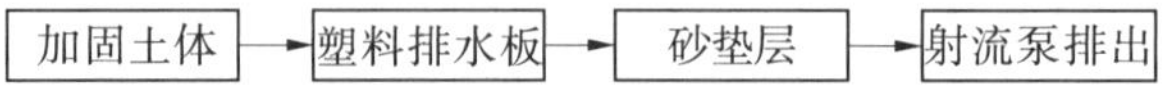

加固土体 → 塑料排水板 → 砂垫层 → 射流泵排出

图 5-2-3　加固区域土体渗流过程

在真空度传递过程中,竖向排水体起着承上启下的枢纽作用,因此它对加固效果至关重要。通过对塑料排水板和袋装砂井各方面性能的实测资料的分析和比较,在采用真空排水预压方法加固软土地基时,如高速公路软基等,可选用塑料排水板作为竖向排水体。在真空排水预压方法中塑料排水板对真空度传递和纵向通水性的作用特点:

(1)在真空排水预压方法中,真空度的传递是衡量竖向排水体优劣的一个主要指标。塑料排水板中真空度沿深度变化规律性较好,基本上呈线性变化。

(2)在真空排水预压方法中,纵向通水性能也是衡量竖向排水体优劣的一个指标。塑料排水板的纵向通水能力与袋装砂井一样,随着土体的固结沉降而不断发生变化。工程实践发现,袋装砂井的通水量和渗透系数均只有塑料排水板的 1/4 左右,塑料排水板的通水性能明显优于等效直径的袋装砂井。塑料排水板又具有较好的强度和延伸率,施工方便、质量易控制等优点。

5.3　真空联合堆载预压法的设计计算方法

当设计地基预压荷载大于 80 kPa,且进行真空预压处理地基不能满足设计要求时可采用真空和堆载联合预压的方法进行地基处理。

堆载体的坡肩线宜与真空预压边线一致。

对于一般软黏土,上部堆载施工宜在真空预压膜下真空度稳定地达到 650 mmHg 且抽真空时间不少于 10 d 后进行。对于高含水率的淤泥类土,上部堆载施工宜在真空预压膜下真空度稳定地达到 650 mmHg 且抽真空 20~30 d 后方可进行。当堆载较大时,真空和堆载联合预压应采用分级加载,分级数应根据地基土稳定计算确定。分级加载时,应待前期预压荷载下地基土的强度增长满足下一级荷载下地基的稳定性要求后,方可增加堆载。

堆载加载过程中,应满足地基稳定性设计要求,对竖向变形、边缘水平位移及孔隙水压力的监测应满足下列要求:

(1)地基向加固区外的侧移速率不应大于 5 mm/d。

(2)地基竖向变形速率不应大于 10 mm/d。

(3)根据上述观察资料综合分析、判断地基的稳定性。

真空联合堆载预压法应注意的问题:

（1）真空联合堆载施加第一级荷载时，必须具备以下两个条件：①真空预压试抽气后，必须保证密封膜任何部位都不漏气。②正式抽真空后，随着固结度的逐渐提高，土体强度不断增长，一般在 10~20 d 内即可施加第一级荷载。若原地基表层土体强度比较高，可能很快就可施加第一级荷载，甚至马上就可以施加第一级荷载。时间长短主要与原天然地表层的强度、固结系数大小等条件有关系。只要强度达到要求，越早堆载越好。这样既可以节约能源，又可以缩短工期。

（2）做好密封膜的保护措施。密封膜是真空预压密封系统中最重要的手段之一，特别是对于真空联合堆载预压法更为重要。保护好密封膜的密封性，也是该加固法成败的关键之一。

（3）堆载材料及其要求。一般堆载预压时，因预压后堆载材料需要卸除，故堆载材料不受限制。堆载材料可为一般土料或山皮土、钢渣、建筑垃圾等，也可用水。如温州龙湾港区集装箱堆场，采用真空联合堆载预压加固，堆载材料为 1.5 m 高的水荷载；浙江省某污水处理厂地基真空联合堆载预压时，膜上采用 3~4 m 的水作为堆载材料。四周建 4 m 多高的防渗围堤，虽然水加卸载方便，但围堤的防渗和抗侧向压力是主要问题。该工程在预压期间就出现一次泄漏，直至溃堤全部水泄光，这对四周的安全与环保造成了极大的威胁。对于利用自重作为堆载材料，尤其是对于公路、铁路路基等工程，应满足路基填土的要求。最大粒径不大于 12 cm 的土料，摊铺中应注意粒径的均匀性，避免集中出现粗块区和细块区，影响路基的密实度和不均匀沉降。堆载时应分层填筑、分层碾压。

（4）当堆载需分级加荷时，应保障加荷与土体强度增长，两者协调发展。两级荷载间的间歇期，是为了使土体强度逐渐增长。每次施加下一级荷载时，既不能太早，也不能太晚。太早会导致土体失稳破坏；太晚不仅延误工期，而且也增加了抽真空时间，进而提高了工程造价。

（5）单独堆载预压时，规范规定地表沉降速率不大于 10 mm/d，并作为预警界限值，但真空联合堆载时，可不受此规定的限制。

（6）防止真空预压对周边建筑物的影响。如遇到加固区周边有较重要建筑物时，真空预压的水平收缩变形与堆载预压的水平挤出变形，都会对建筑物产生影响，应预先做好防范措施。

5.4　真空联合堆载预压法的施工方法

5.4.1　施工准备

在三通一平条件下，施工前应挖沟疏导施工范围内的地表水，清除地面以上树木、桩橛、块石、垃圾、建筑物基础等，排除可能影响工程质量、安全和试验结果的隐患或障碍物。

5.4.2　砂垫层的铺设

砂垫层不仅起排水和均匀传递负压的作用，而且有直接降低表层 1~2 m 厚土体中孔隙水压力并吸收表层土中极细土粒的作用。因此，砂垫层的质量将直接关系到预压时间的长短和加固效果。

5.4.2.1　垫层材料

垫层材料应采用透水性好的中粗砂料。要求砂垫层材料的渗透系数大于 5×10^{-3} cm/s,含泥量不大于3%。最好在其上铺设10 cm细砂。

5.4.2.2　垫层尺寸

垫层厚度为50 cm左右。平面尺寸为加固区周围向外各延伸0.5 m。

5.4.2.3　垫层施工

垫层的施工方法,采用机械分堆摊铺法,即先堆成若干砂堆,然后用机械摊平。施工时应避免对软土表层的过大扰动,以免造成砂和淤泥混合,影响垫层的排水效果。

5.4.3　塑料排水板打设

竖向排水通道,作为真空预压的负边界非常重要。它决定加固的深度,起到传递真空度和排水通道的作用。现工程中常用的竖向排水体是塑料排水板。

塑料排水板的施工顺序为:

(1)将塑料板通过导管从管靴穿出,将塑料板与桩尖连接,贴紧管靴,并对准桩位。

(2)静压沉入导管达设计深度。

(3)拔管并使塑料排水板与软土粘接锚固留在软基内。

(4)在砂垫层以上预留30 cm后,剪断塑料排水板。

(5)将塑料排水板与桩尖再连接,移位重新打设。当塑料排水板搭接时,搭接长度在20 cm以上。

5.4.4　真空预压的密封系统施工

该系统主要包括滤管及其布置、密封膜的铺设、密封沟、出膜装置等。

埋设于砂垫层中的滤管,其作用是传递真空度并使真空度在加固区平面上分布均匀,以及将砂垫层中的水通过滤管排送到膜外。滤管可以是钢管或PVC管,直径一般为60~75 cm。

5.4.4.1　滤管的平面布置

一般采用方状环形或鱼刺形排列。各管之间采用两通、三通、四通,并用橡胶软管连接,以适应场地的不均匀沉降;滤管埋设在水平排水砂垫层的中部,在其上有 0.15 ~ 0.20 m厚的砂覆盖层,以防止滤水管上尖利物体刺破密封膜。

5.4.4.2　密封膜的铺设

密封的好坏是真空预压工程成功的关键因素之一。密封膜应具备质量轻、强度大、韧性好、抗老化、耐腐蚀等特性,常选用聚氯乙烯薄膜。加工好的密封膜面积要大于加固场地的面积,根据铺膜预留宽松度和密封沟的深浅确定,密封膜每边宽出加固区相应边长5~8 m以上。塑料膜一般铺设2~3层,每层膜铺好后进行检查并粘补破漏处。膜周边的密封采用挖压膜沟将密封膜埋入的方法。

5.4.4.3　密封沟施工

密封沟的深度应视地层情况来定,表层土的黏粒含量高、渗透性较差时可以挖浅一些,但不能高于地下水位线。反之,密封沟深度为 0.6~1.5 m。沟宽在 0.6~1.0 m。沟挖好后,将膜顺着沟的内壁,一直铺至沟底,然后分层回填黏性土。第一层土回填非常重要,必须将膜压好,使膜与沟底、沟壁伸展,同时要特别注意真空度测头、孔隙水压力测头等导线引出的部位,既不能将膜破坏,又不能将导线弄断。导线须预留一定长度并以蛇形引出压膜沟。

5.4.4.4　安装出膜装置

每台射流泵对应一个出膜装置。铺膜前应在相应的真空主管上连接好一个出膜装置的下法兰盘。铺膜后膜上下各放一个橡胶垫圈,将上下法兰盘孔中的密封膜撕掉,将孔四周的密封膜夹在两橡胶垫之间。将法兰盘上的螺丝拧紧,以保证出膜装置四周的密封膜不漏气。

5.4.5　安装抽真空设备

抽真空设备包括射流泵、连接钢管、阀门和真空表。阀门和真空表设置在连接钢管上。射流泵包括离心泵、射流器和射流箱。常用离心泵为 7.5 kW 的水泵,射流箱用钢材或玻璃钢制成。按每台泵承担 700~1 500 m² 确定泵用量,并有一定的备用泵。将连接钢管两头用钢丝螺纹橡胶管把抽真空设备与出膜装置连接起来,从而形成一个整体抽真空系统。

供电系统的安装:一般三通一平中电应输送到现场,现场应设置多回路配电箱,箱内可一泵一回路。真空预压必须要有较高的供电保证率,一般施工现场应备有发电机,以保证供电的连续性。停电不仅损失了时间和能源,还会造成密封膜的漏气并容易刺破密封膜,从而影响加固效果。

5.4.6　放置沉降盘、抽真空

密封膜上按设计要求放一定量的沉降盘,沉降盘之下应放置大于底盘面积的 1~2 层土工布。覆水后每个沉降杆上设置固定标尺,监测更方便;当为真空联合堆载预压时,应对沉降杆外加保护管。当堆载较高时,沉降盘的杆最好分节连接,随堆载的高度上升而上升。

试抽气阶段,对密封膜需经几遍拉网式查漏及补漏,当真空度在 24 h 内稳定在 80~85 kPa 后才可进入正式抽真空阶段。应建立严格的值班巡视制度,一方面要经常检查密封状况、射流泵运行情况等,发现问题或真空度下降,应立即查找原因并即时处理;另一方面还要按规定的频率观测并记录各种监测数据,发现异常现象及时处理,并做好记录。冬季施工应避免停泵,以防膜内外管路冰冻堵塞而难以抽气。

5.4.7　堆载与卸载

堆载按其软基加固要求进行,当沉降速率连续 5~10 d 的平均值小于 1~2 mm/d、固结度达 80% ~85% 的双控指标要求时即可卸载。

5.5 工程案例

5.5.1 工程概况

本项目位于珠海航空产业园白龙河尾滨水区中西部,三灶镇 272 省道西北侧。场地原始地貌单元为滨海滩涂。工程项目位置见图 5-5-1。

图 5-5-1 工程项目位置

5.5.2 工程地质条件

5.5.2.1 地形地貌

场地原始地貌单元为滨海滩涂,未开发地地貌多为蔗田、鱼塘、沼泽、河道,场地除局部区域为水域外,均已吹填整平,场地整体地势起伏较小,地形总体平坦、开阔。

5.5.2.2 气候

据珠海气象站资料统计,多年平均气温 22.4 ℃,年平均气温的年际变化在 21.6 ~ 23.3 ℃,最高气温出现于 7—8 月,历年最高气温 38.7 ℃(2005 年 7 月 19 日),历年最低气温 1.7 ℃(1975 年 12 月 4 日),最低气温出现于 12 月至翌年 1 月。

历年平均最高气温≥35 ℃的日数为 2.9 d。

5.5.2.3 地质条件

根据野外钻探揭露,拟建场地内分布埋藏的地层主要为第四系全新统填筑土(Q_4^{me})层,第四系海陆交互相沉积层(Q^{mc}),下伏基岩为燕山期花岗岩残积土层(Q^{el})及各风化层。场地内发育的地层按自上而下的顺序依次描述如下:

第四系填筑土①(Q^{me})层(①为地层编号,下同):褐灰、灰黑、褐黄等色,系新近经人工机械堆填或吹填而成,该层根据堆填时间及组成成分不同分为 2 个亚层。

(1)填筑土①$_1$。主要由黏性土及中风化花岗岩碎石、块石组成,粗粒径一般 5 ~

60 cm,结构松散不均匀。共计 3 个钻孔揭露该层,层厚 10.30~15.30 m,平均层厚度
13.23 m。

(2)填筑土①$_2$。主要以粉细砂为主,系新近吹填而成,局部偶夹淤泥,松散状。该层
在场地内普遍分布,共 99 个钻孔遇见该层,层厚 1.00~7.6 m,平均厚度为 3.28 m。

第四系海陆交互相沉积(Q^{mc})层:由淤泥②$_1$、淤泥质黏土②$_2$、粉质黏土②$_3$、粗砂②$_4$
组成。淤泥②$_1$ 及淤泥质黏土②$_2$ 层呈层状分布,场地分布连续;粉质黏土②$_3$、粗砂②$_4$ 层
在场地内主要呈层状产出,局部呈互层或透镜体状产出。分别描述如下:

(1)淤泥②$_1$:灰黑色,黏粒为主,局部含贝壳碎片,局部含砂 5%~8%,有光泽,具腥臭
味,干强度高,韧性中等,流塑状态。场地普遍分布,场地内各钻孔均揭露有该层,层厚
5.30~33.70 m,平均厚度为 23.75 m,层顶埋深 0~15.30 m,层顶高程 3.07~-13.35 m。

(2)淤泥质黏土②$_2$:灰黑色,黏粒为主,局部含贝壳碎片,局部含砂 5%~10%,有光
泽,具腥臭味,干强度高,韧性中等,流塑—软塑。场地普遍分布,场地内各钻孔均揭露有
该层,层厚 6.30~35.60 m,平均厚度为 17.25 m,层顶埋深 16.50~48.80 m,层顶高
程-12.69~-44.82 m。

(3)粉质黏土②$_3$:褐黄、灰白、灰、深灰等色,局部含少量石英砂砾,摇震无反应,有光泽,
干强度及韧性中等,呈可塑状态。场地普遍分布,共计 62 个钻孔揭露有该层,层厚 0.90~
15.60 m,平均厚度为 4.54 m,层顶埋深 36.50~56.00 m,层顶高程-33.60~-52.05 m。

(4)粗砂②$_4$:褐黄、灰褐、灰白等色,土质黏性较强,含少量砂砾。主要成分为石英
质,局部含少量黏土,次棱角状,分选较差,饱和,中密。场地普遍分布,共计 64 个钻孔揭
露有该层,层厚 0.80~12.30 m,平均厚度为 4.55 m,层顶埋深 37.10~52.10 m,层顶高程
-33.56~-48.29 m。

第四系残积(Q^{el})层,砂质黏性土③:褐黄、灰白、棕褐等色,是花岗岩风化残积而成,
以长石风化的黏性土为主,摇震无反应,切面略光滑,稍有光泽,干强度中等,韧性中等,硬
塑状态,极少呈可塑—硬塑状。场地分布较零散,共计 27 个钻孔揭露有该层,层厚 0.80~
11.70 m,平均厚度为 3.58 m,层顶埋深 35.90~58.70 m,层顶高程-34.19~-53.88 m。

燕山期花岗岩(γ$_y$):

(1)全风化花岗岩④$_1$:褐黄色、灰黄色等,岩芯呈土柱状,组分为黏土、石英及少量风
化长石,原岩结构可辨,岩石坚硬程度为极软。岩体基本质量等级为 V 级。共计 59 个钻
孔揭露至该层,揭露厚度 1.10~5.70 m,平均厚度为 2.77 m,层顶埋深 40.50~59.90 m,
层顶高程-38.79~-55.98 m。

(2)强风化花岗岩④$_2$:褐黄色夹棕褐色,矿物组分为长石、石英、云母等,岩芯呈土柱状,
局部夹碎块状,岩石坚硬程度为极软。岩体基本质量等级为 V 级。本次勘察共计 3 个钻孔
揭露至该层,揭露厚度为 0.75~3.15 m,平均厚度为 1.90 m,层顶埋深 48.25~58.00 m,层
顶高程-44.18~-54.19 m。

(3)中风化花岗岩④$_3$:褐黄、青灰、肉红等色,结构部分破坏,矿物成分基本未变,可
见明显风化痕迹,节理裂隙较发育,裂隙面多被铁质浸染呈褐黄色,岩体完整程度为较破
碎,岩体基本质量等级为 Ⅳ 类,岩芯呈短柱状及块状,金刚石钻具可钻进。本次勘察共计
2 个钻孔揭露至该层,揭露厚度为 1.90~2.50 m,层顶埋深 49.00~53.30 m,层顶高

程-44.93～-49.51 m。

各地层工程特性指标建议值见表 5-5-1。

表 5-5-1　各地层工程特性指标建议值

地层	地基承载力基本容许值[f_{eo}]/kPa	压缩模量E_s/MPa	变形模量E_0/MPa	抗剪强度（直接快剪）		天然重度γ/(kN/m³)	基底摩擦系数μ	水泥土搅拌桩侧阻力特征值f/kPa
				内摩擦角φ_k(°)	黏聚力c_k/kPa			
填筑土①₁	尚未完成自重固结					19.0		10
填筑土①₂								8
淤泥②₁	40	1.50		2.3	3.4	15.2		6
淤泥质黏土②₂	70	2.25		6.7	7.8			8
粉质黏土②₃	150	3.92		17.3	21.7	17.8	0.25	15
粗砂②₄	250		35	28.0	0	20.1	0.40	25
砂质黏性土③	220	6.0		22.9	22.5		0.30	20
全风化花岗岩④₁	350		70	24.9	23.0		0.40	
强风化花岗岩④₂	550		90					
中风化花岗岩④₃	2 500							

5.5.2.4　水文条件

勘察期间各钻孔均遇见地下水,主要为赋存于第四系土层中的孔隙水,第四系各地层多处于饱水状态(位于地下水位以下的填土处于饱水状态)。填土受大气降水及地表水补给,水位随季节性降雨量多寡而异,属上层滞水,勘察期间还受吹填施工用水的影响。其下主要赋存于第四系土层中的潜水,受大气降水及地表水补给,水位变化因气候、季节而异,丰水季节,地下水位明显上升,亦受潮汐影响而变化,第四系各地层多处于饱水状态。此外,在花岗岩或砂岩各风化带裂隙中尚赋存有少量基岩裂隙水,主要受上层地下水补给,其赋存水量及导水性均存在各向异性的特征。本次勘察期间测得潜水稳定水面埋藏深度变化于 0.20～2.10 m,水面标高介于-0.47～4.04 m。丰水季节或大潮期,地下水位或毛细水可上升至与地面相平,潮汐变化会直接影响附近地下水的水质、水位及补排关系。

5.5.2.5　不良地质作用与特殊性岩土

1. 不良地质作用

根据本次勘察结果,拟建道路沿线在勘探深度范围内未见有岩溶、滑坡、危岩和崩塌、墓穴和暗浜、泥石流及采空区等不良地质作用。

2.特殊性岩土

1)填土

根据本次勘察结果,填筑土①₁层系新近经人工机械堆填而成,主要由黏性土混碎石、块石组成,厚度较大,结构松散,密实程度不均匀,因此容易产生不均匀沉降,未完成自重固结,压缩性较高,沉降时间较长,强度低,强透水性。另外,填筑土①₁层碎石、块石含量多,对有些地基处理、基础沉桩及管线施工等造成不利影响,如水泥土搅拌法、插水板排水固结法、顶管法管线施工。拟建市政道路范围内普遍分布有填筑土①₂层,该层系新近冲填而成,主要由粉细砂组成,偶夹淤泥,极松散,无自稳能力,未完成自重固结,压缩性高,强度低。在水力冲刷水压差较大时,因砂粒间黏结性小,易致渗透变形、水稳性差。另外,在Ⅷ度地震区,易发生地震液化,或在使用工况下当震动能级达到一定值时,抗剪强度急剧降低,出现喷水、冒砂、沉陷、倾斜、开裂等问题。

2)软土

拟筑道路沿线均分布有软土淤泥②₁层及淤泥质黏土②₂层,厚度大,根据本次勘察的原位测试结果及室内土工试验结果,其主要特征为:天然含水率高,孔隙比大,压缩性高,强度低,渗透系数小,未完成自重固结,属欠固结土,具有如下特性:

(1)触变性:原状土受到扰动后,破坏了结构连接,降低了土的强度或很快地使土变成稀释状态,易产生侧向滑动、沉降及基底变形等现象。

(2)流变性:软土除排水固结引起变形外,在剪应力的作用下还会发生缓慢而长期的剪切变形,这对路基的沉降及地基稳定性均有不利影响。

(3)高压缩性:淤泥、淤泥质黏土属高压缩性土,极易因其体积的压缩而导致路面和构筑物的沉降,且趋于沉降稳定时间长。

(4)低透水性:因其透水性弱和含水率高,对地基排水固结不利,不仅影响地基强度,且地基趋于沉降稳定时间长。

(5)低强度和不均匀性:软土分布区地基强度很低,且极易出现不均匀沉降。

综上所述,软土工程性质较差,易引起路面沉降变形、隆起、路基与堤岸及支护结构失稳等,应予以专门岩土设计及处理。

3)残积土及风化岩

砂质黏性土③层、全风化花岗岩④₁层及强风化花岗岩④₂层,在原始状态下强度较高,但卸压(竖向、侧向)后暴露于地表情形下浸水或存在较大水压时容易软化、崩解。

5.5.3　设计施工方案

5.5.3.1　方案设计

塑料排水板采用 SPB100C 型原生料整体板,呈正方形布置,间距 1.0 m,整平标高为 3.0 m,设计板顶高程为 3.0 m。

(1)板长设计:25 m。

(2)砂垫层设置:砂垫层包括膜下砂垫层和膜上砂垫层,膜下砂垫层厚度为 60 cm,膜上砂垫层厚度为 50 cm。

(3)土工布和密封膜:整平后铺设砂垫层前铺设 1 层有纺土工布,膜下砂垫层和膜上砂垫层之间设置 3 层密封膜和 2 层有纺土工布。土工布及密封膜铺设时应松弛铺设(考虑到沉降后,横断面方向上并不是均匀的,以防止拉坏密封膜),松铺系数为 1.08。

(4)黏土搅拌墙设置:黏土搅拌墙由双排直径 70 cm 的黏土搅拌桩咬合 20 cm 组成,桩端进入不透水层不小于 2 m,黏土浆由膨润土和黏土制作,其中膨润土掺入量为 65 kg/m³,黏土掺入量为 65 kg/m³,黏土浆比重不小于 1.5 g/cm³。

(5)排水板弯折:排水板弯折入砂垫层的长度≥50 cm。

(6)堆载土:堆载土应满足路基填料要求,分层松铺填筑厚度≤30 cm 并碾压,压实度标准为主干路≥95%、次干路≥94%、支路≥92%。

(7)大面积施工前,应选取有代表性的场地进行试插板,以确定施工工艺及其他施工参数。

(8)真空卸载标准:根据监测数据推算的工后固结沉降≤设计工后固结沉降量;预压期≥120 d;连续 5 d 实测沉降速率≤0.5 mm/d,交工面不低于设计交工面标高。由于各处地质情况并非完全一致,所以具体的卸载标准需根据现场条件及监测报告协商讨论决定。

(9)竣工验收标准:处理范围内孔隙比 e≤1.5;处理范围内十字板剪切试验代表值≥35 kPa;处理范围内室内试验软土抗剪指标提高幅度≥80%;静载试验承载力特征值≥120 kPa。

(10)试桩:大面积施工前应核对插板,根据试桩调整施工作业参数。试桩前施工单位应编制详细试桩方案报参建各方审批后方能组织试桩工作,试桩前应通知参建各方到场见证。

(11)引孔:选择具有代表性的路段,先采用静压插板机进行插板作业,若静压插板机无法施工可选择振动插板机进行插板,两种施工工艺都无法插板的情况下,可采用振动冲孔引孔后插板。虽然在勘察阶段进行了地质雷达探测,但是探查难度较大,无法确保结果完全准确。

5.5.3.2　施工工序及工期安排

施工工序遵循的一般原则:真空联合堆载预压区域和堆载预压区域的插板施工应同步进行,真空区和一般堆载区的堆载应同步进行。

1. 真空联合堆载预压主要施工工序

(1)场地整平至 3.0 m 标高。

(2)铺设一层土工布。

(3)铺设 60 cm 中粗砂垫层,按照观测断面埋设沉降板并观测初始高程值。

(4)打设黏土密封墙,对于需要水泥搅拌桩保护的先施工水泥搅拌桩保护桩。

(5)打设塑料排水板,打设排水板前应进行原位十字板剪切试验和钻孔取芯室内土工试验。

(6)打设排水板后观测砂层顶面标高,计算打设排水板期间沉降量。

(7)埋设重点断面监测仪器(孔隙水压力和分层沉降环),开始监测工作。

(8)场地清理二次整平,铺设滤管,安装真空设备。

(9)开挖密封沟(密封沟的深度应至不透气土层以下,且不小于 1.5 m,密封沟采用黏土回填并压实),铺设密封膜,恢复地表沉降观测点至密封膜上。

(10)真空加载并观测地表沉降、水平位移、分层沉降和孔隙水压力等。

(11)连续 10 d 膜下真空压力稳定在 80 kPa 以上后,铺设膜上土工布及 50 cm 中粗砂垫层,分级填筑路堤至设计高程(以填土厚度控制)。

(12)真空联合堆载满载预压 120 d 后,且连续 5 d 沉降速率≤0.5 mm/d 时,由监测单位提供监测评估报告,设计单位根据评估报告判断是否真空卸载。

(13)卸载后处理效果检测(钻孔室内试验、原位十字板剪切试验和静载)。

(14)真空联合堆载预压加荷计划见表 5-5-2。

表 5-5-2　真空联合堆载预压加荷计划

荷载分级	路基填筑累计高度	时间/d	累计时间/d
第 1 级真空加载(>80 kPa)	—	10	10
第 2 级路堤填筑(0~0.5 m)	≤0.5 m,膜上砂垫层	10	20
第 3 级路堤填筑(0.5~4.4 m)	路床设计高度	50(分 4 级加载)	70
满载预压	预压施工高度	120	190
卸载前观测期	预压施工高度	5	195
真空卸载	分 3 次停泵,每次停总泵数的 1/3	6	201

注:表中加载时间为预估天数,根据珠海地区缺土及多雨天气情况,抽真空时间约为 7 个月。

2. 真空联合堆载预压工期安排

(1)真空联合堆载(超载)预压施工工期安排见表 5-5-3。

表 5-5-3　真空联合堆载(超载)预压施工工期安排

项目	用时/d	累计用时/d	备注
场地清表整平	20	20	
打设排水板	30	50	包括铺膜、埋设滤管等
加载过程	70	120	根据实际天气和土方来源确定
满载预压期	120	240	根据沉降观测数据确定
卸载前观测期	5	245	
卸载	6	251	
合计	251		

(2)工期说明。在软基处理期间,影响施工工期的因素主要是加载过程中的土方来源和加载期的天气情况,因此施工进场后应重点落实土方供应,以免影响工期。

5.5.3.3　施工要求

1. 整平

现状场地整平至 3.0 m 标高。

2. 堆载土

堆载土填筑要求根据道路路基填筑要求标准,堆载土分层厚度≤30 cm,压实度满足设计要求,堆载土应按《城市道路路基设计规范》(CJJ 194—2013)进行检测,检测频率同一土源抽检不少于 3 组,堆载土每层回填后应形成路中高、路肩低的双面坡(横坡 2%),以形成良好的排水通道,避免积水,堆载土填至满载标高后应采取有效措施对路基边坡坡面进行保护,避免雨水汇集冲刷坡面。

3. 砂垫层

膜下砂垫层:膜下砂垫层在打设排水板后、铺设密封膜前应检查厚度,厚度不满足要求的应补足,砂垫层应分层铺设并压实,膜下砂垫层采用中粗砂,中粗砂原材料抽检频率为 5 000 m^3/次。

膜上砂垫层:铺设在土工布之上,分层人工或小型推土机小心铺设并压实,防止弄破密封膜。

4. 排水板打设

采用振动沉管或静压式插板机施工,并配备排水板深度自动记录仪或采用可直接检测长度的排水板。

打入土中的排水板不允许有接头,排水板在砂垫层面以上外露长度不小于 500 mm,端头应折弯埋入砂垫层内,并用中粗砂填满插板时在板周围形成的孔洞。打设时回带不得超过 500 mm,且回带的根数不宜超过总根数的 5%,排水板平面定位偏差应小于 50 mm。

本项目丹凤四路南侧分布有填石便道,排水板施工前应将填石层挖除,并回填至整平面标高。软土层下为砂层(或透水层)的路段打设排水板时,应将排水板最下端 1.5 m 范围的滤膜去掉。排水板使用前应按要求进行抽样检测,相同批次按每 20 万 m 一批次抽样检测,不同批次的排水板应分别检测。

5. 黏土密封墙

黏土密封墙采用双轴深层搅拌机施工,单轴搅拌体直径 700 mm,搭接宽度 200 mm,密封墙宽度不小于 1.2 m。采用四搅四喷的施工工艺。黏土浆用黏土和膨润土制作,黏土掺入量 65 kg/m^3,膨润土掺入量为 65 kg/m^3,黏土粒度 100~300 目(孔径 0.075 mm)通过率大于 90%,泥浆比重≥1.5。使用前应通过配比试验确定配合比参数。黏土密封墙应穿过透水层进入不透水层不小于 2 m(施工时应根据上覆透水层厚度适当调整桩长)。密封墙施工完成后应检验,取样频率每个分区不小于 4 组,遇到复杂地质时应加大抽检频率,其取样试验的渗透系数应小于 1×10 cm/s。

6. 真空装置及真空测量

(1)主管与滤管:主管不打孔,滤管应均匀打孔后外包 80 g/m^2 土工布,搭接宽度为 5 cm。两根主(滤)管之间用钢丝橡胶管连接并扎紧(采用螺丝加固),钢丝橡胶管的长度应留有富余长度,以满足路基沉降后不致拉脱的要求。

滤管埋在砂垫层中部,所有仪器设备的出膜装置应与滤管同时埋设。

(2)真空泵:选用射流式,电机功率不小于 7.5 kW,真空泵的动力不得采用汽、柴油机。泵后真空压力不应小于 96 kPa。真空泵应配置真空表、止回阀、闸阀,真空表应经标准计量部门检测合格。

真空泵应尽量布置在加固区域四周,不应集中或单侧布置,每 1 000 m^2 处理面积安装一台真空泵。各加固区应配备 1~2 台备用真空泵。

(3)膜下真空度测头:膜下真空度测头埋设在两根滤管中间的砂垫层内(禁止埋设在滤管内),且应保证测头上下两侧的砂垫层厚度不小于 25 cm。

7. 铺设土工布及密封膜

(1)密封膜上下土工布:密封膜上下各铺设一层土工布(保护密封膜用)。铺设下层土工布前应整平砂垫层,人工拣除砂垫层内的杂物、小石、铁件及其他尖锐物,修好压膜沟边坡。土工布埋入密封沟深度不应小于 1 m,上层土工布应完全遮盖密封膜。土工布接头如采用缝合,其缝合宽度不小于 5 cm;如采用搭接,则搭接宽度不小于 50 cm,搭接应为横向搭接土工布且应松弛铺设。

(2)密封膜:密封膜使用前应按相关指标要求检测,每批次检测不少于 2 次。密封膜应由生产厂家一次加工成型,局部现场粘接,并经检测合格后使用。密封膜共 2 层,且分层铺设,铺设前应找平砂垫层且在无风的条件下铺设,避免出现鼓包现象,铺设好的密封膜应松弛不紧绷。

8. 沉降观测系统

按图纸布设施工观测用的沉降标。沿路堤轴线每 100 m 布置 1 个沉降观测断面,且每个软土路基处治分区内不得少于 2 个观测断面,每个断面在路堤中心和路肩分别设置沉降标。沉降标放置在密封膜上,沉降标底板下垫三层土工布,防止戳破密封膜。沉降标底板应用砂袋叠压稳固。

9. 抽真空

真空泵安装后应进行试抽气,查找膜上是否有漏洞,并及时修补。膜下真空度达到 -80 kPa 连续试抽气 10 d 后,确认无漏气后方可进行路堤填筑。

抽真空应连续进行,不得间断,如遇停电应立即启动备用电源系统。真空预压期内,应保持所设置的真空泵连续运行。

真空表端应有阀门,真空表应定期(10 d)检验(关闭阀门,卸下真空表,在大气压下检验表针的指向是否准确),不合格应调换。

真空泵电动机的供电采用电网供电。应急电源采用发电机组供电时,输入电压应为 380 V±10 V。

10. 真空卸载

真空联合堆载路段在沉降速率指标达到设计要求后真空卸载。单块真空卸载分 3 级进行(每级停真空泵总数的 1/3),每卸一级停留 5 d 并观测沉降量。

5.5.3.4　施工注意事项

(1)黏土密封墙打设时应根据填筑土的厚度进行调整,保证黏土搅拌桩桩底进入淤泥层 2.0 m。

(2)真空联合堆载预压施工需优先施工重点监测断面路段,以重点断面监测数据指导一般断面路段施工及卸载。

(3)个别路段在达到卸载标准之前,实测沉降量比设计沉降量大时,即卸载之前堆载土顶面标高比路床设计标高低时,应进行补土,最小分层补土厚度为 10 cm,最大分层补土厚度为 30 cm,补土后应进行碾压。

（4）在开始抽真空至真空卸载的整个过程中，不得擅自关掉部分真空泵，若个别真空泵有故障应及时更换，在更换期间应关闭止回阀，以防止空气进入密封膜。

（5）沉降量依据勘察相关试验参数进行计算，由于在土体取样过程中会对原状土有一定的扰动，试验参数与实际土的参数会有一定的出入，在堆载过程中，会存在部分路段沉降量比设计沉降量大或小的现象，该现象属于正常情况，沉降土方以第三方监测数据为准或在卸载后以钻孔的形式验证。

（6）关于翻挖换填。本项目局部区域分布有填石便道，排水板施工之前应将填石便道挖除并回填至整平面。

（7）堆载施工过程中，分区隔离墙处应与一般路段一起堆载，不得空出该部分形成薄弱带。

（8）在场地内进行真空处理时，形成了一个个封闭的区域，需要考虑设置水泵进行抽排水。

5.5.3.5　主要材料性能指标

1. 垫层砂

砂垫层用砂应是具有良好透水性的中粗海砂，不含有机质、黏土块、淤泥包和其他影响工程质量的物质（尖角状物质等）。含泥量应小于 3%，渗透系数不小于 $1×10$ cm/s。

2. 碎石

本要求适用于碎石垫层。碎石由新鲜或弱风化岩石或砾石轧制而成，应洁净、干燥，并具有足够的强度和耐磨性，其颗粒形状应具有棱角，不得掺有软质和其他杂质，碎石应为自然级配，粒径宜为 $10\sim30$ mm。

3. 土工布

土工布采用有纺土工布。有纺土工布技术性能指标见表 5-5-4。

表 5-5-4　有纺土工布技术性能指标

特性	单位	技术要求
经向断裂强度	kN/m	$\geqslant 50$
纬向断裂强度	kN/m	$\geqslant 35$
标准强度下对应伸长率	%	经向$\leqslant 35$，纬向$\geqslant 30$
CBR 顶破强力	kN	$\geqslant 4.0$
等效孔径 $O_{90}(O_{95})$	mm	$0.05\sim 0.50$
垂直渗透系数	cm/s	$1.0\sim 9.9×(10^{-2}\sim 10^{-5})$
幅宽偏差	%	-1
缝制强度	kN/m	$\geqslant 25$
经纬向撕破强力	kN	$\geqslant 0.7$
单位面积质量偏差	%	$\leqslant -5$

4. 密封膜

密封膜采用聚乙烯或聚氯乙烯薄膜。密封膜技术性能指标见表 5-5-5。

表 5-5-5　密封膜技术性能指标

最小抗拉强度/MPa		最小断裂伸长率/%	最小直角撕裂强度/(kN/m)	厚度/mm
纵向	横向	断裂		
18.5	16.5	220	≥40	0.14±0.02

5. 塑料排水板

塑料排水板技术性能指标见表 5-5-6 的规定。板芯材料应采用原生料。

表 5-5-6　塑料排水板技术性能指标

项目		单位	C 型	B 型	条件
纵向通水量		cm³/s	≥40	≥25	侧压力 350 kPa
滤膜渗透系数		cm/s	≥5×10⁻⁴		试件在水中浸泡 24 h
滤膜等效孔径		mm	<0.075		以 O_{95} 计
塑料排水板抗拉强度		kN/10 cm	≥1.5	≥1.3	延伸率10%时
滤膜抗拉强度	干态	N/cm	≥30	≥25	延伸率10%时
	湿态	N/mm	≥25	≥20	延伸率15%时，试件在水中浸泡 24 h

6. 主管和滤管

主管为高强度塑料管，直径为 75 mm。壁厚 3.5~4.0 mm。

滤管为高强度柔性塑料管，直径为 50 mm。

波纹滤管性能指标见表 5-5-7。

表 5-5-7　波纹滤管性能指标

项目	检验项目	指标要求
滤管	外观	色泽均匀、表面光滑
	重量/(g/m²)	≥150
	外径/mm	50
	内径/mm	40
	真空负压试验	真空度≥80 kPa，不吸瘪
	最小进水面积/(cm²/m)	≥21
	环刚度/(kN/m²)	≥12
	扁平试验	压至 1/2 不破裂
滤布	等效孔径 O_{95}/mm	<0.10
	渗透系数/(cm/s)	≥1×10⁻²
	重量/(g/m²)	≥80

7. 土方

本项目所使用的土方均需满足路基施工技术规范中关于填料规格、性质、压实度的要求(压实度的要求根据规范取值和图纸取值,两者取值高的作为验收标准)。

8. 材料采购、储存、检验及注意事项

材料必须按图纸和规范要求的质量指标采购进场、堆放,严禁材料被污染或混合堆放,严禁使用过期产品,工厂化生产的产品应有产品合格证,进场后应由监理工程师见证取样,送有相应检测资质的单位检测,检测合格后方可用于工程。

塑料排水板、密封膜、土工布、土工格室等合成材料应储存在不被阳光(或紫外线)直接照射和被雨水淋泡的地方,密封膜宜从生产厂家黏合成一整块后直接运至工地铺设,不得在工地存放。合成材料应根据工程进度和日用量按日取用。材料未经检验不得使用于本工程。

真空联合堆载预压处理路段标准断面图见图 5-5-2。

5.5.4　监测检测方案

5.5.4.1　施工单位监测

1. 一般性要求

(1)施工期监测由施工单位实施。

(2)施工期监测包括地表沉降和水平位移观测。

(3)路堤地表沉降量采用沉降标观测。根据观测数据可调整路堤填筑速率,预测沉降趋势。路堤地表水平位移量采用地表水平位移边桩进行观测,监测路堤地表水平位移量情况,以确保路堤施工的安全和稳定。

(4)用于沉降与稳定观测的仪器使用前需进行全性能检查和校验,以保证测定仪器的正常使用和观测数据的可靠。

观测仪器的操作和保养应按照使用说明和保养制度进行,易出故障或测读数异常的仪器应及时予以更换或修理。

测点标杆安装时应严格按规定进行,安装必须稳固,对露出地面的部分均应设置保护装置。在路面施工期间必须采取严格的防护措施,一旦发现标杆受拉或移位,需立即修复,保证观测数据的连续性。

(5)观测设备应在软土路基处治之前埋设,并在观测到稳定的初始值后,方可进行路堤的填筑。

每次观测应按规定格式作记录,并及时整理、汇总观测结果。

观测资料整理:应绘制"荷载-时间-沉降和水平位移"过程曲线,并将观测结果会同专业监测单位进行综合分析。

在施工期间应严格按设计要求进行沉降和稳定的跟踪观测。每填筑一层至少应观测一次;如果两次填筑间隔时间较长时,每 3 d 至少观测一次。

(6)当路堤稳定出现异常情况而可能失稳时,应立即停止填土并采取果断措施,待路基恢复稳定后,方可继续填筑。

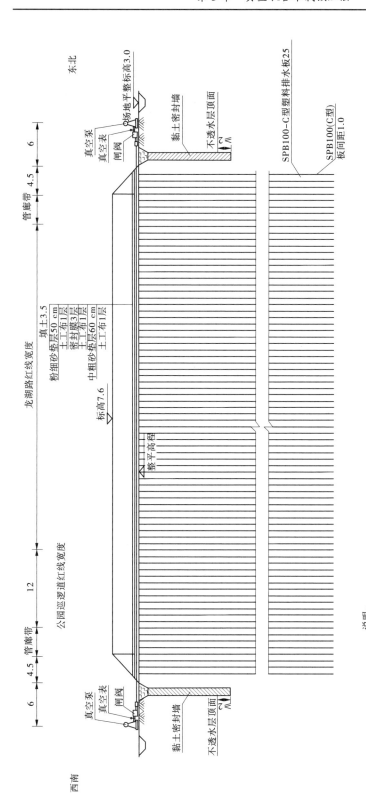

图 5-5-2　真空联合堆载预压处理路段标准断面图

说明：
1. 图中尺寸除注明外均以 m 为单位。
2. 每 800 m² 左右的处治面积配备一套真空装置；泵后真空压力应维持在 80 kPa 以上，膜下真空压力不小于 96 kPa。
3. 本图适用于龙湖路（北段）真空联合堆载预压软基处理区域。

2. 稳定性观测

(1)路基的稳定性控制可通过观测地表面位移边桩的水平位移和地表隆起量实现。一般路段沿纵向每隔 100 m 设置一个观测断面;桥头路段、小型构筑物路段应每隔 100 m 设置 2~3 个观测断面,桥头纵向坡脚、填挖交界的填方端、沿河、沿沟等特殊路段增设观测点,两种软土路基处理方法的交界处两侧应设置观测断面。位移观测边桩埋设在路堤两侧趾部,以及路堤外缘以外 10 m,一般在趾部以外设置 3~4 个位移边桩。同一观测断面的边桩应埋在同一横轴线上。边桩除观测位移外,还兼测沉降(或隆起)。

(2)位移观测边桩的埋设与观测。位移观测边桩采用 φ 90 mm×3 mm 钢管,打入地下部分深度应不小于 1.5 m。埋置方法可采用打入埋设,要求桩周围回填密实,确保边桩埋置稳固。边桩沉降后影响观测操作时可焊接接长。

在地势平坦、通视条件好的路段,水平位移观测可采用视准线法;地形起伏较大或水网路段以采用单三角前方交会法观测为宜;地表隆起采用高程观测法。

(3)地面位移观测仪器与精度。当采用视准线法观测时,观测仪器宜采用光电测距仪;当采用单三角前方交会法观测时,观测仪器宜采用 J_2-1 或 J_2-2 经纬仪。

观测精度:测距仪误差±5 mm;方向观测水平角误差为±2.5″。

3. 沉降观测

(1)沿路纵向每 100 m 设置一个沉降观测断面(与稳定观测断面布置在同一断面)。

(2)沉降标埋置于路堤中心、路肩及坡趾的基底。沉降板由钢底板、金属测杆和保护套管组成。底板尺寸不小于 50 cm×50 cm×10 mm,测杆直径以 40 mm 为宜,保护套管尺寸采用直径 100 mm、壁厚 4 mm 左右的塑料管。随着填土的增高,测杆和保护套管亦相应接高,每节长度不宜超过 50 cm。套管应加盖封口,避免填料落入管内而影响测杆下沉自由度,盖顶高出碾压面高度不宜大于 50 cm。

(3)沉降观测以二级中等精度要求的几何水准测量高程,观测精度应小于 1 mm,读数精确至小数点后 1 位。

(4)测点保护:工作标点桩、沉降板观测标杆、边桩、工作基点桩、校核基点桩在观测期中均必须采取有效措施加以保护或专人看管。沉降板观测标杆易遭施工车辆、压路机等碰撞和人为损坏,除采取有力的保护措施外,还应在标杆上竖有醒目的警示标志。测量标志一旦遭受碰损,应立即复位并复测。

5.5.4.2　第三方监测

1. 真空联合堆载预压重点断面监测

路堤施工过程中除进行施工观测外,必须对路基变形、应力和强度进行第三方监测。此项监测工作由专业监测单位进行,正式监测工作前应编制详细监测方案并获甲方、监理和设计审评。

2. 监测目的及监测设计布置

(1)监测目的。为实时了解软土路基处治动态,特别是沉降、位移、孔隙水压力等信息,控制路堤填筑速率,保障路堤施工期安全。预测工后沉降,确定路基处治卸载时间和路面结构施工时间。

(2)监测设计布置。监测一般沿路纵向 500 m 左右布置一个监测断面,且每个分区不少于 1 个监测断面,典型断面布置见图 5-5-3 和图 5-5-4。

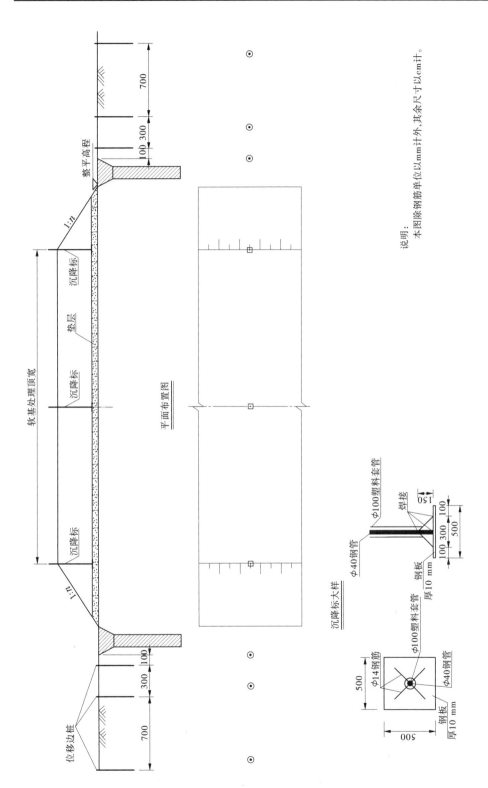

图 5-5-3　排水固结法一般监测标准断面图

说明：本图除钢筋单位以mm计外，其余尺寸以cm计。

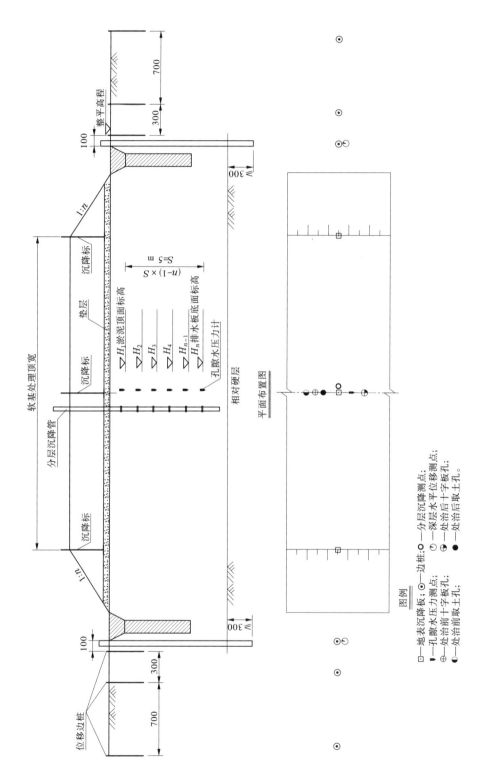

图 5-5-4　排水固结法重点监测标准断面图

3. 监测内容

(1)地表沉降及沉降速率。

(2)路基外侧地表隆起(沉降)。

(3)软土层中孔隙水压力。

(4)两侧土体深层水平位移。

(5)软土层分层沉降。

4. 监测技术要求

(1)监测单位应具备资质,且应有在类似工程的良好业绩和经验。

(2)监测指标超出限值时监测频率应加密,直至数据回归正常值。

(3)监测结果应定期报送相关单位(包括周报、月报等,必要时应有日报,紧急情况随时上报以指导施工)。

(4)报送材料除文字部分外,应包括以下图表:

①沉降-荷载-时间关系曲线(包括沉降速率曲线)。

②地表隆起(沉降)-荷载-时间关系曲线(包括位移速率曲线)。

③深层土体水平位移-荷载-时间关系曲线(包括位移速率曲线)。

④分层沉降-时间关系曲线。

⑤(超静)孔隙水压力-荷载关系曲线。

(5)根据要求应提供监测阶段报告和最终评估报告,报告应全面分析监测数据,对处理效果提出评估意见,包括对设计填筑加载速率的调整意见、真空卸载时间、路面施工时间等。最终评估报告应对最终沉降量、工后沉降量等做出评估。

(6)监测频率按表5-5-8执行(特殊情况除外)。

(7)当第三方监测发现监测数据有异常情况存在时,应分析出现异常的原因,并及时以书面的形式报告参建各方。

表 5-5-8　监测工作安排

观测项目	填筑期	预压期	卸载期	备注
路基沉降	2 次/层(且≥1 次/d)	1 次/7 d	1 次/3 d	
地面隆起(沉降)(边桩)	1 次/d	1 次/7 d	1 次/3 d	
深层土水平位移	1 次/2 d	1 次/7 d	1 次/3 d	
孔隙水压力	1 次/2 d	1 次/7 d	1 次/7 d	
分层沉降	1 次/4 d	1 次/7 d	1 次/7 d	

(8)第三方监测报告中须含有施工观测数据分析内容。

5. 监测指标限值

真空联合堆载预压路段出现下列情况之一时,必须停止路堤填筑,分析其原因,并采取相应的措施:

(1)沉降速率大于 20 mm/d(该项限值监测单位可根据实际情况作适当调整)。

(2)指向路堤外侧的水平位移速率大于 5 mm/d。

(3)超静孔隙水压力系数大于 0.6。

（4）其他异常情况。

上述监测指标超限后，禁止任何原因造成的停抽真空。

5.5.4.3 软土路基处理效果检测

软土路基处理的效果检测由专业检测单位实施。

1. 检测目的及原则

目的：了解掌握软土路基处理效果。

原则：通过选择具有代表性路段的少量检验，将处理前后的软土物理力学性质指标对比，检验加固效果。

2. 真空联合堆载预压施工质量检测要求

软土路基处理效果检测见 4.7.4.3。

3. 检测工程数量

本项目共 33 个真空分区，在真空处理前，对真空处理分区进行十字板剪切试验、钻孔土工试验，处理后进行十字板剪切试验、钻孔土工试验及静载压板试验（见表 5-5-9）。

表 5-5-9　真空联合堆载预压检测工程数量　　　　　　　　单位：个

分区个数	处理前（排水板施工前）		处理后（真空卸载后 10 d）		
	十字板	钻孔	十字板	钻孔	静载
33 个真空分区	33	33	33	33	99
10 个堆载分区（其中 3 个分区超过 500 m）	13	13	13	13	—

注：静载试验由质检部门检测，不在第三方监测单位检测范围。

5.5.4.4 监测点埋设及施工监测

1. 监测及检验项目

为监控施工质量、计算工程量及评价软基处理效果，在软土地基处理施工前，必须设立完善的监测体系。在此，仅对一般采用的监测项目作简单介绍。

（1）地面沉降观测。提供施工期间沉降土方量的计算依据。

（2）孔隙水压力观测。实测土中孔隙水压力的增长和消散过程，用以分析土体固结度、强度及强度增长。

（3）测斜管。实测土体侧向位移情况。

（4）边桩。对加固区边界的土体侧向位移情况进行监测。

（5）现场十字板试验。检验土体强度的增长，评价地基处理的加固效果。

（6）现场静力触探试验。检验土体强度的增长，评价地基处理的加固效果。

（7）钻探、取土样及土工试验。鉴别和划分土层，测定土层物理力学性质，分析加固效果。

（8）地下水位观测。观测地下水位变化情况，评价井点降水的效果。

（9）压板荷载试验。检验地基土承载力。

2. 监测及检测技术要求

1）一般要求

（1）处理过程中必须妥善保护好仪器、测点。

（2）所有观测仪器测点安装完成后,必须设立明显标志,标明各类测点编号。

（3）仪器安装完后,需提交一份埋设仪器的实况记录报告。

2）地面沉降观测

（1）观测仪器的规格及观测技术要求。测板用厚度为 10 mm 的钢板加工成 80 cm×80 cm 的正方形板,正中焊接 40 mm 的钢管短接头,测杆（含接长杆）采用 ϕ 40 mm 镀锌水管加工而成,外套内径 ϕ 80 mm 保护钢管。沉降观测应采用 S_1、S_3 型水准仪以二级中等精度要求的几何水准测量高程,观测精度应小于 1 mm。地表垂直沉降每次观测应包括沉降板高程,并计算沉降板累计沉降。

（2）观测仪器的安装（埋设）要求。沉降板在原地面上安装。将其平稳安放,安放完后应及时测量初始标高。在施插排水板之前,应做好保护措施,并明显标示出板位,以防施插排水板时破坏。施工期间,破坏的测板应重新安放,重测初始标高。

3）孔隙水压力观测

（1）观测仪器规格及观测技术要求。埋入场区软土层中的孔隙水压力传感器,可用电感调频钢弦式传感器,用数字频率计进行量测,测读误差<0.2 kPa/Hz。

（2）观测仪器的安装（埋设）要求。孔隙水压力传感器在埋设位置处的排水板打设完成后进行。埋设传感器前,需进行压力标定,经标定后的传感器,按仪器布置图,准确埋设于各分区的位置中,每组的 6 个测点,自泥面以下 1 m 开始布设,每 3 m 1 个。埋设采用单孔多点的方法进行。对测量电缆须做明显的标志进行保护。

4）测斜孔

（1）观测仪器规格及观测技术要求。采用双十字线测斜管,测点间距为 50 cm,精度要求 0.5 mm。

（2）观测仪器的安装（埋设）要求。测斜管在埋设位置处的排水板打设完成后进行钻孔安装,管底及连接处必须保证密封。钻孔深度满足设计要求,孔径一般为 110 mm。将底部密封连接成型的测斜管下入孔底后,采用底部注浆工艺在测斜管外侧注入水泥固定。

5）现场十字板试验

（1）试验位置及时间。十字板试验在各区处理前后各进行一次试验,第二次孔在原孔 1.0 m 范围内进行。

（2）十字板试验要求。十字板剪切试验操作步骤按广东省标准《建筑地基基础检测规范》（DBJ/T 15-60—2019）的规定进行;测试由原地面以下 1 m 处开始,每 1 m 进行一次原状土和重塑土剪切试验。测试开始,先将板头压入原地面以下 1 m 处,停待 5 min,然后顺时针转动摇把。十字板转动速度为 6°/min,每转 1°测记量表读数一次。当测到峰值或稳定值后,仍须继续测读 1 min;在完成上述试验后,用摇把将轴杆连续转 6 圈,使十字板头周围土体充分扰动,然后重复测试重塑土剪切强度;继续下压板头,重复以上操作,当测试至原地面下 18 m 或实测土的不排水抗剪强度大于 100 kPa 时,即可停止试验;二者以较早出现者为准。

6) 钻探、取土样及土工试验

(1) 钻孔位置及钻探时间。每个区钻探分两次进行,第一次在打设塑料排水板之前进行;第二次在软土地基处理完成后进行,第二次钻孔应在原孔 1.0 m 范围内进行。

(2) 钻探取土样要求。应根据地质特点,选用适当的钻进方法。对淤泥质黏土要采用套管护壁、冲击钻方法;在较厚且松的砂层应采取套管跟进方法,同时应考虑用泥浆护壁。

钻孔取样应严格按照技术孔的要求进行,使用原状取土器取样,其规格为直径>89 mm,高度>200 mm。取样时,要彻底清除孔底残土,取土器应留有余量不至于对原状土扰动,原状样品取出后,应封存和送检,做好编录。

土样从地面以下 1 m 开始钻取,每隔 2 m 取一个土样,直到固结深度下 1 m,遇淤泥夹层至少需取一组样。对每孔的土样均进行常规土工试验,此外在加固前每个钻孔中应选择最少 1 组淤泥层土样进行渗透系数、固结系数试验。

7) 地下水位观测

(1) 观测仪器及观测要求。

在场区内分区埋设水位观测管,采用电测水位计进行水位观测,抽水前观测稳定水位作为初始值,抽水前期每天观测一次,水位稳定后每 3 d 观测一次。

(2) 埋设要求。

地下水位采用钻机钻孔埋设,可利用就近的钻探孔,水位观测管采用由 $D50$ 镀锌管加工而成的花管,外包双层尼龙滤网,周边投碎石砾料形成过滤层,观测孔的深度为 8 m。

8) 临时水准基点

按选定的位置用 C25 水泥混凝土将标桩点的基面标志筑牢。

9) 压板荷载试验

采用慢速维持荷法,预定最大试验荷载为设计承载力特征值的 1.2 倍,每级加载为预定最大试验荷载的 1/8,在每级荷载作用下,当连续 2 h 内,沉降量小于 0.1 mm/h,可加下一级荷载。

承压板尺寸为:1.00 m× 1.00 m。采用百分表进行沉降观测,百分表的精度为0.01 mm。

试验标准参照《建筑地基基础设计规范》(GB 50007—2011)、《建筑地基基础设计规范》(DBJ 15-31—2016)和《岩土工程勘察规范(2009 年版)》(GB 50021—2001)中有关地基载荷试验规定进行。

3. 观测频次及资料要求

沉降板、边桩埋设后即测读一次作为初始读数;孔隙水压力传感器埋设后,应待埋设时的超孔隙水压力消散后,才可测读初始读数,并需连测几天,直至读数稳定,以稳定的读数作为初始读数;测斜管埋设并固定后可测读一次作为初始读数。

开始施工前,对各监测项目的测点均需准确全面测读一次。

预压期间,每天观测一次,预压期过后每 3 d 观测一次,并继续观测 15 d(3 d 测一次)。

4. 技术措施

1）确保仪器、设备精度

（1）将采用先进的精密监测仪器用于该工程的施工监测。把好仪器、设备的选型、采购、安装、调试关,使投入的仪器、设备有质量保证,性能良好,测试准确,资料可靠。

（2）所有观测仪器严格按仪器说明书或监理工程师的指示预先进行校正率定,禁止使用不合格的仪器。

（3）加强仪器、设备的检查、维修工作,确保监测工作正常进行。一旦发现仪器、设备受损,应及时修复或更换。

2）选派经验丰富的监测人员

本工程选派经验丰富的监测人员,确保监测质量。

3）监测数据比较

本工程除进行施工监测外,在施工过程中应与第三方监测人员沟通,注意收集第三方监测的数据,并与监测数据做比较,发现数据不符时及时与监测单位沟通,共同研究分析产生的原因,如属操作失误,则应及时进行纠正。

4）资料整理、分析工作

（1）认真做好观测、记录、整理计算和绘制图表等工作,并对所有资料进行核对复查,确保资料的准确性。

（2）所有监测资料整理成册,及时报业主、监理等相关部门。

5）加强监测点保护

施工过程中所有监测点应设明显的标志,对施工人员作专门的技术交底,使各施工人员明确各监测点的标志及监测工作的重要性,提高保护意识。

5.6　真空联合堆载预压法的数值模拟分析

5.6.1　计算参数

数值模型中材料参数如表 5-6-1 所示。砂垫层、吹填土、淤泥、淤泥质黏土、粗砂分别采用线弹性模型和 Mohr-Coulomb 模型,根据地质勘察报告确定土体的渗透系数,土体自重根据土体实际重度确定。堆载填筑材料采用线弹性模型和 Mohr-Coulomb 模型,但不考虑填料的渗透性,根据实际材料重度添加容重。

表 5-6-1　数值模型的材料参数

材料名称	层厚/m	含水率/%	重度/(kN/m³)	孔隙比	压缩模量/MPa	泊松比	弹性模量/MPa	直剪快剪 黏聚力/kPa	直剪快剪 内摩擦角/(°)	渗透系数/(m/d)
吹填土	4.1	17.8	20.3	0.537	8.37	0.28	6.55	18.5	23.6	0.000 086 4
淤泥	17.4	75.3	15.3	2.018	1.56	0.33	1.05	2.5	1.9	0.000 181
淤泥质黏土	23.1	51.7	16.5	1.419	2.21	0.33	1.49	7.2	6.2	0.000 215

续表 5-6-1

材料名称	层厚/m	含水率/%	重度/(kN/m³)	孔隙比	压缩模量/MPa	泊松比	弹性模量/MPa	直剪快剪 黏聚力/kPa	直剪快剪 内摩擦角/(°)	渗透系数/(m/d)
粗砂	7.2	15.6	20.4	0.495	18.63	0.25	15.53	1.5	27.2	0.852
0.5 m 粉细砂		15.8	18.8	0.588	13.15	0.25	10.96	4.7	20.1	0.518
0.6 m 中粗砂		16.2	19.4	0.526	16.38	0.25	13.65	6.2	34.4	0.682
排水板			12			0.28	3	25	12	8.64
回填料			20	0.6		0.25	45	45	38	

5.6.2　计算模型

真空联合堆载预压加固软土地基的数值模型见图5-6-1,采用ABAQUS有限元软件建立平面应变模型,考虑边界条件影响,模型宽度取500 m,地基模型根据实际地质勘察资料,取51.8 m。地基模型共分4层,吹填土层厚度为4.1 m、淤泥层厚度为17.4 m、粗砂层23.1 m和粗砂层厚度为7.2 m。加固区宽度为68 m,地表铺设厚度为0.5 m粉细砂层、0.6 m中粗砂层和3.4 m堆载填筑料,路堤堆载坡度1:1。在加固区按正方形布置塑料排水板,排水板宽度为0.1 m,排水板间距1.1 m,排水板长度25 m。

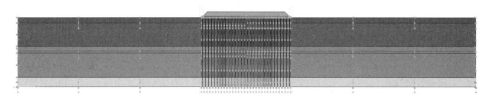

图 5-6-1　真空联合堆载预压加固软土地基数值模型

5.6.3　单元类型及网格划分

对真空联合堆载预压加固软土地基模型进行网格划分,加固区土体、堆载、砂垫层、排水板的单元长度为0.5 m,加固区外土体单元长度从1.0 m向5.0 m过渡。地基土、粉细砂垫层、中粗砂垫层和排水板考虑地基的排水固结,采用二维四节点孔隙水压力单元CPE4P进行网格划分;路堤堆载填筑材料采用二维平面应变单元模拟CPE4进行划分,不考虑堆载料的排水固结;加固区及地表加固深度范围内网格加密,加固区外网格逐渐变粗,减少网格数量,提高计算效率。真空联合堆载预压模型的网格划分见图5-6-2。

5.6.4　荷载条件、边界条件、分析步

荷载条件:对地基土、粉细砂、中粗砂、堆载和排水板均采用body force进行材料容重

图 5-6-2 真空联合堆载预压模型网格划分

加载,分析过程中的荷载为材料自重。

边界条件:软基加固模型采用位移边界条件和孔隙水压力边界条件,模型左右两侧为水平位移约束,水平位移设置为0;模型底部为竖向位移约束,竖向位移设置为0;在地基表面为排水边界,排水边界孔隙水压力设置为0,作为水平排水通道。在抽真空过程中,加固区地表排水边界条件的孔隙水压力为-80 kPa,模拟实际施工过程。

软土地基真空联合堆载预压共分为4个步骤:

步骤一:地基的自重应力平衡计算步,根据土层容重模拟地基中的自重应力场并消除初始位移,还原地基初始状态,计算步时间为 1 s。

步骤二:粉细砂和中粗砂垫层施工及真空预压,采用生死单元法生成厚度为 0.5 m 的粉细砂和中粗砂层,抽真空期间将加固区地表设置为-80 kPa,计算步采用 soil 模拟固结过程,计算步时间为 270 d。

步骤三:模拟堆载填筑施工过程,采用生死单元法生成厚度为 3.4 m 的路堤堆载,计算步类型为 soil 模拟固结过程,计算步时间长度为 20 d。

步骤四:模拟真空联合堆载预压加固软土地基 5 年内的沉降及位移应力情况,分析联合加固 5 年内地基的沉降、水平位移、孔隙水压力、应力情况等承载特性,计算步时间为 5 年。

5.6.5 结果分析

5.6.5.1 地基变形与位移

1. 地表沉降

图 5-6-3 为真空联合堆载预压法处理软土地基的沉降情况。图 5-6-3(a)为地基初始状态,此时地基基本没有产生沉降,表明初始地应力场生成成功。图 5-6-3(b)为真空预压但尚未堆载 270 d 后的沉降情况,加固区中心出现脸盆形沉降,并且在地表中心处沉降最大,最大沉降量达到了 1.48 m,沉降非常显著。图 5-6-3(c)为堆载施工完成后,真空堆载联合作用后的沉降情况,沉降量进一步增加到了 3.04 m。此时,沉降趋势仍然是脸盆形沉降。图 5-6-3(d)为真空联合堆载预压施工完成 5 年之后的沉降情况,从施工完成到施工完成 5 年之后,这一阶段沉降量从 3.04 m 增加到了 3.48 m,增加了 44 cm,工后沉降比较显著,这是由于在真空负压和堆载联合作用下,深厚淤泥含水率较高、压缩性较大且渗透性差,导致了长期持续的较大沉降。

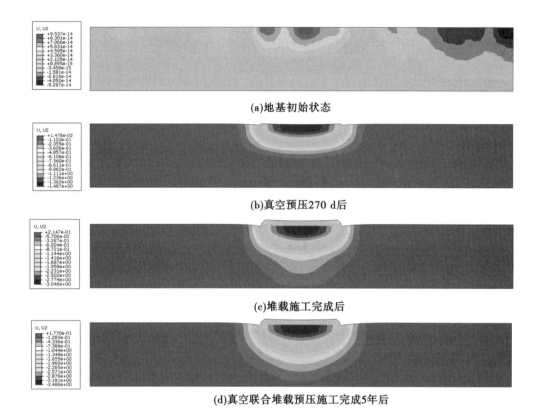

(a)地基初始状态

(b)真空预压270 d后

(c)堆载施工完成后

(d)真空联合堆载预压施工完成5年后

图 5-6-3　真空联合堆载预压法处理软土地基的沉降

2. 水平位移

图 5-6-4 为真空联合堆载预压处理软土地基的水平位移情况。图 5-6-4(a) 为初始状态,没有任何荷载,在生成初始地应力场之后水平位移非常小,基本不产生变形。图 5-6-4(b) 为真空预压 270 d 后地基的水平位移情况,主要水平位移出现在砂垫层两个角点处,地表两个角点处水平位移量分别为 46 cm,产生较大的向内收缩。图 5-6-4(c) 为堆载施工完成之后,地基在抽真空负压和堆载正压的联合作用下产生的水平位移。此时,水平位移主要出现在加固区两个地表角点处及两个角点以下一定深度处,分别产生最大水平位移。在加固区顶部的水平位移,为向加固区内部收缩的水平位移;而在地基底部,为向加固区外侧的水平位移,这与对堆载预压法及换填法处理软土地基时产生的水平位移区别显著。图 5-6-4(d) 为真空联合堆载预压施工完成 5 年后的水平位移,位移趋势与堆载刚完成时基本一致,但是位移量从最大水平位移 52 cm 减小到了 50 cm,减小了 2 cm,表明长期排水固结作用使地基的附加应力通过超孔隙水压力消散掉,减小了土体的变形,对整个地基水平位移的平衡起到了较好的作用。

3. 总位移矢量图

图 5-6-5 为真空联合堆载预压加固软基的总位移趋势图。图 5-6-5(a) 为初始状态,基本不产生水平位移,水平位移量很小,产生了初始地应力场。而在抽真空 270 d 后[见

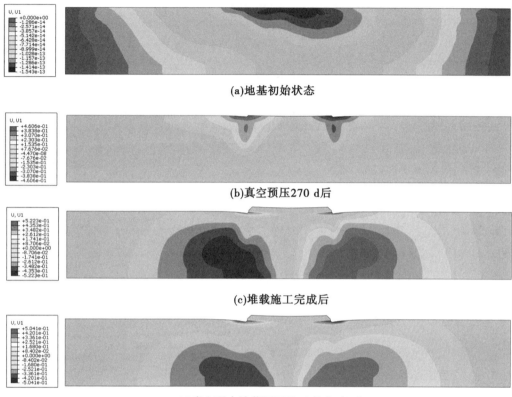

(a)地基初始状态

(b)真空预压270 d后

(c)堆载施工完成后

(d)真空联合堆载预压施工完成5年后

图 5-6-4 真空联合堆载预压法处理软土地基的水平位移

图 5-6-5(b)]可见,与堆载预压和换填法显著不同的是,整个地基的变形向加固区内部收缩,这是由于在加固区排水板的抽真空作用使孔隙水从排水板、加固区地表排出,整个土体向内收缩,呈现被抽吸收缩的趋势。这与其他地基处理方法显著不同,而且最大收缩点在地表加固区边缘处。图 5-6-5(c)为堆载施工完成后的总位移趋势,与仅抽真空期间的位移趋势表现出显著不同,除向加固区内部的收缩变形外,加固区外部出现了对数螺旋边界变形区,这是由于堆载完成产生的附加应力与抽真空产生的真空负压相互抵消,减少了抽真空使地基土向加固区内部的收缩作用,形成了土体向加固区外部膨胀变形的趋势。图 5-6-5(d)为真空联合堆载施工完成 5 年后的位移趋势,由于排水固结作用,沉降量增加,但是水平位移趋势减小,对周边土体的挤压膨胀作用减弱,表明真空联合堆载预压能够最大化地增加地基的排水固结作用,增加沉降量,能够相对减小加固区堆载对周边土体的挤压破坏作用。

4. 塑性变形

图 5-6-6 为真空联合堆载预压加固软基的塑性变形情况。图 5-6-6(a)为地基初始状态,没有施加荷载,因此没有出现塑性变形。而图 5-6-6(b)在加固区表层,由于砂垫层的堆载,对地基土内部产生弹性压缩作用,土体受挤压在加固区边缘处凸起,产生了向内的

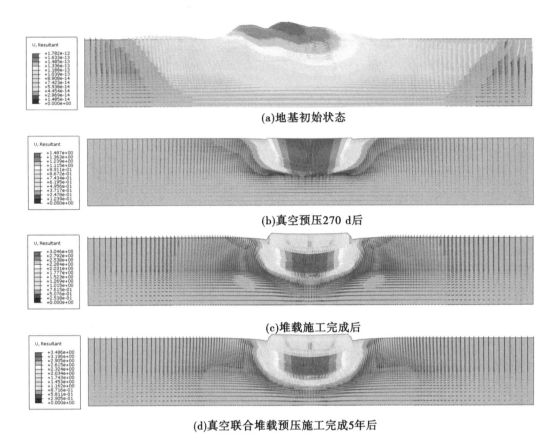

(a)地基初始状态

(b)真空预压270 d后

(c)堆载施工完成后

(d)真空联合堆载预压施工完成5年后

图 5-6-5　真空联合堆载预压法处理软土地基的总位移趋势

收缩,在加固区边缘处产生应力集中,因此出现塑性破坏。在图 5-6-6(c)中,当堆载施工完成后,除抽真空对土体产生的收缩作用外,在底部和加固区周边土地产生了正向挤压作用,此时土体的塑性变形是二者作用的集合,分别在加固区周边表层土体和底部土体处产生了塑性变形。图 5-6-6(d)为真空联合堆载预压施工完成 5 年后的塑性变形,通过 5 年的排水固结,地基土的沉降变形进一步增大,但水平位移略有减小,整个地基的塑性变形的分布基本不变,仍是在表层的加固区周边地表及加固区底部土体出现塑性变形,且塑性变形量略有增大,表明工后阶段由于排水固结作用,土体进一步产生了沉降变形,导致塑性变形增大。

5.6.5.2　地基应力与孔隙水压力

1.Mises 应力

图 5-6-7 为真空联合堆载预压法处理软土地基 Mises 应力的分布情况。在图 5-6-7(a)初始状态中,没有额外荷载,整个地基 Mises 应力自上而下线性增加。当图 5-6-7(b)抽真空 270 d 后,由于抽真空对地基土产生向加固区内部的收缩作用,在加固地表边缘处,变形的不协调导致该处出现较大应力集中,产生较大的变形。而在图 5-6-7(c)堆载施工完成后,除在加固区边缘处地表的应力集中以外,在加固区底部,由于堆载荷载作用,同样出现应力集中,这是塑性变形出现的原因。图 5-6-7(d)为真空联合堆载预压施

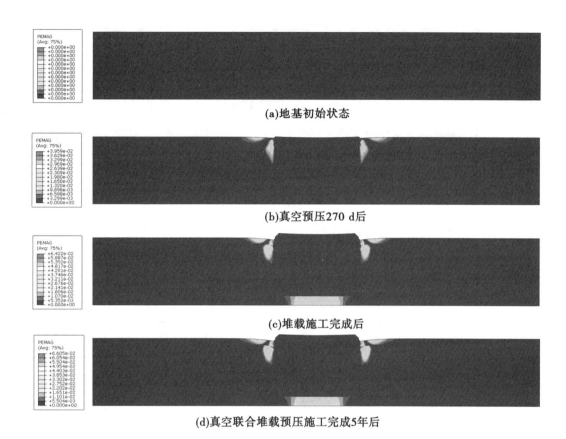

(a)地基初始状态

(b)真空预压270 d后

(c)堆载施工完成后

(d)真空联合堆载预压施工完成5年后

图 5-6-6　真空联合堆载预压法处理软土地基的塑性变形

工 5 年后的 Mises 应力分布情况,地表的应力变化不大,主要是加固区底部 Mises 应力,排水固结作用消散了一定的附加应力,使整个地基的应力趋于平衡,因此底部的应力集中情况趋于减缓。

2. 竖向应力

图 5-6-8 为真空联合堆载预压法处理软土地基的竖向应力的变化情况。在图 5-6-8(a)初始状态中没有附加荷载,竖向应力呈线性增加。在图 5-6-8(b)真空预压阶段,随着砂垫层增加及加固区抽真空作用,使加固区范围内土体的有效应力迅速增大,与周边土体出现一个明显的差值。而在图 5-6-8(c)堆载预压完成之后,加固区域附近土体的有效应力进一步增大,并且在排水固结作用下有效应力进一步增大,从 35 kPa 增加到了 38 kPa。在真空联合堆载预压施工完成 5 年后,竖向有效应力进一步增大,提高了土体的强度。竖向有效应力的最大值,从堆载完成之后的 38 kPa 增加到了 40 kPa,表明真空联合堆载预压能够提高地基的竖向有效应力,进一步提高土体的强度。

3. 孔隙水压力

图 5-6-9(a)为初始状态时孔隙水压力的分布情况,由于没有附加荷载,超孔隙水压力为零。而在图 5-6-9(b)抽真空 270 d 之后,由于排水板和水平排水层的作用,整个加固区

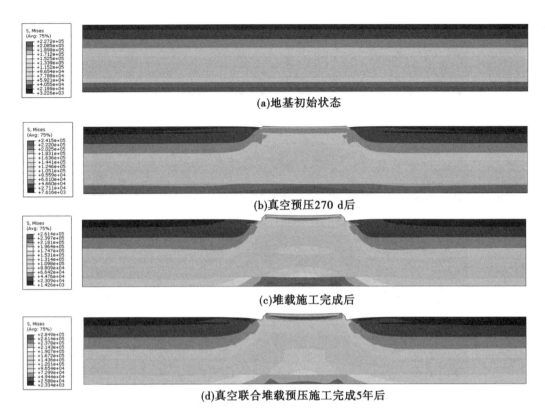

(a)地基初始状态

(b)真空预压270 d后

(c)堆载施工完成后

(d)真空联合堆载预压施工完成5年后

图 5-6-7　真空联合堆载预压法处理软土地基的 Mises 应力

形成了一个−80 kPa 真空负压区,并且加固区周边土体的孔隙水压力也出现下降。由此说明从加固区开始,土体中的超孔隙水压力是逐渐降低的,超孔隙水压力降低作用自加固区向周边逐渐扩散。图 5-6-9(c)在堆载施工完成后,地基中超孔隙水压力显著增大。堆载使加固区底部的超孔隙水压力从 16.8 kPa 增加到 51.8 kPa,增加显著,整个地基中的孔隙水压力分布也出现了变化。图 5-6-9(d)为真空联合堆载预压施工完成 5 年后的孔隙水压力分布情况,可见地基底部的超孔隙水压力从 51.9 kPa 降低到 12.9 kPa,降低了 39 kPa,表明 5 年内超孔隙水压力得到充分消散,加固区内仍然为−80 kPa 状态,且加固区周边负孔隙水压力的范围逐渐扩大,加固区对周边土体具有显著的加固作用,降低了地基整体超孔隙水压力。

5.6.5.3　地基应力应变的历时特性

1. 沉降−时间曲线

图 5-6-10 为真空联合堆载预压法处理软土地基路基中心地表的沉降−时间曲线。可见,前期抽真空及砂垫层施工导致了地基沉降快速增大,后期堆载施工完成后沉降继续增大的情况。堆载预压完成之后地基沉降由于土体的弹性变形迅速增大,并在真空联合堆载预压加固 5 d 期间产生了较大的工后沉降,原因为本路基断面的淤泥层较厚,且压缩性较大、渗透性较差,因此产生了较大的工后沉降,沉降量达到 39 cm。

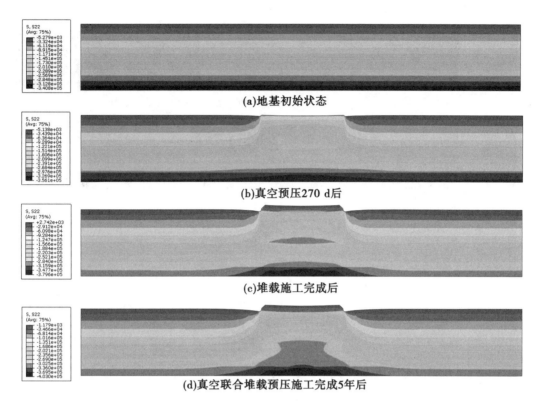

(a)地基初始状态

(b)真空预压270 d后

(c)堆载施工完成后

(d)真空联合堆载预压施工完成5年后

图 5-6-8 真空联合堆载预压法处理软土地基的竖向应力

2. 分层沉降−时间曲线

图 5-6-11 为真空联合堆载预压法处理软土地基路基中心的分层沉降−时间曲线,能够显著反映加载过程中和加载之后超孔隙水压力的消散过程。由于排水板和抽真空作用,整个加固区不同深度范围内排水固结的效率基本一致,整个沉降曲线的增长速率以及固结沉降的变化量基本一致,不同深度土层之间的压缩量随土层厚度增大呈线性增大趋势,表明土层较为均质,不同深度土层的压缩量与它的变形模量和厚度相关。

3. 孔隙水压力−时间曲线

图 5-6-12 为真空联合堆载预压法处理软土地基路基中心的孔隙水压力−时间曲线,由于抽真空的作用,地表土体孔隙水压力始终处于−80 kPa,模拟工程中的抽真空作用。在堆载预压阶段,由于堆载作用孔隙水压力曲线出现了显著回弹,孔隙水压力回弹程度与堆载荷载及土层深度成正比。土层的深度越浅,回弹孔隙水压力越大,土层的深度越大,回弹孔隙水压力越小;但在后期很短的时间内基本恢复到−80 kPa 水平。在整个加固阶段地基不同深度土体的孔隙水压力均为−80 kPa,表明排水板对传递真空负压是有效的,能够较好地加固埋深较大的软土。

4. 水平位移−时间曲线

图 5-6-13 为真空联合堆载预压法处理软土地基路基坡脚的水平位移−时间曲线,可反映加固不同阶段地基的水平变形及其对周边土体的影响。在抽真空阶段,地基土向内收缩,水平位移呈现负值;随着堆载施压,水平位移出现了线性增大,在堆载完成之后的固

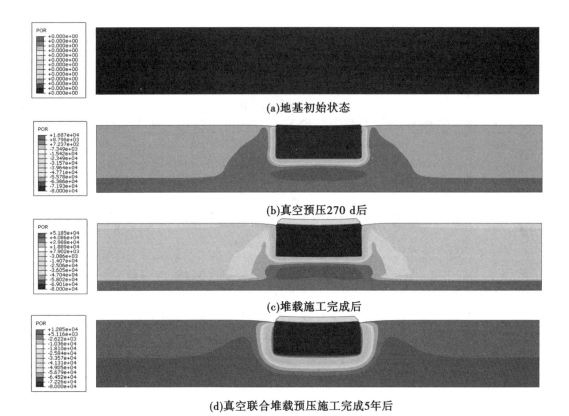

(a)地基初始状态

(b)真空预压270 d后

(c)堆载施工完成后

(d)真空联合堆载预压施工完成5年后

图 5-6-9　真空联合堆载预压法处理软土地基的孔隙水压力

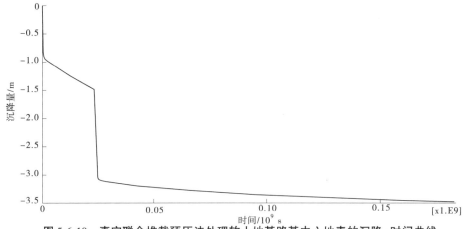

图 5-6-10　真空联合堆载预压法处理软土地基路基中心地表的沉降-时间曲线

结阶段,又随着时间增加及排水固结作用,土体出现向加固区外的正值水平位移,对周边
土体向内的收缩变形有一定的抵消作用。由于抽真空的收缩和堆载预压的挤压膨胀作
用,相互抵消,真空联合堆载预压法产生的水平位移变化量很小,基本在几厘米范围之内。

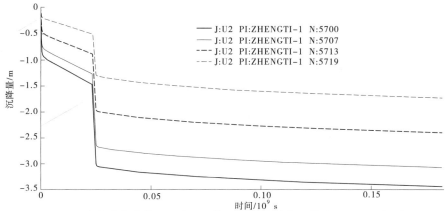

图 5-6-11　真空联合堆载预压法处理软土地基路基中心的分层沉降-时间曲线

［节点编号及埋深：N5700(0 m)；N5707(5.1 m)；N5713(11.3 m)；N5719(17.4 m)］

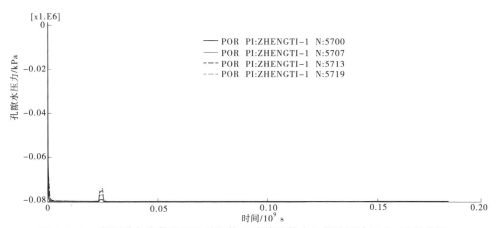

图 5-6-12　真空联合堆载预压法处理软土地基路基中心的孔隙水压力-时间曲线

［节点编号及埋深：N5700(0 m)；N5707(5.1 m)；N5713(11.3 m)；N5719(17.4 m)］

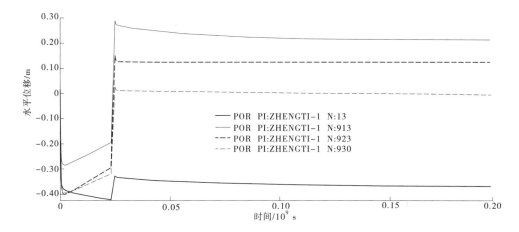

图 5-6-13　真空联合堆载预压法处理软土地基路基坡脚的水平位移-时间曲线

［节点编号及埋深：N13(0 m)；N930(7.2 m)；N923(14.3 m)；N913(22.3 m)］

5.7　本章小结

(1)真空联合堆载预压工后沉降比较显著,在真空负压和堆载联合作用下,深厚淤泥含水率较高、压缩性较大且渗透性差,导致了长期持续的较大沉降。

(2)长期排水固结作用使地基的附加应力通过超孔隙水压力消散掉,减小了土体的变形,对整个地基水平位移的平衡起到了较好的作用。

(3)真空联合堆载预压能够最大化地增加地基的排水固结作用,增加沉降,能够相对减小加固区堆载对周边土体的挤压破坏作用。

(4)工后阶段由于排水固结作用,土体进一步产生了沉降变形,导致了塑性变形增大。

(5)在加固区边缘处地表和加固区底部,堆载作用出现应力集中,这是塑性变形出现的原因。排水固结作用消散了一定的附加应力,使整个地基的应力趋于平衡,因此地基底部的应力集中情况趋于减缓。

(6)真空联合堆载预压能够提高地基的竖向有效应力,进一步提高土体的强度。

(7)从加固区开始,土体中的超孔隙水压力是逐渐降低的,超孔隙水压力降低作用自加固区向周边逐渐扩散。加固区对周边土体具有显著的加固作用,降低了地基整体超孔隙水压力。

(8)真空联合堆载预压加固期间产生了较大的工后沉降,原因为本路基断面淤泥层较厚,且压缩性较大、渗透性较差,因此产生了较大的工后沉降。

(9)由于排水板和抽真空作用,整个加固区不同深度范围内排水固结的效率基本一致,整个沉降曲线的增长速率及固结沉降的变化量基本一致,不同深度土层之间的压缩量随土层厚度增大呈线性增大趋势。

(10)在堆载预压阶段,由于堆载作用孔隙水压力曲线出现了显著回弹,孔隙水压力回弹程度与堆载荷载及土层深度成正比。土层的深度越浅,回弹孔隙水压力越大;土层的深度越大,回弹孔隙水压力越小。排水板对传递真空负压是有效的,能够较好地加固土层深度较大的软土。

(11)由于抽真空的收缩和堆载预压的挤压膨胀作用相互抵消,真空联合堆载预压法产生的水平位移变化量很小,基本在几厘米范围之内。

第 6 章　预应力管桩复合地基法

6.1　预应力管桩复合地基法概述

预应力混凝土管桩包括预应力高强混凝土管桩(简称 PHC 桩)、预应力混凝土管桩(简称 PC 桩)和预应力混凝土薄壁管桩(简称 PTC 桩)等。由于预应力混凝土管桩具有供应充足、施工速度快、经济性好等优点,因而在工业与民用建筑工程、高速公路、铁路中应用相当普遍。

与传统的预制桩型相比,预应力混凝土管桩具有以下特点:①桩身强度高,单桩承载力大;②桩体具有良好的抗弯、抗剪、抗裂性能;③具有良好的穿越土层能力;④成桩质量可靠;⑤施工方便快捷,周期短;⑥施工声小,质量容易控制;⑦基桩沉降量小;⑧单位承载力造价比普通桩低;⑨管桩基础具有较好的抗震性能。管桩是一种竖向承载力和水平承载力相差较大的桩型,如 500 mm 直径桩竖向承载力可在 2 000 kN 以上,而水平承载力仅 35 kN 左右。这是管桩的致命缺陷,管桩大量使用已有十多年的历史,其优点在各类工程中得到充分的利用,但对缺点注意较少。

预应力管桩的生产与施工技术在日益发展中愈加完善,其凭借自身诸多优势令其应用愈加广泛。预应力管桩有以下特点:

(1)预制生产预应力管桩,运至施工现场即可施工,无须混凝土的施工与养护过程,施工方便,降低施工周期。

(2)预应力管桩是使用高强混凝土配备先进的生产工艺制成的,使得预应力管桩单桩强度大并具有很高的承载能力。

(3)生产过程可查可控,其质量得到有效保证。

(4)相较于传统的护壁桩及灌注桩,预应力管桩每立方米造价大幅较低,故同等级承载力的预应力管桩造价成本更低。

(5)预应力管桩的施工具有降噪声、无扬尘污染大气、减少圬工材料使用量等绿色环保特点。

(6)预应力管桩易穿透无特殊的土层,能很好地适应多类工程地质。

(7)预应力管桩本身具有预应力,提高了单桩的抗开裂能力、抗弯拉强度、抗剪切特性等。

(8)在预应力管桩施工过程中,可配合压桩机监测预应力管桩的压入深度及承载力,提高其施工精度。

(9)预应力管桩具有优良的承载抗震性能。

由于预应力管桩具有以上诸多优点,国外早已开始了应用与研究。19 世纪初期开始使用预制桩,1890 年制造出预制混凝土桩,20 世纪初期开始使用预制混凝土桩,1915 年生产离心混凝土桩。1925 年日本生产出钢筋混凝土预制桩,1934 年研发出离心混凝土管桩,1962 年生产出预应力混凝土管桩,1972 年研制出预应力高强混凝土管桩。

我国学习总结了国外的先进生产工艺,1944 年生产离心钢筋混凝土管桩,1960 年引入预应力混凝土管桩,到 20 世纪 80 年代,广东开始大规模应用预应力管桩,经检验其应用效果良好,具有很高的工程使用价值。20 世纪 80 年代末,华南及华东地区主要将其应用于水利建设。近些年,经济的蓬勃发展也使得建筑工程行业蒸蒸日上,同时对建筑工程的稳定性与安全性提出了更高的标准,对地基处理提出了更严格的要求,因此预应力管桩的市场需求也在成倍增长。目前,预应力管桩被广泛应用于高速公路建设,在铁路建设中也有应用,不过应用较少。

6.2　预应力管桩复合地基法的加固机制

静压预应力混凝土管桩的受力机制是通过桩底竖向压缩及桩侧侧向挤压摩擦获得较高的承载力。静压预应力混凝土管桩的独特之处在于其穿越土层的能力较强,桩尖进入强风化花岗岩层后,经强烈挤压,桩尖附近的强风化岩层原有状态已经发生变化,岩体经高压挤密后密实度有很大提高,且桩端与岩体结合极为紧密。

管桩的桩端持力层可以是中微风化岩、强风化岩、碎卵石层,但对于桩端持力层以上土层均为淤泥质土层、淤泥层等软弱土层的情况,承台底下存在较厚淤泥层,桩顶处又没有硬壳层,对桩身上部的约束较差,容易产生偏斜、断桩,桩身受力犹如悬臂杆受压,受力性能差。工程中遇到上部均为淤泥质土、淤泥等软弱土层,持力层为中微风化岩、强风化岩、碎卵石层,桩端无法进入持力层一定深度,这种情况不应使用或慎用预应力混凝土管桩。

荷载在桩基中的传递机制是研究桩承载力的基础,充分了解桩的变形特性、桩承载力的构成及荷载在桩与土之间的传递途径,可对桩承载力的设计值做合理评价。

6.2.1　土塞效应

预应力管桩在沉桩过程中,桩端土体进入桩内的现象称为"土塞"。随着桩体的不断下沉,桩内的土芯越来越高,土芯与桩体之间的摩阻力也越来越大,当摩阻力达到一定数值之后就产生了封闭效应。

桩径、沉桩方式、入土深度和土层性质等都对土塞的闭塞程度有所影响,其中桩径是最主要的影响因素。不同性质的土层,都有其对应的临界桩径,如黏土的临界桩径为 500~900 mm,砂土的临界桩径为 75~100 mm。

6.2.2　挤土效应

在沉桩过程中,桩周土体会被预应力管桩挤开,土体的应力状态发生改变,即为挤土效应。挤土效应通常有浅层土体的隆起和深层土体的横向挤出两个方面的表现。挤土效应受施工方法和施工速度的影响很大,若施工过程中控制不当,会使周围已经施打的桩发生桩身倾斜和上浮。预应力管桩施工时,应严控沉桩顺序、沉桩速率和每天的沉桩数量。

6.2.3　群桩效应

群桩效应是指在竖向荷载的作用下,群桩受桩、基础和土的影响,其桩端阻力、桩侧阻力和沉降等性状发生变化,复合地基总承载力与单桩承载力之和不等的现象。群桩效应受桩间距和桩长影响较大,若桩间距小于 3 倍桩径,则群桩效应比较明显;同时,随着桩长的增加,群桩的承载力呈非线性增长趋势,但最后接近一个定值。

6.2.4　垫层效应

在预应力管桩的实际应用中,通常会设置刚度较大的垫层,通过铺设一定层数的土工格栅砂石垫层来控制桩和土的变形。垫层的作用主要有以下几方面:一是可以调整桩与桩间土分担荷载的比例,这与垫层厚度有关,若垫层厚度过小,则桩顶承受荷载过大;若垫层厚度过大,则桩与桩周土所承受荷载接近,因此垫层厚度不应过大或过小;二是可以有效降低路基底部的应力集中现象,由于垫层的存在,路基不容易被桩体刺入而发生破坏,且垫层越厚,应力集中越小,所以设计刚度较高的垫层,有利于提高地基的承载能力,同时可以减小桩体刺入路基的风险。

6.3　预应力管桩复合地基法的施工方法

6.3.1　桩位放样

根据坐标点和水准点,结合平面布置图进行桩位放样,使用钢筋头标记每个桩位。放样完成后,由施工员和测量员进行初检,桩位测量放线记录由技术负责人验收,再由技术负责人和项目经理确认签字后,报项目监理检验,得到项目经理签字认可后进入下一道工序。

6.3.2　插桩

预应力管桩在起吊之前应确定起吊点、焊接桩底及在桩身标记长度,开始插桩时,应严格把握桩身位置偏差和垂直度偏差。

6.3.3　沉桩

整个沉桩过程中,本项目将桩身、桩锤和桩帽的垂直度作为控制重点之一,绝不允许出现偏心锤打的情况。同时,沉桩初期,遵循低锤轻打原则,随着沉桩深度的增加,根据阻力和速度逐步增加击锤高度,提高冲击力。

6.3.4　接桩

每一节桩体,击打至桩头距地面 0.5 m 左右时,即停止沉桩,认真清洗上下桩头至出现金属光泽后进行焊接。在焊接之前,使用端头板调整垂直度,在保证垂直度的前提下,将错位偏差控制在 2 mm 以内。待桩头完全焊接固定并冷却之后,在桩头喷涂防锈层。

6.3.5　送桩或截桩

如果最后一节桩的桩顶低于设计的桩顶标高或最后一节桩的外露部分压装机无法继续压入,采用送桩器对管桩进行送桩。为避免发生桩头破坏现象,送桩器与桩顶之间应充分接触。相反,如果最后一节桩结束压桩后,其桩顶标高大于设计标高,则需要对超出部分进行截桩。为保证截断后的横截面平整,采用专用截桩器进行截桩。

施工关键和难点在于:因为沉桩过程中桩周土会产生很大的孔隙水压力,土中的有效应力大幅降低,导致深层土体的横向挤出和土体的隆起。若施工过程中控制不当,会使得周围已经施打的桩发生桩身倾斜和上浮。因此,在施工过程中应注意沉桩顺序、沉桩速率和每天的沉桩数量。

6.4　工程案例

6.4.1　工程概况

珠海航空产业园滨海商务区二期 I 标工程为新建龙湖路中段(燕羽路~丹凤四路)、燕羽路南段(机场东路~丹凤四路)、丹凤一路、丹凤二路东段(燕羽路~白龙路)、银船街路、丹凤三路东段(燕羽路~白龙路)、丹凤四路中段(燕羽路~龙湖路)、一方路、青鸾路市政道路排水等综合市政项目如图 6-4-1 所示。项目范围北至湖滨路,东至白龙路,西至东路,南至排泄渠。道路总长约 4 km,其中包含 1 条主干道(龙湖路)、1 条次干道(燕羽桥 5×30 全桥长 150 m)、6 条支路。本工程的燕羽路桥头(箱涵基础)采用 PHC-500A-100 管桩软基处理。

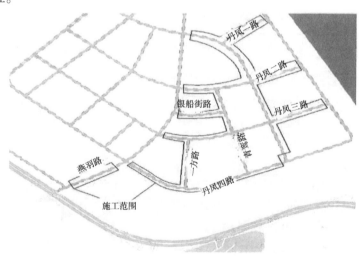

图 6-4-1　工程示意图

6.4.2 工程地质条件

6.4.2.1 地形地貌

场地地貌属山前海积平原,经人工吹填后拟建道路用地区域现已形成陆域,地形总体平坦、开阔。

6.4.2.2 气候水文

珠海濒临南海,地处低纬,冬夏季风交替明显,终年气温较高,偶有阵寒,但无严寒,夏不酷热,年、日温差小,属南亚热带海洋性季风气候。

珠海属亚热带海洋性气候,终年气温较高,降雨量丰富,主要集中在雨季的 4—9 月。珠海热源充足,太阳辐射大,受地理位置制约,易受台风暴潮袭击。

6.4.2.3 地质条件

按地质年代和成因类型来划分,本次钻探揭露岩土层分为人工填土层、第四系海陆交互相沉积层、残积层、燕山三期花岗岩风化层和泥盆系砂岩风化层。各土层特征见表 6-4-1。

表 6-4-1 各土层主要工程地质特征

地层	状态	主要工程地质特征	土、石类别	土、石等级
填筑土①$_1$	松散	主要由黏性土及碎石、块石组成,均匀性较差,透水性强,开挖后极易坍塌	普通土	Ⅱ
填筑土①$_2$	松散	主要由粉细砂吹填而成,极松散,易震陷及坍塌	松土	Ⅰ
淤泥②$_1$	流塑	饱和,属低强度、高压缩性土,自稳能力极差,易触变	松土	Ⅰ
淤泥质黏土②$_2$	流塑—软塑	饱和,属低强度、高压缩性土,自稳能力极差,易触变	松土	Ⅰ
粉质黏土②$_3$	可塑	黏性较好,透水性差,自稳能力较低	普通土	Ⅱ
粗砂②$_4$	中密	饱和,透水性强,自稳能力较差,易蠕动	松土	Ⅰ
砂质黏性土③	硬塑	黏性较好,透水性较差,自稳能力较好	普通土	Ⅱ
全风化花岗岩④$_1$	坚硬极软岩	岩石风化强烈,岩石结构基本被破坏,但尚可清晰辨认,矿物成分已发生变化,裂隙极发育,岩石极破碎,呈土柱状	硬土	Ⅲ
强风化花岗岩④$_2$	坚硬极软岩	岩石风化强烈,岩石结构基本被破坏,但尚可清晰辨认,矿物成分已发生变化,裂隙极发育,岩石极破碎,呈土柱状或土夹碎块状	硬土	Ⅲ
中风化花岗岩④$_3$	中硬岩	岩石风化较弱,岩石结构清晰辨认,矿物成分已发生变化,裂隙较发育,岩石较硬,呈碎块状	次坚岩	Ⅴ

6.4.2.4 水文条件

场地通过吹填形成陆地,存在低洼地存水、沟渠。地表水主要靠邻近区域径向渗流、大气垂直降水和潮汐影响。珠海市海区潮汐主要是太平洋潮波经巴士海峡和巴林塘海峡传入以后,受地形、河川径流、气象因素的影响所形成,属不正规半日潮,出现潮汐日不等现象。全市各站的年平均潮差为 1 m 左右。

拟建场地地下水的补给来源主要是大气降雨和海水,地下水的排泄主要是大气蒸发和低海潮水位时向大海渗流。地下水位的变化与季节关系、潮水位关系密切。雨季时,大气降水充沛,地下水位上升;而在枯水期因降水减少,地下水位会随之下降。拟建场地内水沟水与海水相连,海水的潮起潮落对地下水位有 0.10~0.30 m 的影响。

6.4.2.5　不良地质与特殊性岩土

根据本次勘察及钻探揭露,场地范围内未揭露有断裂带、古河道、沟浜、墓穴等不良地质现象。场地内及附近未发现地面塌陷、地裂、滑坡和崩塌、泥石流等灾害地质现象。场地主要不良地质现象是广布厚层淤泥软土层。此外,未发现其他不良地质现象。

拟建道路沿线上部地基土以填土和软土为主,填土的成分复杂、结构松散、密实度不均匀、性质差异大,冲填砂土会产生中等—严重液化;软土具高含水率、高压缩性、大孔隙比、强度低等特性,具流变、触变特征,均不宜直接作天然地基使用,建议进行地基处理。

6.4.3　设计施工方案

跨越主渠的 4 座大桥,路桥接合部采用管桩处理软基、管桩+素混凝土桩过渡,交叉口处采用素混凝土桩复合地基。PHC 管桩复合地基处理路段纵断面图见图 6-4-2,平面图见图 6-4-3,处理方案见图 6-4-4。

管桩桩径,根据不同部位地质情况及长细比的要求,分别采用 400 mm、500 mm、600 mm A 型管桩。为充分利用管桩单桩承载力大的特点,管桩设置扩大桩头,适当调大桩间距为 3 m×3 m,桩顶设计标高 1.7 m,桩帽顶设计标高 2.2 m,桩帽顶铺一层土工格室,设置 200 mm 级配碎石褥垫层,碎石最大粒径不宜大于 20 mm。

扩大桩头(桩帽):桩帽平面尺寸 $B×W=1.5$ m×1.5 m、厚度 $H=0.5$ m,内部设置钢筋笼。钢筋为 HRB400。

主要施工流程如下:现状场地标高(约 3.8 m)→开挖至 2.2 m 标高→在 2.2 m 标高面施工管桩、送桩 0.5 m→开挖至桩顶标高 1.7 m→施工扩大桩头(桩帽)→扩大桩头达到龄期→进行单桩承载力检测→复合地基检测→施工管线→铺设一层土工格栅+一层土工布→铺设一层土工格室+充填 40 cm 级配碎石垫层,标高 2.60 m 作为软基处理交工面(具体施工根据路面结构层的厚度、主要管线埋深调整交工面标高,以避免管线施工造成过多的土工格室被破坏)。

考虑管桩安装桩尖后,工艺本身就具有一定的引孔能力,对于粒径相对较小的块石能正常施工,若局部遇到大块孤石,则管桩也难以实施,需采用 D400 mm 钻机旋磨引孔。旋磨引孔量暂按该区域内总桩数的一定比例计量,实际工程量现场签证确定,或者采用钩机直接开挖孔位,将大粒径石块挖出。

特别注意:管桩顶标高应当根据路面标高(减去路面结构层厚度)、雨污水管等地下管线埋设深度综合确定,并不要求各处各点标高均完全一致,以利于施工方便为考虑点,但凸起或下凹造成的场地各处高差不宜过大(不大于 50 cm,同时坡度不大于 10%)。注意对管线的避让,可现场微调桩位。

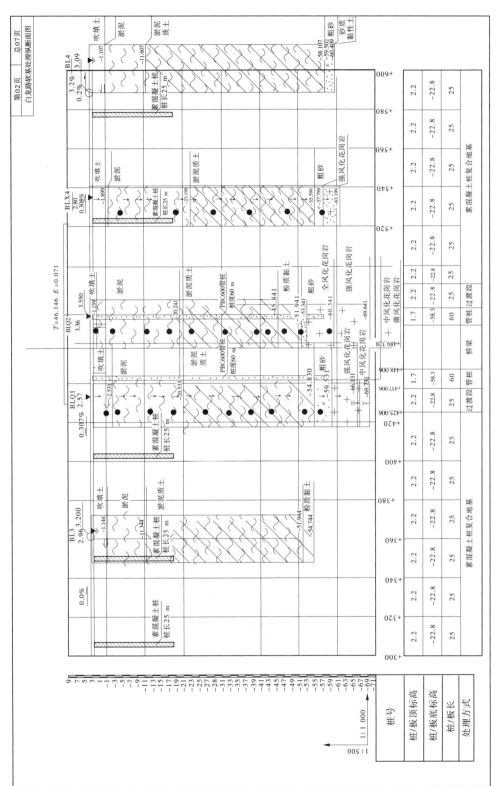

图 6-4-2 PHC 管桩复合地基处理路段纵断面图

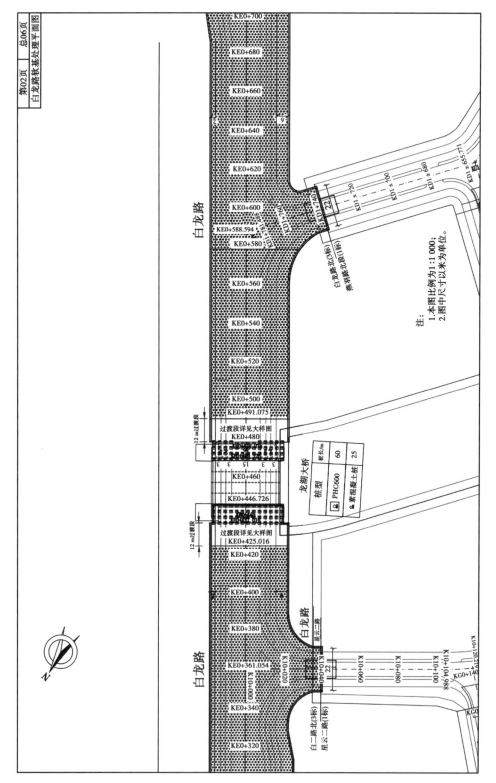

图 6-4-3　PHC 管桩复合地基处理路段平面图

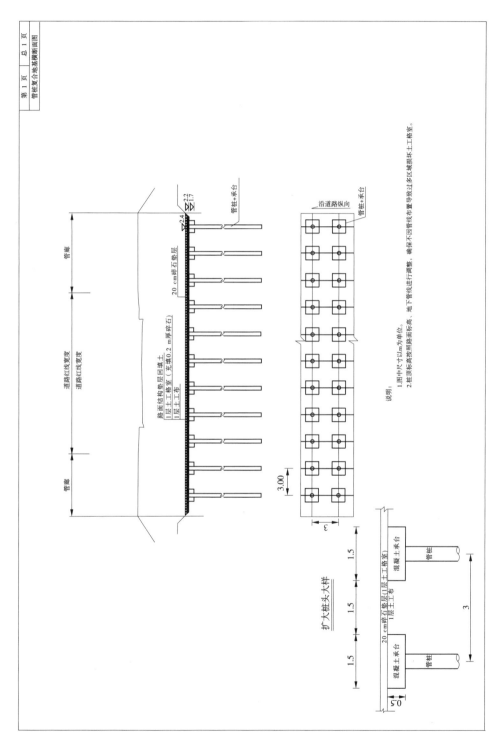

图 6-4-4　PHC 管桩复合地基处理方案

6.4.4　施工组织

桩管预制:本工程采用的管桩是由专业厂家生产预制的,并由专人负责采购供应。

按照设计要求本工程沉桩施工采用锤击方式,接桩采用无缝焊条焊接。

(1)将业主提供的控制点水准点引出,距离在不受压桩影响的场外区域设置复测基准点。

(2)为减少测量误差,按极坐标法进行测量放线。放线前施工测量人员先根据图纸计算好桩位点,然后填写桩位测量定位记录表。

(3)桩位放好后,先组织自检,无误后报监理进行复核验收,并办理签证手续。

(4)为了掌握沉桩后桩顶标高与设计标高及单桩沉桩过程最终压力与设计要求标准情况,了解锤击桩的工艺性能和最后贯入情况,开工前必须请建设单位、设计单位、质监单位、监理单位、施工单位技术人员到场进行试桩,并由设计单位对桩参数做出鉴定,提出控制标准,工程桩按此标准进行施工。

(5)考虑管桩安装桩尖后,工艺本身就具有一定的引孔能力,对于粒径相对较小的块石能正常施工,若局部遇到大块孤石,则管桩也难以实施,需采用$D400$ mm 钻机旋磨引孔。旋磨引孔量暂按该区域内总桩数的一定比例计量,实际工程量现场签证确定,或者采用钩机直接开挖孔位,将大粒径石块挖出。

预制管桩的施工,一般情况下采用分段压放、逐段接长的方法。

6.4.4.1　桩机安装就位

桩机根据施工方案现场情况进行安装。

6.4.4.2　桩位放线

(1)定位前,根据规划局提供的坐标控制点、建筑物轴线坐标点及有关数据,进行测量内业数据计算和复核,并报监理单位审核。

(2)在上述成果核对无误后,拟定采用极坐标法测定桩位,在桩位中心打入钢筋头作为标志,同时在其上涂红油漆使标高明显,并撒石灰圈定,用直角坐标进行复核,自检合格后,报请监理单位和总包复验、认可后方可开始锤桩。锤桩过程中,每一根管桩就位,由施工员和专职质检员再次复核,准确对中,确保桩位精确无误。其放样误差控制在 20 mm 范围内,轴线测量误差不超过轴线长度的1/2 000。

6.4.4.3　吊桩

利用桩机上附属起重钩及桩机卷扬机吊桩就位,当桩位距桩管堆放点较远时,配用吊车。

6.4.4.4　插桩

管桩用桩机上起吊钩吊入机架导向杆内,用压梁上桩帽将桩管固定,当桩机调整就位后,由指挥员指挥机长将桩徐徐下降,直到桩离地面 10 cm,然后将桩尖对准桩位下插,先施工沉管桩 0.5~1 m,此时停止锤击,再从桩的两个正交侧面校正桩身垂直度,将桩身垂直度控制在 0.5%以内。

6.4.4.5　沉桩

桩管垂直度调整后,启动卷扬机,利用卷扬机收放钢丝索,将压力通过压梁桩帽施加到桩顶上,将桩逐渐锤击沉入土中。施压过程中,注意观察桩身情况,确保轴心受力,若有偏心,及时校正,锤桩连续间歇时间应不超过 1 h。

6.4.4.6　接桩

采用坡口对焊法,焊机选用 32 kVA 交流电焊机,接头采用 E4303 焊条。焊接方法及技术要求:

(1)将下节桩压至桩顶距离地面 0.8~1.0 m 处,吊上节桩,使上、下桩对中,使之同心不发生偏移,同时调好垂直度,使上、下桩轴线一致,在垂直度得到保证后,开始施焊。

(2)施焊前,桩端钢帽应用钢丝刷刷净,去掉上面的泥土、铁锈等杂物。接头质量好坏关系到整根桩质量的好坏,施焊应对称、分层、均匀、连续进行,焊缝应连续饱满。

(3)若在大风和雨天施工,应有可靠的防风、防雨措施。

(4)焊接后应进行外观检查,焊缝不得有凹痕、咬边、焊瘤、夹渣、裂缝等表面缺陷。焊接结束后,焊缝自动冷却后才能继续沉桩,自然冷却时间一般不少于 5 min,严禁用水冷却或焊好立即沉压,这是因为焊好即压,高温的焊缝遇到地下水会冒白烟,如同淬火一样,焊缝容易变脆而被压裂。当管桩较密集且桩接头有较大裂缝时,沉桩引起的土体上涌,有可能将桩接头拉断,造成严重的质量事故。

(5)焊接完毕,进行三检制度(自检—总包检—监理工科检),合格后方可沉压。

6.4.4.7　送桩

当设计桩顶标高低于地面标高时,采用专用桩筒送桩。

送桩方法:将送桩筒底端对准送桩桩顶(锥形导向头套桩管内空),然后施压以便达到设计标高位置,桩顶标高采用水准仪测量控制。

送桩完毕,遗留桩坑采用片、块石回填,以防发生安全事故。

当达到桩管极限压力而没有达到设计标高时,停止送桩,待土方挖好后,再进行切割桩头。

6.4.4.8　管桩的收锤

在剩余 1 m 左右时,记录每 10 cm 的锤击时间,取最后 10 cm 的每分钟平均值作为停止贯入度,单位以 mm 计。

当管桩打入设计要求的持力层或贯入度时,则可收锤;测量贯入度的桩身情况,确保轴心受力,若有偏心,及时校正,锤桩连续间歇时间应不超过 1 h。

6.4.4.9　截桩头

最后一节桩的桩顶须至少高出设计桩顶标高一倍桩径长度以供截桩之用,截桩须用专用截桩机;抗拔桩的桩头则须用手工凿去其中的混凝土,留下的预应力钢筋锚入承台。

6.4.4.10　浇筑混凝土承台

管桩顶部浇筑 50 cm 厚 1.5 m×1.5 m 的扩大桩头素混凝土,混凝土强度等级为 C30,一般桩桩顶灌注高度为 1.2 m,抗拔桩桩顶灌注高度为 2 m。

6.5 预应力管桩复合地基法的数值模拟分析

6.5.1 计算参数

数值模型的材料参数见表 6-5-1。碎石垫层、吹填土、淤泥、淤泥质黏土、粗砂、全风化花岗岩分别采用线弹性模型和 Mohr-Coulomb 模型,根据地质勘察报告确定土体的渗透系数,土体自重根据土体实际重度确定。路堤填筑材料和 PHC 管桩采用线弹性模型和 Mohr-Coulomb 模型,但不考虑填料的渗透性,根据实际材料重度添加自重。

表 6-5-1 数值模型的材料参数

材料名称	层厚/m	含水率/%	重度/(kN/m³)	孔隙比	压缩模量/MPa	泊松比	弹性模量/MPa	直剪快剪		渗透系数/(m/d)
								黏聚力/kPa	内摩擦角/(°)	
吹填土	2.5	17.8	20.3	0.537	8.37	0.28	6.55	18.5	23.6	0.000 086 4
淤泥	18	75.3	15.3	2.018	1.56	0.33	1.05	2.5	1.9	0.000 181
淤泥质黏土	34.3	51.7	16.5	1.419	2.21	0.33	1.49	7.2	6.2	0.000 215
粗砂	4.7	15.6	20.4	0.495	18.63	0.25	15.53	1.5	27.2	0.852
全风化花岗岩	10.2	25.9	18.8	0.788	5.53	0.22	4.84	23	25.8	0.285
PHC 管桩			23			0.167	38 000			
0.2 m 碎石垫层			20	0.5		0.22	65	3	40	10.2
回填料			20	0.6		0.25	45	45	38	

6.5.2 计算模型

PHC 管桩复合地基加固软土地基数值模型见图 6-5-1。模型为考虑边界条件影响,将数值模型的宽度设置为 500 m,模型高度根据地质勘察报告取 51.8 m。地基土层共分5 层,分别为厚 2.5 m 的吹填土层、厚 18 m 的淤泥层、厚 34.3 m 的淤泥质黏土层、厚4.7 m 的粗砂层和厚 10.2 m 的全风化花岗岩层。地表铺设 0.2 m 厚碎石垫层,路堤填土高 2.3 m,坡度 1∶1,地基中 PHC 管桩长度为 60 m,管桩顶部桩帽高 0.5 m、宽 1.5 m,管桩直径 0.6 m,桩间距 3.0 m。

6.5.3 单元类型及网格划分

对 PHC 管桩复合地基进行网格划分,地基土、碎石垫层采用二维四节点孔压单元CPE4P 进行模拟,考虑孔压变化;路堤填土、PHC 管桩采用二维四节点平面应变单元CPE4 进行模拟,考虑加载时的应力和应变。对加固区范围内的土体及垫层、桩体网格进

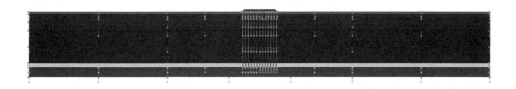

图 6-5-1　PHC 管桩复合地基加固软土地基的数值模型

行加密,加固区外的土体网格逐渐变粗,提高计算效率。PHC 管桩复合地基加固软土地基模型的网格划分情况如图 6-5-2 所示。

图 6-5-2　PHC 管桩复合地基加固软土地基模型的网格划分

6.5.4　荷载条件、边界条件、分析步

荷载条件:对地基土、碎石土垫层、堆载和 PHC 管桩均采用 body force 进行材料重度加载,荷载为材料的自重。

边界条件:PHC 管桩复合地基模型采用水平位移约束,水平位移设置为 0;在模型底部设置竖向位移约束,竖向位移设置为 0;在地基土表面设置排水边界,排水边界孔隙水压力设置为 0,作为水平排水通道。

PHC 管桩复合地基加固软土地基分析共分为 4 个步骤:

步骤一:地基的自重应力平衡计算步,根据土层重度模拟地基中的自重应力场并消除初始位移,还原地基初始状态,计算步时间为 1 s。

步骤二:碎石土垫层施工步,采用生死单元法生成厚为 0.2 m 的碎石土垫层单元,计算步采用 soil 模拟固结过程,计算步时间为 5 d。

步骤三:路堤填筑施工步,采用生死单元法生成厚为 2.3 m 的路堤堆载,计算步类型为 soil 模拟固结过程,计算步时间长度为 20 d。

步骤四:为施工完成后 5 年内的工后沉降及承载情况分析步,模拟施工完成后 5 年内的 PHC 管桩复合地基加固情况,分析工后 5 年内地基的沉降、水平位移、孔隙水压力、桩土应力等,计算步时间为 5 年。

6.5.5　结果分析

6.5.5.1　地基变形与位移

1. 地表沉降

PHC 管桩复合地基法处理软土地基的沉降情况见图 6-5-3。图 6-5-3(a)是地基初始状态,由于通过自重应力平衡产生了定义场,但并未产生相应的沉降,因此这阶段没有沉降存在。图 6-5-3(b)为碎石垫层施工完成后的状态,0.2 m 碎石垫层产生了附加应力,使地基产生相应的沉降,但是由于加固区 PHC 管桩直通持力层承担了荷载作用,因此加固区沉降显著大于周边的沉降,地基沉降以加固区整体下沉为主。整个复合地基产生沉降,沉降量从加固区向周边逐渐递减,但沉降影响范围相对于排水固结法和换填法较小。图 6-5-3(c)为堆载 2.5 m 完成后整个地基的沉降情况。同样,由于管桩对荷载的承担作用,主要是管桩和桩间土沉降量增大,加固区整体沉降量增大,加固区沉降在堆载完成后,沉降从 5 cm 增加到了 70 cm,产生了显著的增加,但是加固区的沉降影响范围并没有显著增大,在加固区外 20 m 的沉降仅为 1 cm。图 6-5-3(d)为 PHC 管桩复合地基施工完成 5 年后的沉降情况,同样管桩的加固范围并没有增大,但是沉降量进一步增加,从 70 cm 增加到了 81 cm,5 年期间增加了 11 cm,沉降量影响范围并没有显著增大,但是在地基深部土体沉降的影响范围逐渐变宽。整体的影响范围变化不大,且对加固区以外土体的沉降影响较小。加固区以外土体的隆起量,从路堤堆载完成时的 11.1 cm 增加到了 12.4 cm,5 年期间增加了 1.4 cm,增加较小。

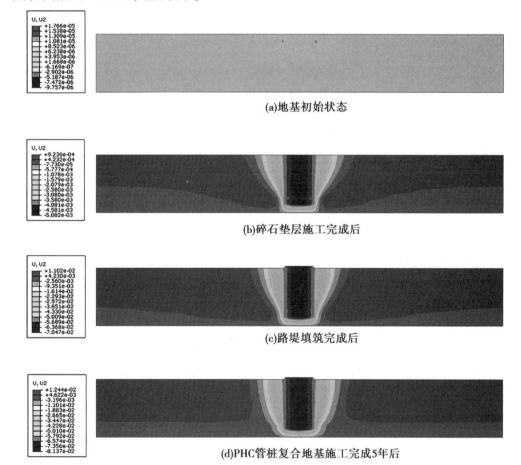

(a)地基初始状态

(b)碎石垫层施工完成后

(c)路堤填筑完成后

(d)PHC管桩复合地基施工完成5年后

图 6-5-3　PHC 管桩复合地基法处理软土地基的沉降

2. 水平位移

图 6-5-4 为 PHC 管桩复合地基法处理软土地基的水平位移情况。图 6-5-4(a)为初始
状态时,地基基本没有水平位移。在图 6-5-4(b)增加了 0.2 m 厚碎石垫层以后,产生了竖
向附加应力,因此在地基底部出现了水平位移。PHC 管桩复合地基的水平位移分布与排
水固结法就是土质改良法并不相同。土质改良法的最大水平位移往往出现在地基土的中
部,在加固区边缘角点以下一定范围的中部区域。而 PHC 管桩复合地基桩体对荷载的承
担作用,荷载全部传递到地基底部,因此在底部加固区边缘出现了最大的水平位移,最大
水平位移量为 3.6 cm。图 6-5-4(c)在路堤填筑完成后,水平位移的趋势并没有变化,但
是水平位移量显著增加,从 3.6 mm 增加到了 3.7 cm。而图 6-5-4(d)在 PHC 管桩复合地
基施工完成 5 年后,由于附加应力在排水固结作用下消散,地基的最大水平位移从
3.7 cm 减小至 3.4 cm,减小了 0.3 cm,表明地基的 PHC 管桩复合地基的排水作用较弱,
对地基的水平位移减小作用较小。

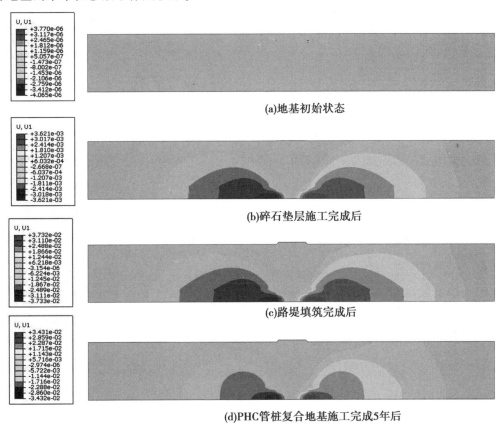

(a)地基初始状态

(b)碎石垫层施工完成后

(c)路堤填筑完成后

(d)PHC管桩复合地基施工完成5年后

图 6-5-4　PHC 管桩复合地基法处理软土地基的水平位移

3. 总位移矢量图

图 6-5-5 为 PHC 管桩复合地基不同阶段的总位移趋势。图 6-5-5(a)为初始状态时,
由于没有明显荷载,地基并未产生变形趋势。在图 6-5-5(b)碎石垫层施工完成之后,整
个地基出现了沉降分布,在管桩加固范围出现了非常显著的竖向位移,而在加固区外一定

区域产生了水平位移趋势,但水平位移量很小,表明了 PHC 管桩复合地基对周边土体的影响较小,相对于排水固结法和换填法影响很小。图 6-5-5(c)和图 6-5-5(d)为路堤填筑完成后及施工完成 5 年后的总位移趋势,可见总位移趋势基本没有变化,在管桩加固范围内产生了较大的竖向位移,在加固区周边较小范围内产生了水平向的膨胀,但加固区对周边土体的影响较小,总位移趋势变化不大。

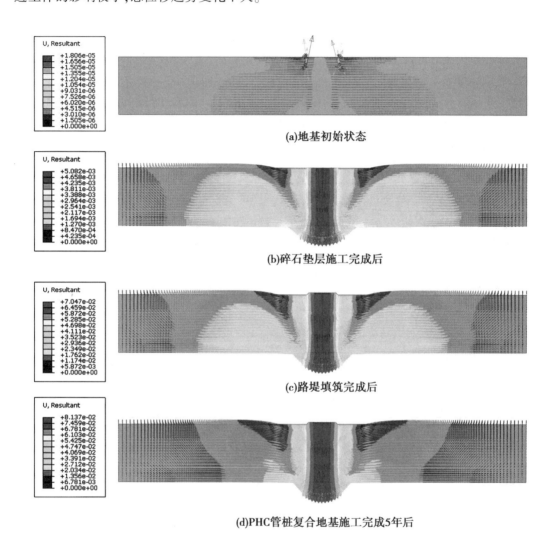

(a)地基初始状态

(b)碎石垫层施工完成后

(c)路堤填筑完成后

(d)PHC管桩复合地基施工完成5年后

图 6-5-5　PHC 管桩复合地基法处理软土地基的总位移趋势

4. 塑性变形

图 6-5-6 为 PHC 管桩复合地基法处理软土地基的塑性变形情况。由于 PHC 管桩复合地基的存在,整个地基的塑性变形出现在加固区边缘处。由于 PHC 管桩为刚性桩,直接将上部垫层受到的荷载传递到底部持力层。因此,在 PHC 管桩加固范围会产生较大的竖向位移,但是管桩周边土体与管桩的相互影响较小,会出现剪切破坏。因此,主要的塑

性变形出现在加固区边缘处,由于管桩的下沉与周边土体出现一个竖向位移差导致的剪切作用产生了塑性变形。

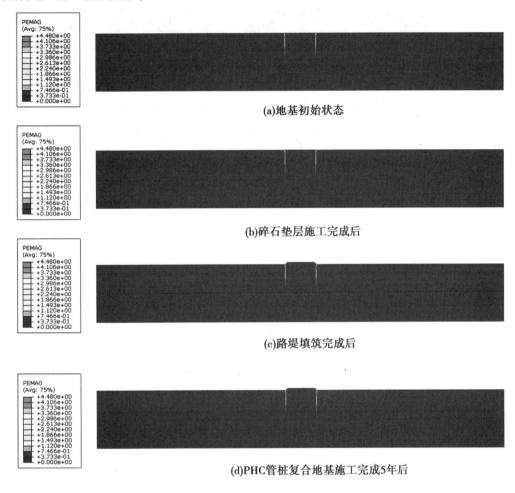

图 6-5-6　PHC 管桩复合地基法处理软土地基的塑性变形

6.5.5.2　地基应力与孔隙水压力

1. Mises 应力

如图 6-5-7 所示为 PHC 管桩复合地基法处理软土地基的 Mises 应力,可见在整个复合地基施工及承载的不同阶段,主要是 PHC 管桩承受了最大的 Mises 应力,最大应力达到了 34.6 MPa。由于 PHC 管桩复合地基为刚性桩复合地基,荷载直接由 PHC 管桩承担,并且在 PHC 管桩群中间会产生群桩效应,中间的 PHC 管桩向下沉降,而两端的边桩受到了弯矩作用产生水平位移趋势,因此在边桩处出现了应力集中情况。由 PHC 管桩复合地基的 Mises 应力分布情况可见,在不同阶段 PHC 管桩复合地基主要是边桩的下部出现了最大的剪切应力,最大剪切应力达到了 33 MPa。这是由于 PHC 管桩属于刚性桩,在上部荷载及群桩效应的影响下,在边桩处产生了最大剪切应力。

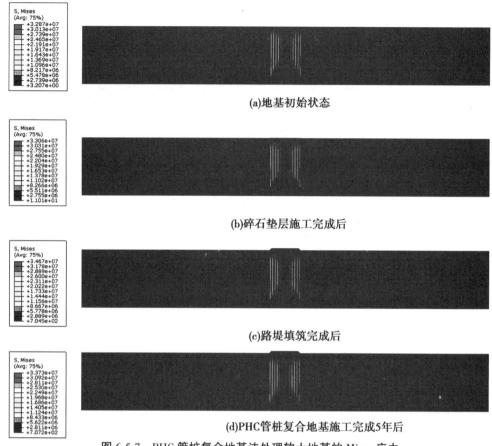

(a)地基初始状态

(b)碎石垫层施工完成后

(c)路堤填筑完成后

(d)PHC管桩复合地基施工完成5年后

图 6-5-7　PHC 管桩复合地基法处理软土地基的 Mises 应力

2. 竖向应力

PHC 管桩复合地基竖向应力见图 6-5-8,在管桩的上部出现了最大竖向应力,上部的边桩处竖向应力最大。这是由于在地基上部路堤堆载的作用下,在管桩上部本体受到的竖向轴力最大,但下部都传递给了下部土层,因此下部桩体的竖向应力相对较小,且不同阶段管桩受到的竖向应力变化不大。

3. 孔隙水压力

图 6-5-9 为 PHC 管桩复合地基在不同阶段地基中孔压的变化情况。在［见图 6-5-9(a)］初始状态中不产生任何超孔隙水压力。而碎石垫层施工完成之后［见图 6-5-9(b)］,在管桩的作用下地基土的下部承受了管桩传递来的附加荷载,因此出现了应力集中,产生了相应的孔隙水压力。在路基填筑后,随着路基填筑完成以及工后一段时期的排水固结作用,底部的孔隙水压力逐渐增大,且随着 5 年的固结作用,孔隙水压力逐渐增加。由于 PHC 管桩是刚性桩,且不透水,PHC 管桩将上部荷载传递到底部土体和持力层以后,会在底部形成应力集中,使底部的孔隙水压力出现局部增加,但是由于没有排水通道,只能是随着时间的增长,排水固结作用逐渐增大,导致底部土体孔隙水压力消散的速率非常缓慢,因此形成了这样的孔隙水压力分布。工后 5 年,桩端处土体的孔隙水压力从路堤堆载完成时的 8.2 kPa 减小至 1.0 kPa,孔隙水压力消散速率较慢。

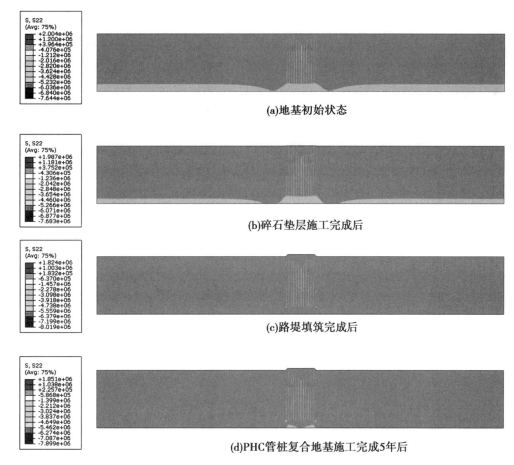

(a)地基初始状态

(b)碎石垫层施工完成后

(c)路堤填筑完成后

(d)PHC管桩复合地基施工完成5年后

图 6-5-8　PHC 管桩复合地基法处理软土地基的竖向应力

6.5.5.3　地基应力应变的历时特性

1. 沉降-时间曲线

图 6-5-10 为 PHC 管桩复合地基法处理软土地基路基中心、地表的沉降-时间曲线。可见,在初期阶段,随着路堤堆载的施加,沉降迅速增大,此时地基的变形主要为弹性变形。之后随着时间的增长,表层土体固结沉降,表现为弧线发展趋势,当表层土体固结完成之后,深部土体由于没有排水通道,排水固结速率很慢,因此在施工完成之后很长的一段时间之内,并未出现显著的沉降增大情况,表明 PHC 管桩复合地基加固软土地基的工后沉降很小,满足工后沉降的设计要求。

2. 分层沉降-时间曲线

图 6-5-11 为 PHC 管桩复合地基法处理软土地基路基中心的分层沉降-时间曲线,由于 PHC 管桩的存在,主要荷载都由 PHC 管桩承担,地基土承担的荷载很小,几乎不产生什么压缩变形。加固区土体的变形沉降,主要是由于 PHC 管桩复合地基带动了整个加固区的整体沉降,层间土体由于荷载作用很小,并未产生显著的压缩变形,不同深度处土体的沉降变形基本相同。

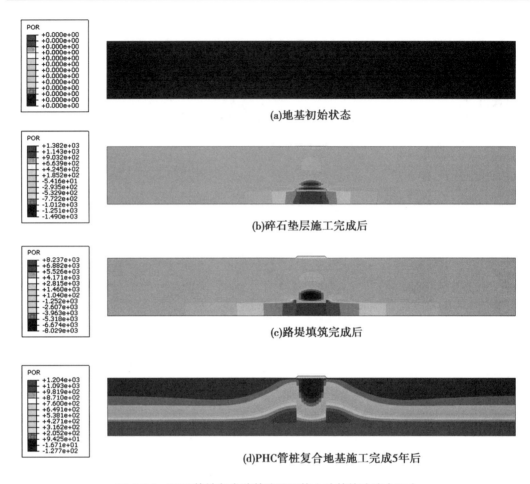

(a)地基初始状态

(b)碎石垫层施工完成后

(c)路堤填筑完成后

(d)PHC管桩复合地基施工完成5年后

图 6-5-9　PHC 管桩复合地基法处理软土地基的孔隙水压力

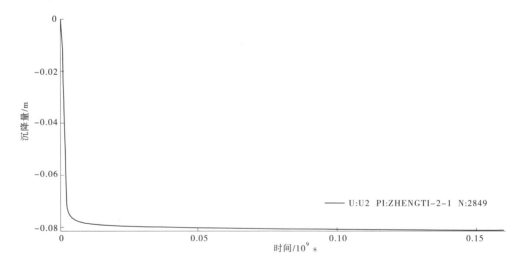

图 6-5-10　PHC 管桩复合地基法处理软土地基路基中心、地表的沉降-时间曲线

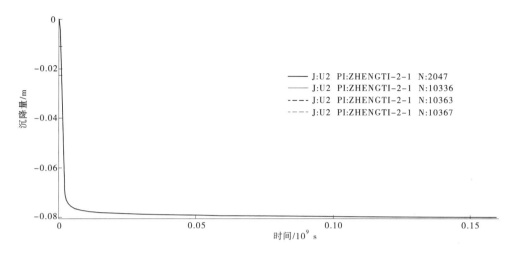

图 6-5-11　PHC 管桩复合地基法处理软土地基路基中心的分层沉降-时间曲线

[节点编号及埋深:N2047(0 m);N10363(8.5 m);N10367(16.5 m);N10336(25.3 m)]

3. 孔隙水压力-时间曲线

图 6-5-12 为 PHC 管桩复合地基法处理软土地基路基中心的孔隙水压力-时间曲线。由于 PHC 管桩是不透水桩,并且它将荷载全部传递到终端的持力层处,因此上部土体不同深度处受到的荷载较小,产生的超孔隙水压力相对较小,并且由于没有排水通道,孔隙水压力消散缓慢,只能凭土体自身的渗透性来决定。因此,随着时间的增长,地基底部土体的超孔隙水压力缓慢消散,但消散到一定程度之后逐渐稳定。

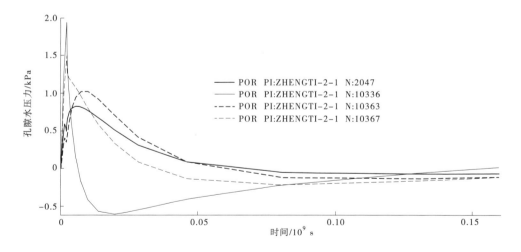

图 6-5-12　PHC 管桩复合地基法处理软土地基路基中心的孔隙水压力-时间曲线

[节点编号及埋深:N2047(0 m);N10363(8.5 m);N10367(16.5 m);N10336(25.3 m)]

4. 水平位移-时间曲线

图 6-5-13 为 PHC 管桩复合地基法处理软土地基路基坡脚的水平位移-时间曲线,由于刚性桩的承载特性,在荷载作用下主要是向下产生竖向位移,不同深度土体产生的水平

位移均较小,且变化较一致。在堆载初期,水平位移迅速增加,之后随着荷载的增大,水平位移趋势逐渐稳定,并且在 5 年的工后固结阶段,基本没有明显变化,这是由刚性桩复合地基的承载特性决定的。

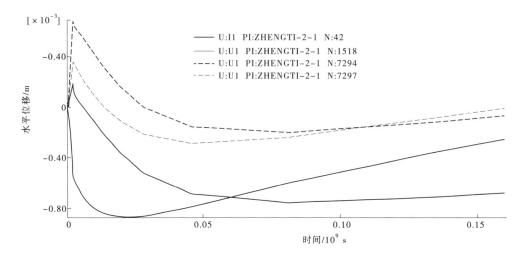

图 6-5-13　PHC 管桩复合地基法处理软土地基路基坡脚的水平位移-时间曲线

[节点编号及埋深:N42(0 m);N7294(6.5 m);N7297(12.5 m);N1518(20.5 m)]

6.5.5.4　桩体应力与应变

1. 桩体沉降

图 6-5-14 为 PHC 管桩桩体沉降的分布情况,可见 PHC 管桩同样存在群桩效应,中心部分的桩体沉降较大,达到了 8.02 cm,而边桩沉降较小,沉降为 6.11 cm,两者有约 2 cm 的差值。不同部位桩体的沉降差会在桩体之间产生剪切作用。

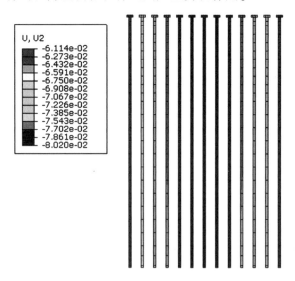

图 6-5-14　PHC 管桩的桩体沉降

2. 桩体水平位移

图 6-5-15 为 PHC 管桩桩体的水平位移分布情况,能看到上部桩体水平位移基本一致,主要在各桩桩体的端部及边桩部分产生最大的水平位移,向加固区外侧弯曲变形。这是由于受到了加固区中部土体沉降的挤压作用,群桩向加固区两侧发生膨胀作用,产生向外的水平位移。

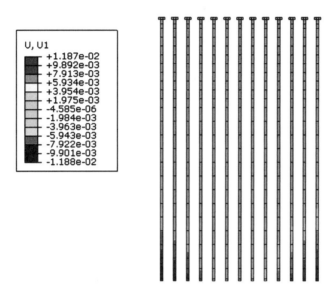

图 6-5-15　PHC 管桩桩体的水平位移分布情况

3. 桩体水平位移矢量图

图 6-5-16 为 PHC 管桩桩体的水平位移趋势,能看到水平位移趋势显示桩体在底部加固区外侧出现最大水平位移,然后自下而上逐渐减小。

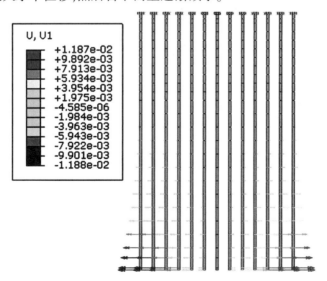

图 6-5-16　PHC 管桩桩体的水平位移趋势

4. 桩体总位移矢量图

图 6-5-17 为 PHC 管桩桩体的总位移趋势,在端部荷载的作用下,群桩中部沉降,而两侧边桩端部在中部土体和桩体的挤压膨胀作用下产生弯矩,从加固体底部向外侧出现弯曲变形,边桩受到弯矩作用,因此产生了最大的水平位移。

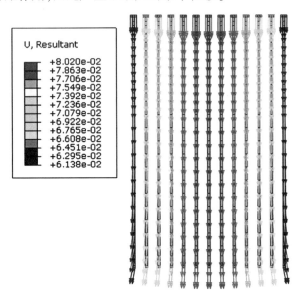

图 6-5-17　PHC 管桩桩体的总位移趋势

5. 桩体 Mises 应力

图 6-5-18 是 PHC 管桩桩体的 Mises 应力。由桩体的位移可知,在边桩的下部出现最大的剪切应力,这是边桩受到弯矩作用产生剪切变形导致的,边桩受到最大的弯矩,产生最大的剪切应力,出现了最大的 Mises 应力。

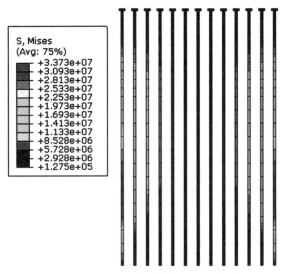

图 6-5-18　PHC 管桩桩体的 Mises 应力

6. 桩体应变

PHC 管桩桩体的应变（见图 6-5-19）显示,在桩体的端部产生了最大的应变,以及在桩体的下部最大剪切应力处产生了最大应变。下部桩体的变形,是边桩下端受到弯矩作用产生剪切应力导致的。而桩体顶部出现的最大变形,是桩体受到上部持力层传递荷载产生竖向压缩导致的。

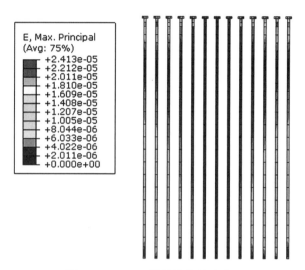

图 6-5-19　PHC 管桩桩体的应变

6.5.5.5　桩土应力比

表 6-5-2 为 PHC 管桩复合地基的桩土应力特征。边桩处的最大应力达到了20.2 MPa,而土体应力仅为 46.9 kPa,两者桩土应力比达到了 430.70,表明 PHC 管桩为刚性桩,土体基本不受荷载作用。而在中心桩中部,桩体应力为 1.14 MPa,中心桩底部桩体应力为 1.21 MPa,中心桩中部土体应力为 25.6 kPa,中心桩底部土体应力为 283 kPa,中心桩中部桩土应力比为 44.53,底部桩土应力比为 4.28。由此表明,边桩受到的荷载最大,而中心桩受到的荷载最小,且中心桩桩体中部受到的应力要小于底部受到的应力,底部土体由于桩体传递应力的作用,在桩底持力层处土体产生应力集中,使底部土体出现较大的应力,桩土应力比自上而下逐渐减小。桩土应力比的分布特性,表明 PHC 管桩复合地基呈现了刚性桩复合地基的承载特征。

表 6-5-2　PHC 管桩复合地基的桩土应力特征

位置	桩应力/Pa	土体应力/Pa	应力比
边桩	2.02×10^7	4.69×10^4	430.70
中心桩(中部)	1.14×10^6	2.56×10^4	44.53
中心桩(底部)	1.21×10^6	2.83×10^5	4.28

6.6　本章小结

(1)加固区 PHC 管桩直通持力层承担了荷载作用,因此加固区沉降量显著大于周边的沉降量,地基沉降以加固区整体下沉为主,但沉降影响范围相对于排水固结法和换填法较小。

(2)PHC 管桩复合地基的水平位移分布与排水固结法(就是土质改良法)并不相同。土质改良法的最大水平位移往往出现在地基土的中部,在加固区边缘角点以下一定范围的中部区域。而 PHC 管桩复合地基桩体对荷载的承担作用,荷载全部传递到地基底部。

(3)PHC 管桩复合地基总位移趋势基本没有变化,在管桩加固范围内产生了较大的竖向位移,在加固区周边较小范围内产生了水平向的膨胀,但加固区对周边土体的影响较小,总位移趋势变化不大。

(4)PHC 管桩复合地基的存在,整个地基的塑性变形出现在加固区边缘处。PHC 管桩为刚性桩,直接将上部垫层受到的荷载传递到底部持力层。PHC 管桩加固范围会产生较大的竖向位移,但是管桩周边土体与管桩的相互影响较小,会出现剪切破坏,主要的塑性变形出现在加固区边缘处,管桩的下沉与周边土体出现一个竖向位移差导致剪切作用产生了塑性变形。

(5)PHC 管桩复合地基主要是边桩的下部出现了最大的剪切应力,由于 PHC 管桩属于刚性桩,在上部荷载及群桩效应的影响下,在边桩处产生了最大剪切应力。

(6)在地基上部路堤堆载的作用下,管桩上部本体受到的竖向轴力最大,但都传递给了下部土层,因此下部桩体的竖向应力相对较小,且不同阶段管桩受到的竖向应力变化不大。

(7)PHC 管桩复合地基加固软土地基的工后沉降很小,满足工后沉降的设计要求。

(8)PHC 管桩复合地基带动了整个加固区的整体沉降,层间土体由于荷载作用很小,并未产生显著的压缩变形,不同深度处土体的沉降变形量基本相同。

(9)PHC 管桩是不透水桩,并且它将荷载全部传递到终端的持力层处,因此上部土体不同深度处受到的荷载较小,产生的超孔隙水压力相对较小,并且由于没有排水通道,孔隙水压力消散缓慢,只能凭土体自身的渗透性来确定。

(10)PHC 管桩复合地基水平位移由于刚性桩的承载特性,在荷载作用下主要是向下产生竖向位移,不同深度土体产生的水平位移均较小,且变化较一致。

(11)不同部位桩体的沉降差会在桩体之间产生剪切作用。

(12)加固区中部土体沉降的挤压作用,导致 PHC 群桩向加固区两侧发生膨胀作用,产生向外的水平位移。

(13)PHC 管桩桩体的水平位移趋势显示桩体在底部加固区外侧出现最大水平位移,然后自下而上逐渐减小。

(14)在 PHC 群桩端部荷载的作用下,群桩中部沉降,而两侧边桩端部在中部土体和桩体的挤压膨胀作用下产生弯矩,从加固体底部向外侧出现弯曲变形,边桩受到弯矩作用,因此产生了最大的水平位移。

(15)边桩受到弯矩作用产生剪切变形,边桩受到最大的弯矩,产生最大的剪切应力,出现了最大的 Mises 应力。

(16)PHC 管桩为刚性桩,土体基本不受荷载作用。边桩受到的荷载最大,而中心桩受到的荷载最小,且中心桩桩体中部受到的应力要小于底部受到的应力,底部土体由于桩体传递应力的作用,在桩底持力层处土体产生应力集中,使底部土体出现较大的应力,桩土应力比自上而下逐渐减小。

第 7 章　素混凝土桩复合地基法

7.1　素混凝土桩复合地基法概述

复合地基是指天然地基在地基处理过程中,部分土体得到增强,或被置换,或在天然地基中设置加筋体,由天然地基土体和增强体两部分组成,共同承担荷载的人工地基。复合地基一般由两种或两种以上刚度不同的材料(增强体和桩间土)组成。在相对刚性基础下两者共同分担上部荷载并协调变形。复合地基与上部结构的基础一般通过碎石或砂土垫层来过渡,而不是直接接触。

按照桩增强体料强度,复合地基中的增强体又可分为:

(1)完全柔性。桩身由散体材料组成,桩身强度低,主要包括碎石桩、砂桩和矿渣桩等。

(2)柔性桩。桩身强度小于 1 MPa,变形模量小于 200 MPa,主要包括土桩、灰土桩、石灰桩和强度较低的水泥土桩。

(3)半刚性桩。桩身强度在 1~10 MPa,变形模量在 200~1 000 MPa,主要包括强度较高的水泥土桩。

(4)刚性桩。桩身强度大于 10 MPa,变形模量大于 10 000 MPa,主要包括 CFG 桩和各种混凝土桩。

我国现行规范《复合地基技术规范》(GB/T 50783—2012)和《建筑地基处理技术规范》(JGJ 79—2012)根据增强体材料性质和荷载传递机制,将复合地基分为散体材料桩复合地基、柔性桩复合地基和刚性桩复合地基三类。

素混凝土桩复合地基由素混凝土桩、桩间土及上部的褥垫层共同组成,如图 7-1-1 所示。

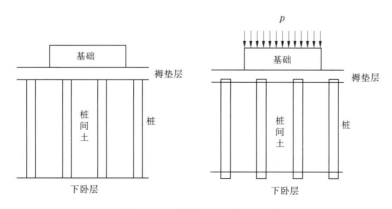

图 7-1-1　素混凝土桩复合地基

由素混凝土组成的桩作为增强体,桩顶与基础之间设置褥垫层将上部结构的荷载传递给桩和桩间土。素混凝土桩是一种高黏结强度刚性桩,将上部结构的荷载传递到深层土体中,桩端持力层较好时,可以发挥端阻作用,桩与桩间土共同承担上部荷载。相比散体桩复合地基和柔性桩复合地基,素混凝土桩能有效提高地基的承载力,满足地基强度、变形及稳定性的要求。素混凝土桩复合地基具有以下特点:

(1)承载力较高,经素混凝土桩处理后的复合地基承载力具有极大的提升,可以从 $60 \sim 260$ kPa 提高到 $160 \sim 550$ kPa,素混凝土桩身强度高,桩身全长可发挥侧阻,桩端土承载力较高时,桩端也可以承担较大荷载,可将荷载向深处传递,适用于承载力较低的地基。

(2)沉降较小,素混凝土桩复合地基沉降量一般在 $10 \sim 40$ mm,可减小建筑物不均匀沉降,满足建筑物的变形要求,适用于变形较大的地基。

(3)造价低、工期短,素混凝土桩复合地基造价及施工工期约为其他类型桩基的 $2/3$,因此素混凝土桩复合地基比其他类型的桩基更经济。

(4)适用性广,素混凝土桩复合地基适用于条基、独立基础、箱基、筏基等多种基础形式,适用于黏土、砂土、粉土等软弱地基及冲洪积土、坡积土、残积土等硬土层的地基处理。

素混凝土桩复合地基常用的成桩工艺有长螺旋钻孔灌注成桩、振动沉管灌注成桩、长螺旋钻孔管内泵压混凝土成桩等,因此素混凝土桩复合地基具有施工速度快、造价低、质量易保证、适用性广等优点。

康景文、田强通过现场试验、室内试验及测试,获取成都地区泥质软岩的工程特性及工程利用条件,对不同风化程度软岩的工程特性进行了对比分类,为成都地区超高层建筑基础工程提供了参考依据,同时根据软岩大直径混凝土桩桩身轴力测试得出大直径素混凝土桩复合地基机制与一般刚性桩复合地基承载机制相似。阎明礼、杨军、吴春林等在模型试验中通过调节桩长和褥垫层厚度,系统地分析了两者对复合地基桩土分担比及复合地基变形场的影响,结果能为复合地基理论研究提供参考。谭建忠结合成都软岩地区工点,描述了大直径素混凝土桩复合地基的设计、施工、桩身监测、承载力与沉降试验及验收过程,具有工程参考价值。王丽娟通过 4 个软岩场地大直径素混凝土桩复合地基进行现场原位监测,获取桩身轴力及负摩阻力分布、桩-土应力比等的变化规律,并提出基于桩-土协调变形的复合地基计算方法。章学良以成都市柏仕公馆项目进行现场原位监测试验,得出素混凝土组合桩桩身轴力、桩间土压力、桩-土应力比的变化规律,采用 ABAQUS 有限元软件对影响桩土共同作用的因素进行分析,得出桩长与褥垫层参数适用于该类场地的取值范围。胥彦斌、钟静、胡熠通过软岩场复合地基承载特性现场试验,得到软岩最大承载力在采用大直径素混凝土桩复合地基时可达 540 kPa,说明该类复合地基充分利用桩间土承载,经济效益高。张尚东、娄国充、刘俊彦通过现场试验,对 CFG 桩复合地基荷载作用下加固机制和桩、土受力特性进行了研究,据此提出 CFG 桩复合地基承载力计算方法,并根据现场试验数据验证,该计算方法可行。张晶、李斌等通过现场试验结合复合地基静载试验结果,得到刚性桩复合地基承载特性,并对桩体、桩间土以及桩-土复合增强体承载能力进行对比分析,得到刚性桩在承载后期强度增幅较大的结论。韩云山、白晓红、梁仁旺通过调节褥垫层材料和厚度进行 CFG 桩复合地基静载试验对比,得到褥垫层不同参数下桩-土应力比、整体沉降变形的规律。窦远明根据模型试验数据、有限元分析成果,提出复合桩基减沉的简化计算方法,认为复合桩基在桩端持力厚度较大且无软弱下卧层时,单桩承载力可取 $0.9P$(P 为桩顶竖向应力)计算。刘东林、郑刚对通过现场缩尺(1:10)模型试验,对带上部结构的复合地基与复合桩基进行荷载试验,分析了筏板沉降、差异沉降、筏板下桩土反力、桩身轴力及侧摩阻力分布,以及桩-土荷载分担比,研究了两种基础形式工作性状的特点与差异。李应保结合上海某高层住宅工程实例,对复合桩基承载机制和变性特征进行了研究,同时提出一种摩擦端承桩复合桩基设计方法,并应用于工程实践,取得良好的经济效益。金菊顺、肖立凡通过大量工程实例,分析了低承台复合桩基在竖向荷载作用下承台分担荷载作用、承台底部土体强度和承台尺寸,以及桩长对荷载分担作用的影响,得出承台不仅本身可承载,且承台效应可提高桩基承载力。

7.2　素混凝土桩复合地基法的加固机制

素混凝土桩复合地基的作用机制从以下三个方面进行展开:

(1)桩体作用。素混凝土桩是具有一定强度的刚性桩,它的模量和强度均比桩间土大,因此桩的变形要比桩间土小,基础传给复合地基的应力更多由桩身承担,逐渐向深处的土层传递。随着地基的变形,桩间土承担的荷载逐渐减少,集中到桩体上,产生应力集中现象。素混凝土桩体在荷载作用下,桩身全长发挥侧摩阻力,同时桩端土承载力较好时,桩端阻力也能较好发挥,上部荷载通过桩侧和桩端逐渐传递到深层地基,承载力得到较大提升。

(2)约束作用。素混凝土桩复合地基在上部荷载作用下,桩身对于桩间土侧向变形具有约束作用,桩间土侧向变形受到约束后,竖向变形就减小,因此复合地基抵抗竖向变形的能力就得到加强。

(3)褥垫层作用。褥垫层一般由级配碎石、粗砂、碎石等散体材料组成,可以调整地基的压缩变形、协调桩土共同作用承担上部荷载。褥垫层将上部荷载传递到桩和桩间土上,桩的压缩变形比桩间土小,桩体在竖向荷载的作用下向上刺入褥垫层,向下刺入下卧层,褥垫层始终与桩间土表面接触,将上部荷载传递给桩间土,使得桩间土的承载力得到有效发挥,同时褥垫层保证桩土共同承担上部荷载,使得桩体承担的荷载减小,减轻了基础底面应力集中的现象。通过改变褥垫层的厚度可以调整桩与桩间土承担上部荷载的比例,褥垫层厚度越小,桩承担的荷载越大,比例越大,褥垫层厚度越大,桩间土承担的荷载比例越大。

7.3　复合地基勘察要点

根据初步勘察或附近场地地质资料和地基处理经验初步确定采用复合地基处理方案的场地,进一步勘察前应搜集附近场地的地质资料及地基处理经验,并结合工程特点和设计要求,明确勘察任务和重点。

控制性勘探孔的深度应满足复合地基沉降计算的要求;需验算地基稳定性时勘探孔布置和勘察孔深度应满足稳定性验算的需要。

拟采用复合地基的场地,其岩土工程勘察应包括下列内容:

(1)查明场地地形、地貌和周边环境,并评价地基处理对附近建(构)筑物、管线等的影响。

(2)查明勘探深度内土的种类、成因类型、沉积时代及土层空间分布。

(3)查明大粒径块石、地下洞穴、植物残体、管线、障碍物等可能影响复合地基中增强体施工的因素,对地基处理工程有影响的多层含水层应分层测定其水位,软弱黏性土层宜根据地区土质,查明其灵敏度。

(4)应查明拟采用的复合地基中增强体的侧摩阻力、端阻力及土的压缩曲线和压缩模量,对柔性桩(墩)应查明未经修正的桩端土地基承载力;对软黏土地基应查明土体的固结系数。

(5)对需要进行稳定分析的复合地基应查明黏性土层土体的抗剪强度指标及土体不排水抗剪强度。

(6)复合地基中增强体施工对加固区土体挤密或扰动程度较高时,宜测定增强体施工后加固区土体的压缩性指标和抗剪强度指标。

(7)路堤、堤坝、堆场工程的复合地基应查明填料或堆料的种类、重度、直接快剪强度指标等。

(8)除以上需要查明的内容外,尚应根据拟采用复合地基中增强体类型按表7-3-1的要求查明地质参数。

表 7-3-1　不同增强体类型需查明的参数

增强体类型	需查明的参数
深层搅拌桩	含水率、pH、有机质含量、地下水和土的腐蚀性、黏性土的塑性指数和超固结度
高压旋喷桩	pH、有机质含量、地下水和土的腐蚀性、黏性土的超固结度
灰土挤密桩	地下水位、含水率、饱和度、干密度、最大干密度、最优含水率、湿陷性黄土的湿陷性类别、(自重)湿陷系数、湿陷起始压力及场地湿陷性评价,其他湿陷性土的湿陷程度、地基的湿陷等级
夯实水泥土桩	地下水位、含水率、pH、有机质含量、地下水和土的腐蚀性、用于湿陷性地基时参考灰土挤密桩
石灰桩	地下水位、含水率、塑性指数
挤密砂石桩	砂土、粉土的黏粒含量,液化评价,天然孔隙比,最大孔隙比,最小孔隙比,标准贯入击数
置换砂石桩	软黏土的含水率、不排水抗剪强度、灵敏度
强夯置换墩	软黏土的含水率、不排水抗剪强度、灵敏度、标准贯入或动力触探击数、液化评价
刚性桩	地下水和土的腐蚀性、不排水抗剪强度、软黏土的超固结度、灌注桩尚应测定软黏土的含水率

7.4　素混凝土桩复合地基法的设计计算方法

设计时应根据上部结构对地基处理的要求、工程地质和水文地质条件、工期、地区经验和环境保护要求等,提出技术上可行的方案,经过技术经济比较,选用合理的复合地基形式。复合地基设计应进行承载力和沉降计算,其中用于填土路堤和柔性面层堆场等工程的复合地基除应进行承载力和沉降计算外,尚应进行稳定分析;对位于坡地、岸边的复合地基均应进行稳定分析。

在复合地基设计中,应根据各类复合地基的荷载传递特性,保证复合地基中桩体和桩间土在荷载作用下能够共同承担荷载。复合地基应按上部结构、基础和地基共同作用的原理进行设计。对工后沉降控制较严的复合地基应按沉降控制的原则进行设计。

复合地基设计应符合下列规定:

(1)应根据建筑物的结构类型、荷载大小及使用要求,结合工程地质和水文地质条件、基础形式、施工条件、工期要求及环境条件进行综合分析,并进行技术经济比较,选用一种或几种可行的复合地基方案。

(2)对大型和重要工程,应对已经选用的复合地基方案,在有代表性的场地上进行相应的现场试验或试验性施工,检验设计参数和处理效果,通过分析比较选择和优化设计方案。

(3)在施工过程中应进行监测,当监测结果未达到设计要求时,应及时查明原因,修改设计或采用其他必要措施。

岩土问题分析应详细了解场地工程地质和水文地质条件,了解土层形成年代和成因,掌握土的工程性质,运用土力学基本概念,结合工程经验进行计算分析。由于岩土工程分析中计算条件的模糊性和信息的不完全性,单纯力学计算不能解决实际问题,需要岩土工程师在计算分析结果和工程经验类比的基础上综合判断,所以复合地基设计注重概念设计。复合地基设计应在充分了解功能要求和掌握必要资料的基础上,通过设计条件的概化,先定性分析,再定量分析,从技术方法的适宜性和有效性、施工的可操作性、质量的可控制性、环境限制和可能产生的负面影响,以及经济性等多方面进行论证,然后选择一个或几个方案,进行必要的计算和验算,通过比较分析,逐步完善设计。

复合地基承载力与天然地基承载力的概念相同,代表地基能承受外界荷载的能力。确定复合地基承载力有两种方法,一种是采用理论公式计算得到,另外一种是通过现场试验得到。在进行复合地基方案初步设计时,需要采用理论计算公式来得到复合地基承载力的计算值;而在进行复合地基详细设计及检验复合地基效果时,则必须通过现场试验来确定复合地基承载力实际值。

复合地基承载力计算采用复合求和法,就是将复合地基的承载力视为桩体承载力与桩间土承载力之和。在这个理论的基础上,又具体有两种计算方法,即应力复合法和变形复合法。这两种方法分别对应于不同类型的复合地基。应力复合法针对的是散体材料增强体复合地基;变形复合法针对的是黏结强度增强体复合地基。

应力复合法认为复合地基在达到其承载力的时候,复合地基中的增强体与桩间土也同时达到各自的承载力,各自的承载力发挥系数均为1.0。变形复合法认为复合地基在达到其承载力的时候,复合地基中的增强体与桩间土并不同时达到各自的承载力,在变形协调条件下,增强体属于低应变材料,在地基沉降较小时就可以充分发挥其承载力;而桩间土属于大应变材料,只有发生较大变形时才能发挥其承载力。因此,复合地基中的增强体与桩间土存在一个发挥系数。

需要特别注意的是,采用应力复合法得到的复合地基承载力总是要大于天然地基的承载力的,但采用变形复合法时,如桩间土的发挥系数过小,就有可能会得到复合地基承载力小于天然地基承载力的结果。出现这种情况是不合理的,工程实际中应该通过合理措施(如铺设褥垫层)使土的承载力最大程度发挥。因此,在采用变形复合法设计复合地基时,应通过合理的设计,保证桩间土的承载力充分发挥,从而使设计方案更加优化。

7.5　检测与监测

地基处理工程的验收检验应在分析工程的岩土工程勘察报告、地基基础设计及地基处理设计资料,了解施工工艺和施工中出现的异常情况等后,根据地基处理的目的,制订检验方案,选择检验方法。当采用一种检验方法的检测结果具有不确定性时,应采用其他检验方法进行验证。检验数量应根据场地复杂程度、建筑物的重要性及地基处理施工技术的可靠性确定,满足处理地基的评价要求。在满足规范各种处理地基的检验数量,但检验结果不满足设计要求时,应分析原因,提出处理措施。对重要的部位,必要时应增加检验数量。不同基础形式,对检验数量和检验位置的要求应有不同。每个独立基础、条形基础应有检验点;满堂基础一般应均匀布置检验点。对检验结果的评价也应视不同基础部位及其不满足设计要求时的后果给予不同的评价。

验收检验的抽检位置应按下列要求综合确定:抽检点宜随机、均匀和有代表性地分布;设计认为的重要部位;局部岩土特性复杂,可能影响施工质量的部位;施工出现异常情况的部位。

地基处理工程应进行施工全过程的监测。施工中,应有专人或专门机构负责监测工作,随时检查施工记录和计量记录,并按照规定的施工工艺对工序进行质量评定。

堆载预压工程,在加载过程中应进行竖向变形量、水平位移及孔隙水压力等项目的监测。真空预压应进行膜下真空度、地下水位、地面变形、深层竖向变形、孔隙水压力等监测。真空预压加固区周边有建筑物时,还应进行深层侧向位移和地表边桩位移监测。

强夯施工应进行夯击次数、夯沉量、降起量、孔隙水压力等项目的监测,强夯置换施工尚应进行置换深度的监测。当夯实、挤密、旋喷桩、水泥粉煤灰碎石桩、柱锤冲扩桩、注浆等方法施工可能对周边环境及建筑物产生不良影响时,应对施工过程的振动、孔隙水压力、噪声、地下管线、建筑物变形进行监测。

大面积填土、填海等地基处理工程,应对地面变形进行长期监测;施工过程中还应对土体位移、孔隙水压力等进行监测。

地基处理工程施工对周边环境有影响时,应进行邻近建(构)筑物竖向及水平位移监测、邻近地下管线监测及邻近地面变形监测。处理地基上的建筑物应在施工期间及使用期间进行沉降观测,直至沉降达到稳定标准。

7.6　素混凝土桩复合地基法的施工方法

施工流程如下:测量放点→对位→成孔→泵压混凝土灌注成桩→养护→清土→铺褥垫层。

7.6.1　操作工艺

应考虑隔排隔桩跳打,新打桩与已打桩间隔时间不应少于 7 d。螺旋钻机就位时,必须保持平衡稳固,不发生倾斜、位移,为准确控制钻孔深度应在机架上或机管上做出控制的标尺,以便在施工中进行观测、记录;对满堂布桩基础,桩位偏差不应大于 40% 桩径。

施工时,桩顶标高应高出设计标高,高出长度应根据桩距、布桩形式、现场地质条件和施打顺序等综合确定,一般不应小于 0.5 m。成桩过程中,抽样做成试块,每台机械一天应做一组(3 块)试块,标准养护,测定其立方体 28 d 抗压强度。长螺旋钻孔、管内泵压混合料成桩施工在钻至设计深度后,应准确掌握提拔钻杆时间,泵送量应与拔管速度相配合,遇到饱和砂土或饱和粉土层,不得停泵待料,雨季施工应严格控制材料含水率和坍落度,同时做好现场排水工作,防止早期浸泡,降低桩体强度。

7.6.2　施工注意事项

施工时,必须保证桩径和深度达到图纸规定的要求,螺旋成孔后,要注意协调及时灌注混凝土,实测、验证桩体混凝土灌注量不得少于理论计算量,杜绝缩颈、断桩现象。工程开工前,应做工艺试桩,以确定合理的工艺,并保证设计参数,必要时要做荷载试验桩。

季节施工要有防水措施,特别是未浇灌完的材料,在地面堆放或在混凝土罐车中的时间过长,达到了初凝,应重新搅拌或罐车加速回转再用。施工前场地要平整压实(一般要求地面承载力为 100~150 kN/m²),若雨期施工,地面较软,可铺垫一定厚度的砂卵石、碎石、灰土,以保证成桩偏斜达到设计深度和要求。

选择合理的打桩顺序,如连续施打,间隔跳打,视土性和桩距全面考虑。满堂布桩不得从四周向内推进施工,而应采取从中心向外推进或从一边向另一边推进的方案。

清土和截桩时,不得造成桩顶标高以下桩身断裂和扰动桩间土。

褥垫层铺设宜采用静力压实法,当基础底面下桩间土的含水率较小时,也可采用动力夯实法,夯填度(夯实后的褥垫层厚度与虚铺厚度的比值)不得大于 0.9。

7.7　工程案例

7.7.1　工程概况

项目主要由市政道路、金岛大桥及下穿式隧道三大部分组成。道路配套工程含桥梁,下穿隧道,给水工程,雨、污排水工程,电缆沟工程,预留沟工程,电力工程,通信工程,市政照明工程,交通设施,安检设施,绿化等。项目工程位置如图 7-7-1 所示。

图 7-7-1　项目工程位置

7.7.2　工程地质条件

7.7.2.1　地形地貌

场地地貌属山前海积平原,勘察期间大部分场地填土整平,地形总体平坦、开阔。

7.7.2.2　气候

珠海市地处珠江口西岸,濒临广阔的南海,属典型的南亚热带海洋性季风气候,终年气温较高,4—9 月盛行东南季风,为雨季,降水量占全年的 85%,10 月至翌年 3 月盛行东北季风,为旱季。

7.7.2.3　地质条件

勘察资料显示,场地原始地貌单元为滨海堆积地貌。按地质年代和成因类型来划分,岩土层分为以下几层。

1.人工填土层(Q_4^{ml})

(1)填筑土层①$_1$。

(2)吹填土层①$_2$。

2.海陆交互相沉积层(Q_4^{mc})

(1)淤泥层②$_1$。

(2)淤泥质土层②$_2$。

(3)粉质黏土层②$_3$。

(4)粗砂层②$_4$。

3. 残积层(Q^{el})

砂质黏性土③。

4. 燕山三期花岗岩

(1)全风化花岗岩层$④_1$。

(2)强风化花岗岩层$④_2$。

(3)中风化花岗岩层$④_3$。

(4)微风化花岗岩层$④_3$。

5. 砂岩(D)

(1)强风化砂岩层$⑤_1$。

(2)微风化砂岩层$⑤_2$。

7.7.2.4　水文条件

拟建场地地下水主要有两种赋存方式:一是第四系土层孔隙水;二是基岩裂隙水,它们都与海水有较大的水力联系。

场区对勘探路线有影响的地下水主要为潜水,潜水主要赋存于①层填土中,富水性较弱至中等,主要接受大气降水和地表水的补给。勘探期间测量的地下潜水稳定水位为0.15~1.92 m,静止水位最高高程3.04 m,最低高程0.18 m,平均高程2.33 m。水位变化因气候、季节而异,且受潮水影响较大,潮涨时水位上升,潮落时水位随之下降,水位不太稳定。

7.7.2.5　不良地质与特殊性岩土

场地地貌类型为山前海积平原;本次钻探场地内未揭露有断裂破碎带,属构造基本稳定区;场地所处区域近年属弱震区,发生强震的可能性小;场地范围除揭露厚层淤泥软土外,未发现其他不良地质现象。场地采取适当工程措施后适宜道路建设。

7.7.3　素混凝土桩复合地基

湖滨路东段、白龙路、丹凤四路、巡逻道西段与机场东路的几个交叉口处设置复合桩基进行软基处理,素混凝土桩复合地基处理路段纵断面图见图7-7-2,地基处理设计方案见图7-7-3。

(1)湖滨路东段。属于B区建设范围,建设时间较为延后,在湖滨路东段开始建设时,航大酒店按计划已经建成,为避免对航大酒店造成较大不利影响,同时确保围堤稳定,首先对围堤范围进行塑料排水板堆载预压(由于不能采用较大的堆载荷载,仅为确保围堤稳定,处理后不能直接作为路基使用),在建设道路时,采用素混凝土桩复合桩基进行软土地基处理,作为路基使用。

(2)巡逻道西段。巡逻道西段软土地基处理边线距离机场东路仅23 m,如果采用真空联合堆载预压法进行软基处理,则堆载边线(考虑4.5 m的坡线)距离机场东路边线不足20 m,而机场东路未经软基处理,势必对机场东路的稳定、沉降造成较大的不利影响,为确保不对机场东路造成较大不利影响,则巡逻道西段均采用复合地基法进行处理。

(3)与机场东路交叉路口。本项目与机场东路交叉路口处为“真空处理区→现状道路”“大桥→现状道路”过渡区,为确保刚度平稳过渡,采用素混凝土桩间距渐变进行过渡。

(4)跨越副渠的4座箱涵与道路路基衔接处软基处理。首先与道路场地一起进行真空联合堆载预压处理,然后施打素混凝土桩进行复合桩基过渡处理。

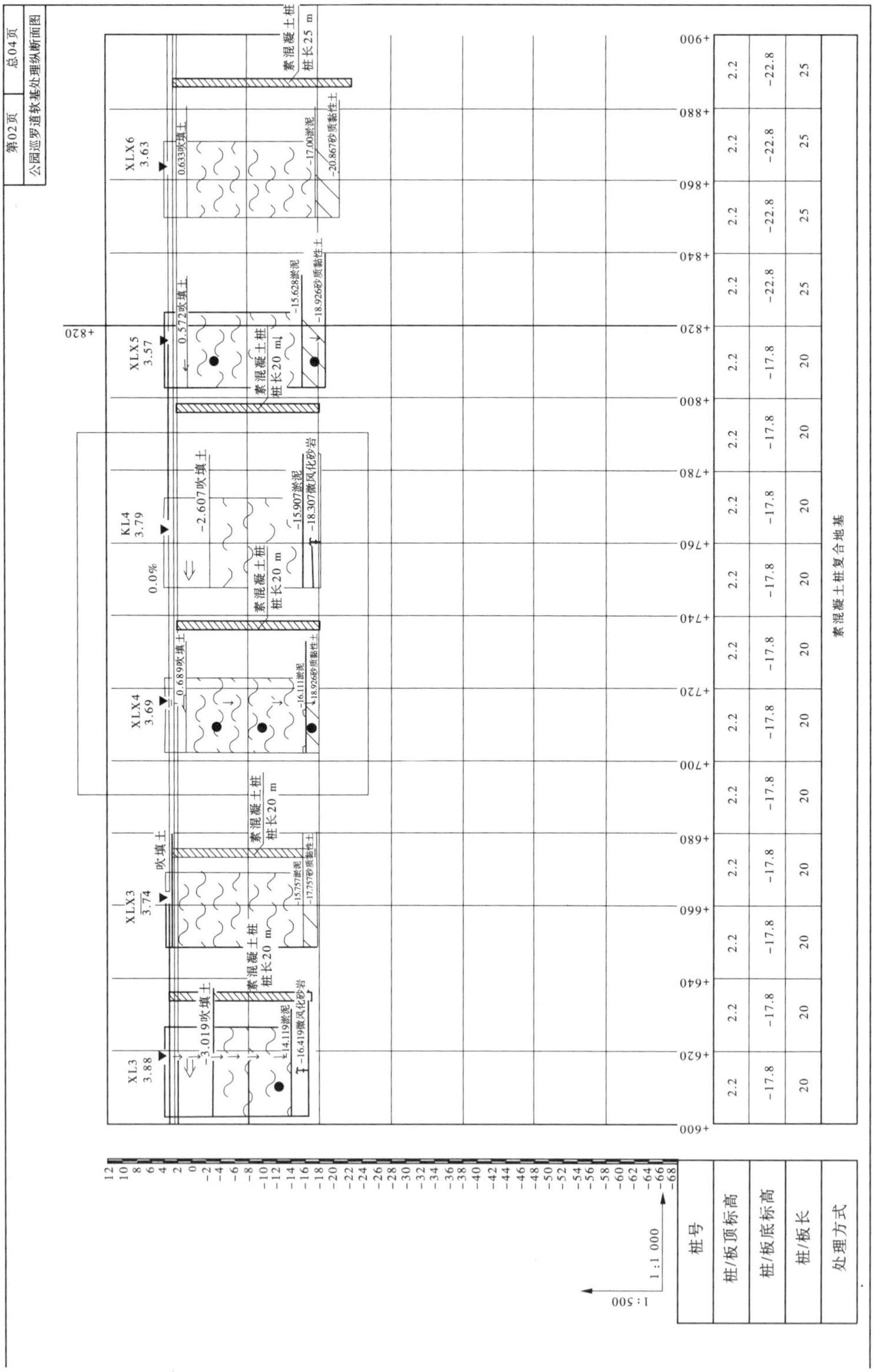

图 7-7-2　素混凝土桩复合地基处理路段纵断面图

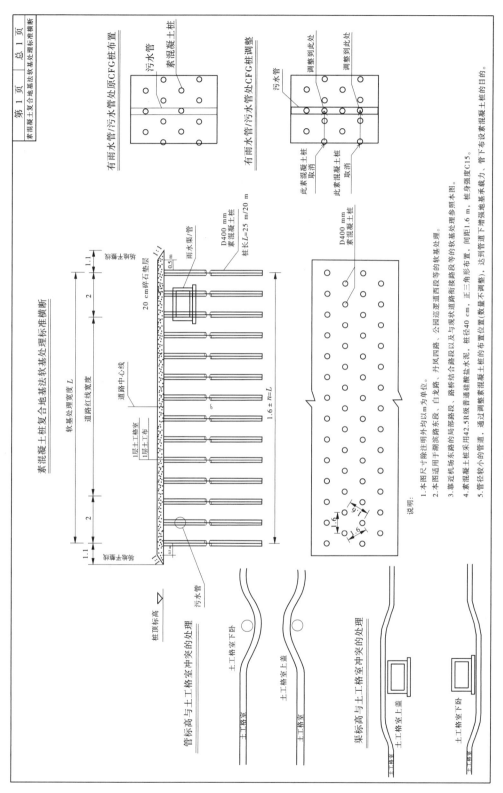

图 7-7-3 素混凝土桩复合地基处理设计方案

素混凝土桩复合地基由桩、桩间土和褥垫层一起形成复合地基。具有高强度、大桩距、大桩长等特点。本设计素混凝土桩采用 42.5R 级普通硅酸盐水泥,碎石粒径 20~50 mm,桩径 400 mm,桩距 1.6 m×1.6 m,呈梅花形布桩,为保证桩间土与桩更好地分担荷载,在桩顶铺设褥垫层,单桩承载力设计值为 150 kN,复合地基承载力设计值为 120 kPa。采用振动沉管(加套管)灌注成桩工艺,混凝土坍落度为 30~50 mm。

7.7.4　施工组织

7.7.4.1　施工技术要求

素混凝土桩施工工艺流程见图 7-7-4,具体技术要求如下:

(1)施工前应按设计要求由实验室进行配合比试验,施工时按实验室配合比并经现场材料修正后再配制混合料。振动沉管灌注成桩施工的混凝土坍落度宜为 30~50 mm,振动沉管灌注成桩后桩顶浮浆厚度不宜超过 200 mm。

(2)沉管灌注成桩施工拔管速度应按匀速控制,拔管速度应控制在 1.8~2.0 m/min,淤泥层或淤泥质土层中,拔管速度应适当放慢(1.2~1.5 m/min)。

(3)施工桩顶标高宜略高出设计桩顶标高,保证褥垫层发挥作用。

(4)成桩过程中,抽样做混合料试块,每台机械一天应做一组(3 块)试块(边长为 150 mm 的立方体),标准养护,测定其立方体抗压强度。

(5)冬期施工时混合料入孔温度不得低于 5 ℃,对桩头和桩间土应采取保温措施。

(6)清土和截桩时,不得造成桩顶标高以下桩身断裂和扰动桩间土。

(7)待素混凝土桩施工完毕,开挖管线;管线施工完毕,施工褥垫层。褥垫层铺设宜采用静力压实法,当基础底面下桩间土的含水率较小时,也可采用动力夯实法。路基填筑前再按路基压实度要求进行压实。

(8)在褥垫层上施工土工格室,土工格室高度为 20 cm。

(9)施工垂直度偏差不应大于 1%;桩位偏差不应大于 40%桩径;对条形基础(雨水渠),桩位偏差不应大于 25%桩径;对单排布桩(管道下),桩位偏差不应大于 60 mm。

(10)素混凝土桩施工应采用隔桩跳打,施工新桩与已打桩时间间隔不少于 7 d。

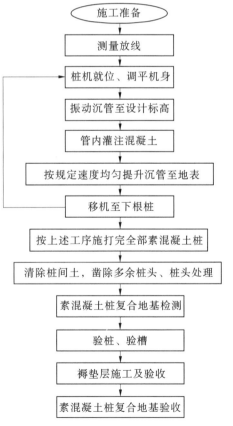

施工准备

测量放线

桩机就位、调平机身

振动沉管至设计标高

管内灌注混凝土

按规定速度均匀提升沉管至地表

移机至下根桩

按上述工序施打完全部素混凝土桩

清除桩间土,凿除多余桩头、桩头处理

素混凝土桩复合地基检测

验桩、验槽

褥垫层施工及验收

素混凝土桩复合地基验收

图 7-7-4　素混凝土桩施工工艺流程

7.7.4.2　施工方案与技术措施

1. 定位测量、桩位布设及质量要求

本工程采用素混凝土桩施工,定位控制和测量控制均以甲方提供的高程控制点和水准点及甲方提供的素混凝土桩施工平面图为依据。定位使用全站仪轴线测量、布点。

全站仪定出四个角点坐标后,在基槽内做出定位控制点,然后根据素混凝土桩布点图,用尖头钢钎通过尺量定出每个桩的位置,并撒白灰点,钢钎要求打入地面以下 50 cm,拔出钢钎后将再向孔内灌白灰,以白灰孔的中心作为桩的中心,经验收合格后方可开钻打孔。

施工前应先将待建的场地进行平整,抄测出地面标高,并做好标高控制点。

2. 施工准备

(1)核查地质资料,结合设计参数,选择合适的施工机械和施工方法。

(2)施工前清除地表耕植土,平整场地,清除障碍物,标记处理场地范围地下构造物及管线。

(3)测量放线,定出控制轴线、打桩场地边线并标识。打桩施工前先将能施工素混凝土桩的区域进行场地平整,统一平整到标高,并在基坑内做出高程控制桩点和建筑四角坐标控制点,报验合格方可进行桩位布点。

3. 桩机沉管钻进

(1)桩机进入现场,根据设计桩长、沉管入土深度确定机架高度和沉管长度,并进行组装。

(2)桩机就位时,必须保持平稳,不发生倾斜、位移,为准确控制桩孔深度、垂直度,确保素混凝土桩垂直度容许偏差不大于 1%。要在机架上或机管上做出控制的标尺,以便在施工中进行观测、记录。

(3)启动马达,沉管到预定标高,停机。

(4)沉管过程中须做好记录,观察激振电流变化情况,并对土层变化予以备注。按设计配合比配制混合料,混合料使用商品混凝土。混合料坍落度一般为 30~50 mm,成桩后桩顶浮浆厚度一般不超过 200 mm。

(5)待沉管至设计标高后须尽快用料斗进行空中投料,直到管内混合料面与钢管料口平齐。如上料量不够,须在拔管过程中进行空中补充投料,以保证成桩桩长、桩顶标高满足设计要求。

(6)开动马达,沉管原地留振 10 s,然后边振动边拔管,拔管速度一般控制在 1.8~2.0 m/min,如遇淤泥或淤泥质土,拔管速度可适当放慢(1.2~1.5 m/min),拔管过程中不容许反插。

(7)当桩管拔出地面,确认成桩符合设计要求后,用粒状材料或湿黏土封顶,然后移机继续下一根桩施工,施工过程中做好施工记录。

(8)一段路段桩基施工结束 28 d 后,检查桩身质量及复合地基承载力符合设计要求。达到控制深度后灌注混凝土,成桩后,复检桩位。

(9)混凝土强度等级为 C15,混凝土坍落度为(50±20)mm。为保证其和易性及坍落度,要注意调整砂率和掺入减水剂、粉煤灰等。桩体混凝土要从桩底到桩顶标高并高出 500 mm,施工承台前凿去超出的混凝土部分锯至设计桩顶标高。

（10）混凝土浇筑时，要选有经验的机工，用锤子敲打，以确定混凝土灌入量。要适当超过桩顶设计标高，以保证在凿除浮浆后，桩顶标高符合设计要求。

4. 移机

上一根桩施工完毕后，桩机移位，进行下一根桩的施工。施工时由于素混凝土桩的土较多，经常将邻近的桩位覆盖，有时还会因钻机支撑时支撑脚压在桩位旁使原标定的桩位发生移动。因此，下一根桩施工时，还应根据轴线或周围桩的位置对需施工的桩位进行复核，保证桩位准确。移机完毕根据需要将钻孔出土清理出场地。

5. 成桩清理

（1）在单桩混凝土强度达到80%时，我们将使用60型挖掘机和人工配合将钻桩孔泥土和预留500 mm的桩头保护土清理到设计标高。由于本工程素混凝土桩施工有一部分空桩，根据施工计划空桩土方需挖除，因此应安排空桩土方的清理和剔凿桩头的工作。

（2）单桩成型后，要安排专职人员将桩头四周散落的混凝土及时进行清理，但不得扰动桩身混凝土，以免影响桩身质量。来年挖除土方时应注意严格控制标高，安排专人看护，避免挖掘机碰触桩头对桩身混凝土造成损伤。

（3）施工过程中采用60型挖掘机配合，素混凝土桩完工后再统一清土至场内指定地点。

（4）根据设计和施工规范要求，灌注桩成型时由于桩顶500 mm混凝土密实度有可能达不到要求，所以必须预留500 mm的混凝土桩头，待混凝土强度达到80%以上时，再用机械锯断，将锯断的混凝土运到场内指定位置。

（5）素混凝土桩验收合格后方可进行褥垫层施工，褥垫层厚为200 mm，褥垫层材料选用料径5~25 mm的碎石、中粗砂或级配砂石，褥垫层铺设宜采用压实法，当基础底面下桩间土的含水率较小时，也可用动力夯实法，夯填度（夯实后的褥垫层厚度与虚铺厚度的比值）不得大于0.9。

（6）施工结束后，进行复合地基静载荷试验及低应变检测，检测依据《建筑地基处理技术规范》（JGJ 79—2012）执行，检测合格后方可进行下一步施工。

6. 成品保护

（1）桩机移位，浇筑混凝土时，均要注意保护好现场成品桩及定好的桩尖和轴线桩、高程桩。

（2）桩头混凝土强度在没有达到5 MPa时不得碾压，以防桩头损坏。

7. 应注意的质量问题

（1）开机前必须认真核对桩的位置，核对图纸编号，不可轻易多桩、漏桩。

（2）桩身混凝土质量差，有缩颈、空洞、夹土等，要严格按操作工艺边浇筑混凝土、边振捣的规定执行。严禁把土和杂物混入混凝土中一起浇筑。同时为了避免断桩，应严格控制混凝土浇筑和提钻的速度，避免提钻过快混凝土浇筑不及时造成孔内负压而引起缩颈或断桩。

（3）当出现机杆跳动、机架晃摇、钻不进等异常现象时，要立即停机检查。

（4）当混凝土浇至接近桩顶时，随时检测顶部标高，以免过多落入混凝土造成浪费。

8.断桩、缩颈和桩身缺陷

出现该问题的主要原因是沉管提升速度太快,而泵混凝土量与之不匹配,在沉管提升过程中钻孔内产生负压,使孔壁塌陷造成断桩,而且有时还会影响邻桩。解决此类问题的方法有:

(1)合理选择沉管提升速度,通常为 1.8~2.0 m/min,保证钻头在混凝土里埋深始终在 1 m 以上,以及带压提钻。

(2)隔桩跳打,如果邻桩间距小于 5d,则必须隔桩跳打。

9.桩头不完整

造成这一问题的主要原因是停灰面过低,没预留充足的废桩头,有时提钻速度过快也会导致桩头偏低,提钻过程中应当严格控制提钻速度。

10.素混凝土桩施工注意事项

(1)在素混凝土桩的成分中,水泥作为主要的胶结材料出现,同时添加了能够增强混合料和易性的粉煤灰,因此使得整个桩体具有刚性桩及高黏结强度桩的多重特性,通常应用于条形基础、独立基础、筏基及箱形基础环境,当土的挤密效果良好时,地基的承载力与挤密作用和置换作用同时相关,但是当挤密效果不够好时,素混凝土桩同样也能够投入使用,只不过其承载力仅与置换作用有关。

(2)从施工过程看,对素混凝土桩建设的每一个环节都严格地把质量关,才有可能收到良好效果。在施工之初,首先需要保持施工场地平整及相应设备和材料就绪。通常要对地面上下的障碍物进行扫除清理,并且保证预留有 30~50 cm 厚的保护土层,且保持土层平整。对于原材料和即将参与工作的相应机械,都应当进行严格检查,确保钻杆长度能够满足桩长变化需要。与此同时,还应当注意相关的设计,必须确保数据计算的准确并且根据设计图使用全站仪对桩位进行确定并进行标记。随后应当根据设计进行试桩,为了节省时间,可以在工程施工时进行,但是不能省去,一旦发现与设计不一致的情况,应当立刻停工进行设计阶段的检查。具体做法是:确定 4 根素混凝土桩进行测试,在成桩 28 d 时,对选定的 4 根素混凝土桩进行试验,其中 2 根进行复合地基承载力试验,另外 2 根进行单桩承载力试验。试验中,重点对桩、土及褥垫层的应力和变形状况进行监测并记录相关数据,从而确定素混凝土桩是否能够满足承载力及沉降要求。

(3)在环境及工具准备就绪之后,可以展开桩基施工工作。首先需要调整钻机,确保钻杆和地面保持垂直。具体而言,可以参照自动水平仪,以及钻机塔身周围的垂直标杆来进行测定,并且通过对底座支垫的调节来确保整个钻机处于合理的位置。此外,还应当做好钻深标记,并且在钻探过程中对钻机底盘的水平状况及导向架的垂直状况进行监测,确保桩体垂直度在 1.5% 内,桩位偏差在 5 cm 以内。在钻探过程中应当依据地层状况及时调整沉管的工作速率等相关参数,在钻头遇到较硬土层时,应当放慢进度,并且应当对整个施工钻探过程进行记录。施工桩长应根据设计要求、地质情况和钻进电流变化综合控制,确保桩体穿透软土层进入持力层不小于 1.0 m。

(4)对于填入桩体的混合料,其质量需要严格控制。采用 C15 商品混凝土,并且要求坍落度为 160~200 mm,不得散落离析,其成分需要严格按照试验设计执行,采用长螺旋成孔管内泵压混凝土成桩施工工艺,每根桩的投料量不少于设计灌注量。在对钻孔进行充分确定和检查的基础上,充分确定混合料的各项质量参数,并且对实际状况进行记录。灌注首批混凝土之前再用同配合比的无石子砂浆湿润导管,然后放入首批混凝土。在将混凝土泵入导管内时,应当格外注意提钻速度,通常控制在 1.8~2 m/min 的速率,确保不会因为提钻速度过快导致离析,确定钻头始终没入混合料面以下。具体的提钻速度应当依据孔径及对混合料的泵送速度进行计算确定。在对混合物料进行泵送的过程中,应当注意泵入速度和提钻速度的密切配合,整个过程应当提前进行相关参数的计算,在执行过程中一气呵成,中途停顿或间断,都会降低素混凝土桩的质量,降低其承压能力,还可能会导致导管阻塞。当混凝土混合物灌注到距桩 0.5 m 处时,不再提升导管,直至灌注完成时一次拔出;此外,灌注至桩顶设计标高后必须多灌一倍桩径长度(约 50 cm),确保凿去浮浆后桩顶混凝土的强度。提钻后,插入钢筋,再对桩头上部 2~3 m 进行振捣。

(5)在灌注结束后,需要对桩头进行妥善保护,一直到成桩 24 h 后才能够进行清理。首先需要对顶部浮浆进行人工清理,一直凿到桩顶标高。清土过程应当以人工清理为主,轻型机械进行必要的辅助,并且应当与桩有 20 cm 的安全距离,切勿对桩形成损伤。对于坑底及距离桩较近的土务必使用人工清除,包括坑底找平及截桩工作,都要人工完成。如因剔桩造成桩顶开裂、断裂,按桩基混凝土接桩规定,断面凿毛,刷素水泥浆后用高一级混凝土填补并振捣密实。

7.7.4.3　施工质量要求及主要控制措施

1. 施工质量要求

1)施工材料

考虑本工程的重要性,在正式打桩施工前,对于商品混凝土,根据以往的信誉,选择几家搅拌站,进行考察后选用质量最优的搅拌站供货。施工中,对所用的原材料,进场时需有相应的质量证明文件,加强现场检验工作,坚决杜绝不合格材料进入施工工序。

2)打桩施工

施工过程中,现场设专人监测并做好施工记录、预检工程检查记录、隐蔽工程检查记录等,杜绝不合格产品进入下道施工工序,积极配合甲方、总包方和监理单位的工作,把好质量关。施工质量控制指标见表 7-7-1。

施工前,对各施工工序人员进行技术交底,施工过程中,每天需按照施工桩数的 5%,对以上的施工技术要求指标进行抽检,确保施工质量满足设计和施工规范要求。施工结束后,做好竣工质量检验及工程质量评定。

2. 质量检验与试验

1)测量放线检验

要求甲方或建筑施工总承包单位提供书面定位放线依据,并进行现场指认,然后由测量员根据以上基础定位依据,施放轴线桩以及桩位点,桩位点可用竹筷和白灰进行标记。经验线员和质检员复测和检验,待自检合格后,提交工程定位测量记录和验线记录,报甲方(监理)工程师验收,验收合格后,方可进行下一步工作。

2)素混凝土混合料检验与试验

质检员应按规定对进场商品混凝土(素混凝土)混合料进行检验。

表 7-7-1　成桩施工质量控制指标一览表

序号	指标	设计值	允许偏差
1	桩长/m	设计值(以开挖后的槽底标高控制)	+100
2	成桩垂直度/mm	0	$\leq H \times 1.0\%$
3	坍落度/mm	$180 \sim 200$	—
4	桩径/mm	400	-20
5	桩位偏差/mm	$0.4d$	边桩 70 mm,中间桩 150 mm
6	褥垫层厚度/mm	200	± 20
7	褥垫层夯填度	≤ 0.9	—
8	桩身混凝土强度/MPa	≥ 9.6	本工程采用 C30 混凝土
9	桩位放样偏差/mm	20	

3) 过程产品检验

质检员对钻孔进行抽检,检验内容包括孔深、孔径、孔位偏差、垂直度偏差、混合料、桩体质量等,并做好施工记录及检查记录等,杜绝不合格产品进入下道工序,积极配合监理工程师及业主的工作,把好质量关。在施工中,还应对发现的异常情况及时向项目技术负责人汇报。

4) 试块留置

每个班组每 50 m³ 混凝土制作一组试块(100 mm×100 mm×100 mm),在标准条件下进行养护,送实验室做 28 d 单轴立方体抗压强度试验。同时留一组同条件试块,留一组负温转常温试块。

5) 复合地基静载试验和单桩静载试验

本工程素混凝土桩完成后,达到设计桩身强度后做复合地基静载试验和单桩静载试验。素混凝土桩单桩承载力特征值不小于 170 kN,素混凝土桩复合地基承载力特征值不小于 90 kPa,检测频率按 1% 计。

3. 关键过程和特殊过程工序质量控制措施

1) 钻孔

钻孔是本工程施工过程中的一个重要过程。

(1)桩机定位时,设专人观测钻头锥和桩位点之间的距离,确保桩位偏差≤18 mm。

(2)钻机就位后,操钻人员根据钻机的水平仪调节钻机的垂直度,确保垂直度偏差≤ $H \times 1\%$(H 为桩长)。

(3)在沉管上做固定标记,利用钻机支架上的深度标记进行成孔深度控制,确保孔深及桩长满足要求。

在施工过程中要对桩体材料灌注进行连续监控。对于钻孔压灌素混凝土桩施工工艺,沉管钻至设计深度时,必须等沉管中灌满素混凝土混合料后,再提钻杆,边提升钻杆,边压灌素混凝土混合料,避免提泵待料。设专人指挥协调钻机操作手与混凝土泵操作手之间泵送素混凝土混合料和提升钻杆的配合,直至压灌到设计标高。

2)如何控制素混凝土桩钻孔深度和桩顶标高

(1)进行前期测量,在桩机主塔上分别做好钻杆钻深至桩底、提钻桩顶设计标高两个标记。首先桩基组装完毕后,将主塔和钻杆垂直、桩尖着地,钻机指挥人员通过观察垂直度控制仪指挥钻机保持钻杆垂直。用钢尺从动力头下量测设计实桩长+空桩桩长在主塔上做出标记一,此标记即为达到设计桩长的标高。

从此标记再上返量出设计实桩长,并做好标记二,此标记控制桩头设计标高,用于泵送混凝土时控制混凝土泵送量和有效桩长。

同样按照上述要求在打桩时做好控制钻进深度的标记,经过验收合格方可开钻。

(2)提钻注混凝土时,到桩顶设计标高时,即标记二时停止提钻,继续注混凝土,当钻杆内混凝土积累 5~6 m 时,停止注混凝土,开始提钻杆。

(3)保证高于设计桩顶以上部分为钻杆内预留混凝土,可以灌注成约 0.7 m。

(4)上述控制措施要求由每套机组的机长负责统一指挥协调,及时与钻机司机和混凝土泵车司机联系,钻孔时保证垂直度,钻进时控制好成孔深度,灌注时控制好混凝土浇筑量和停止浇筑提钻的时间。

4. 质量技术保证体系及措施

1)质量目标

优选施工及管理队伍,高标准严要求,分部分项工程一次交验合格率保证 100%。

2)质量保证措施

(1)牢固树立“百年大计,质量第一”的思想,严格按质量保证体系有关程序文件执行。全国开展质量管理意识教育,把质量看成是企业的生命、提高企业信誉和经济效益的重要手段,牢固树立对工程质量负责、对业主负责的思想,贯彻生产必须抓质量的原则。

(2)加强作业队自检、互检和专检。

(3)对施工中易发生的质量通病,采取有针对性的措施,详细交底,并监督检查。

(4)做好各施工环节的质量检查,严格执行技术交底制、隐蔽工程验收制,严格检查施工班组的施工质量,出现任何质量事故,应及时填写质量事故报表,组织质量事故分析会,并按规定及时上报。

(5)按监理要求,技术员、质检员分期呈报工程报验单及有关质检资料,对监理提出的质量问题及时传达到施工班组,并进行监督。

(6)做好测量放线,经甲方复核确认无误后,方可进行施工。

(7)坚持按图纸施工,工程设计变更一律以单位书面通知为准,任何口头通知无效。工程洽商问题在办好签证后再施工,不得擅自施工。

(8)所有机械设备材料必须符合标准,设备应该调试运行完好,并有备用设备,在出现严重的设备问题后可及时调整或更换,以确保施工的顺利进行。

(9)项目经理部专门设有工程技术处,对各项工程进行技术负责把关,每道工序制定岗位职责,以确保工程质量达到优。

(10)实行技术岗位责任制,主要技术及特种工种操作人员必须持证上岗。

(11)严格遵守技术操作规程,按设计施工,积极配合监理工作。

5.质量验收要求

1）技术规范要求

工程质量按照国家施工及规范等规定进行质量检查、检测的验收。

(1)由专职人员对原材料进行检查、检测的管理,严把质量关。

(2)按照设计的施工要求进行施工。

(3)做好各班组的自检工作和交接工作。

(4)做好隐蔽工程的验收工作,防止质量隐患发生。

(5)做好施工记录、技术资料保管工作,保证资料齐全。

(6)严格按照国家行业标准《建筑桩基技术规范》(JGJ 94—2008)有关条款施工。

(7)混凝土施工严格按照《混凝土结构工程施工质量验收规范》(GB 50204—2015)和《建筑地基基础工程施工质量验收标准》(GB 50202—2018)有关规定执行。

2）技术资料要求

本工程素混凝土桩施工结束后,应归档以下资料:

(1)桩位竣工平面图、工程定位测量记录。

(2)混凝土工程施工记录。

(3)混凝土桩施工记录。

(4)混凝土灌注桩工程检验批质量验收记录表。

(5)试块抗压试验报告、单桩承载力及复合承载力荷载试验。

(6)桩基工程验收记录。

7.8　素混凝土桩复合地基法的数值模拟分析

7.8.1　计算参数

数值模型的材料参数见表 7-8-1。碎石垫层、吹填土、淤泥、砂质黏性土、全风化花岗岩分别采用线弹性模型和 Mohr-Coulomb 模型,根据地勘报告确定土体的渗透系数,土体自重根据土体实际重度确定。路堤填筑材料和素混凝土桩采用线弹性模型和 Mohr-Coulomb 模型,但不考虑填料的渗透性,根据实际材料重度添加自重。

7.8.2　计算模型

素混凝土桩复合地基数值模型见图 7-8-1,采用 ABAQUS 有限元软件建立平面应变模型,考虑边界条件影响,模型宽度取 500 m,地基土层根据实际地质勘察资料建立,取 67.6 m。地基模型共分 4 层,吹填土层厚度为 2.6 m、淤泥层厚度为 13.3 m、砂质黏性土层厚度 2.4 m 和全风化花岗岩层厚度为 46.7 m。加固区宽度为 45 m,地表铺设厚度为 0.2 m 的碎石垫层和厚度为 2.5 m 的堆载填筑料,路堤堆载坡度 1∶1。在加固区按正方形布置素混凝土桩,桩径 0.4 m,桩间距 1.6 m,桩长 25 m。

表 7-8-1　　数值模型的材料参数

材料名称	层厚/m	含水率/%	重度/(kN/m³)	孔隙比	压缩模量/MPa	泊松比	弹性模量/MPa	直剪快剪		渗透系数/(m/d)
								黏聚力/kPa	内摩擦角/(°)	
吹填土	2.6	17.8	20.3	0.537	8.37	0.28	6.55	18.5	23.6	0.000 086 4
淤泥	13.3	75.3	15.3	2.018	1.56	0.33	1.05	2.5	1.9	0.000 181
砂质黏性土	2.4	26.3	18.8	0.795	5.13	0.28	4.01	22.8	24.2	0.058
全风化花岗岩	16.7	25.9	18.8	0.788	5.53	0.22	4.84	23	25.8	0.285
素混凝土桩			25			0.2	22 000			
0.2 m 碎石垫层			20	0.5		0.22	65	3	40	10.2
回填料			20	0.6		0.25	45	45	38	

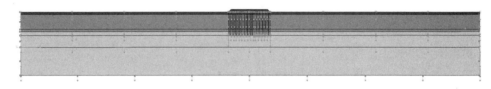

图 7-8-1　素混凝土桩复合地基数值模型

7.8.3　单元类型及网格划分

对素混凝土桩复合地基加固软土地基模型进行网格划分,加固区土体、堆载、碎石垫层、素混凝土桩的单元长度为 0.5 m,加固区外土体单元长度从 1.0 m 向 5.0 m 过渡。地基土、碎石垫层考虑土体排水固结作用,采用二维四节点孔压单元 CPE4P 进行网格划分;路堤填筑材料、素混凝土桩采用二维平面应变单元模拟 CPE4 进行划分,不考虑排水固结作用;加固区及地表加固深度范围内网格加密,加固区外网格逐渐变粗,减少网格数量,提高计算效率。网格划分情况见图 7-8-2。

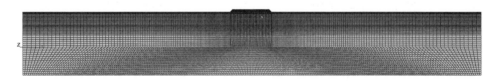

图 7-8-2　素混凝土桩复合地基数值模型的网格划分

7.8.4　荷载条件、边界条件、分析步

7.8.4.1　荷载条件

对地基土、碎石垫层、堆载和素混凝土桩均采用 body force 进行材料重度加载,荷载为材料的自重。

7.8.4.2　边界条件

复合地基模型采用位移和孔压边界条件,模型左右两侧为水平位移约束,水平位移设置为 0;在模型底部设置竖向位移约束,竖向位移设置为 0;在地基土表面设置为排水边界,排水边界孔压设置为 0,作为水平排水通道。

7.8.4.3　分析步

素混凝土桩复合地基加固软土地基共分为 4 个步骤:

步骤一:地基的自重应力平衡计算步,根据土层容重模拟地基中的自重应力场并消除初始位移,还原地基初始状态,计算步时间为 1 s。

步骤二:碎石垫层施工步,采用生死单元法生成厚度为 0.2 m 的碎石垫层单元,计算步采用 soil 模拟固结过程,计算步时间为 5 d。

步骤三:路堤填筑施工步,采用生死单元法生成厚度为 2.5 m 的路堤堆载,计算步类型为 soil 模拟固结过程,计算步时间为 20 d。

步骤四:工后沉降及承载情况分析步,模拟施工完成后 5 年内的地基加固情况,分析工后 5 年内地基的沉降、水平位移、孔隙水压力、应力情况等承载特性,计算步时间为 5 年。

7.8.5　结果分析

7.8.5.1　地基变形与位移

1.地表沉降

素混凝土桩复合地基法处理软土地基的沉降见图 7-8-3。图 7-8-3(a)初始状态地基

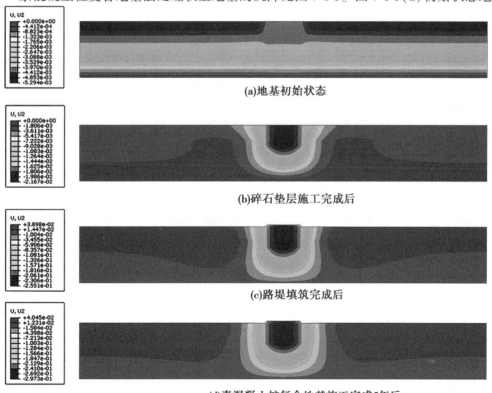

(a)地基初始状态

(b)碎石垫层施工完成后

(c)路堤填筑完成后

(d)素混凝土桩复合地基施工完成 5 年后

图 7-8-3　素混凝土桩复合地基法处理软土地基的沉降

基本没有沉降,产生了相应的地应力场,通过地应力平衡,模拟出了地基的初始状态,此时这个桩体已经施工完毕。图 7-8-3(b)为碎石垫层施工完成后,此时在桩体加固范围沉降云图呈现为规则的圆锥形,自加固区向外沉降逐渐减小,碎石垫层完成后的沉降量达到了21.6 cm。图 7-8-3(c)为路堤填筑完成后素混凝土桩复合地基的沉降,沉降趋势变化不大,但是沉降量进一步增加,从 21.6 cm 增加到了 25.5 cm,沉降影响范围逐渐向底部和周边扩大。图 7-8-3(d)为素混凝土桩复合地基施工完成 5 年后的沉降趋势,沉降影响范围进一步扩大,沉降量从 25.5 cm 进一步增加至 29.7 cm,表明在素混凝土桩复合地基施工完成之后,仍然存在固结沉降的作用。

2. 水平位移

素混凝土桩复合地基法处理软土地基的水平位移情况见图 7-8-4。图 7-8-4(a)初始阶段地基产生地应力,但并未有明显的水平变形。图 7-8-4(b)为碎石垫层施工完成后,由于复合地基的特性,最大水平位移出现在底部持力层处,最大水平位移量为 9.1 mm。当图 7-8-4(c)路堤填筑完成后,桩端持力层处最大水平位移进一步增大,水平位移量从9.1 mm 增加到了 10.5 cm,水平位移显著增加。当素混凝土桩复合地基施工完成 5 年后,水平位移的影响范围略有减小,水平位移量也出现一定的减小[见图 7-8-4(d)]。这是由于排水固结作用使超孔隙水压力消散,消耗掉了一部分附加应力,使地基土出现了弹性回弹,最大水平位移从 10.5 cm 减小到了 7.8 cm,表明排水固结作用对平衡土体变形和应力是有积极作用的。

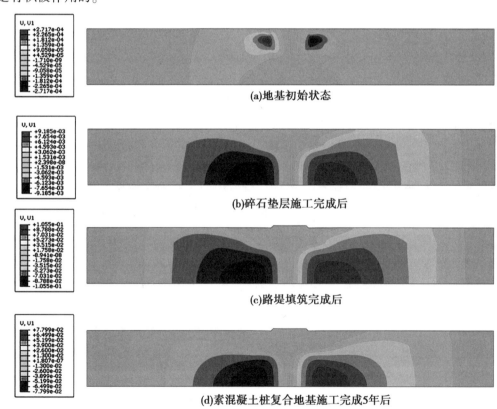

(a)地基初始状态

(b)碎石垫层施工完成后

(c)路堤填筑完成后

(d)素混凝土桩复合地基施工完成5年后

图 7-8-4　素混凝土桩复合地基法处理软土地基的水平位移

3. 总位移矢量图

图 7-8-5 为素混凝土桩复合地基法处理软土地基的总位移趋势。图 7-8-5(b)碎石垫层施工完成后,复合地基的变形趋势逐渐显著。在桩体加固范围之内,出现了一个非常明显的沉降变形,而周边土体由于挤压作用向两侧产生膨胀趋势,但对地表的隆起影响很小。当图 7-8-5(c)在地表上开始路堤填筑并完成之后,由于上部荷载的显著增加,地基加固区域范围以外的土地出现显著的隆起变形,加固区周边出现了一个明显的过渡区,过渡区为对数螺旋区域,此时桩体加固区沉降进一步增大到 25 cm。而当图 7-8-5(d)素混凝土桩复合地基施工完成 5 年后,由于排水固结作用,加固区桩体和土体的沉降进一步增加,但由于水平挤压作用减小,加固区以外土体的膨胀和隆起变形略有减小。

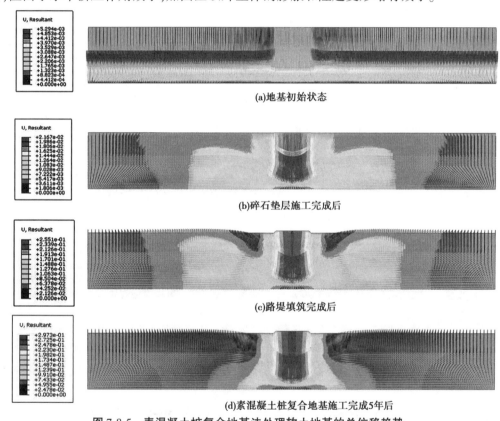

(a)地基初始状态

(b)碎石垫层施工完成后

(c)路堤填筑完成后

(d)素混凝土桩复合地基施工完成5年后

图 7-8-5　素混凝土桩复合地基法处理软土地基的总位移趋势

4. 塑性变形

图 7-8-6 是素混凝土桩复合地基法处理软土地基的塑性变形情况,可见由于素混凝土桩的作用,在不同区域主要的塑性变形区出现在地表加固区边缘两侧,其他区域并未出现明显的塑性变形。

7.8.5.2　地基应力与孔隙水压力

1. Mises 应力

图 7-8-7 为素混凝土桩复合地基法处理软土地基的 Mises 应力分布情况,可见在不同阶段主要是桩体承受了最大剪切应力,并且剪切应力从边桩向加固区中心处逐渐递减,表现出边桩应力集中的现象。剪应力随着上部堆载的增加,从碎石垫层完成时的 9.6 MPa,

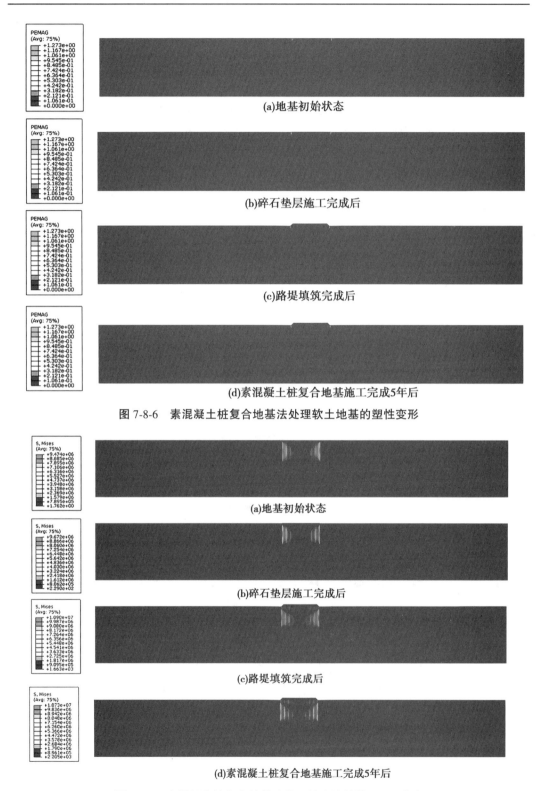

图 7-8-6　素混凝土桩复合地基法处理软土地基的塑性变形

图 7-8-7　素混凝土桩复合地基法处理软土地基的 Mises 应力

增加到填筑完成之后的 10.9 MPa。在施工完成 5 年后,由于固结作用,边桩受到的剪切应力从 10.9 MPa 减小到 10.7 MPa,略有下降。

2. 竖向应力

素混凝土桩复合地基法处理软土地基的竖向应力情况见图 7-8-8。不同阶段地基的竖向应力变化相对较小,主要是桩体承受了路堤堆载产生的附加应力,并且桩体的竖向应力在不同阶段变化较小,体现了桩体的承载特性,荷载主要由桩体传递到下部持力层,桩体本身只起到传递作用,竖向应力并未有明显增加。

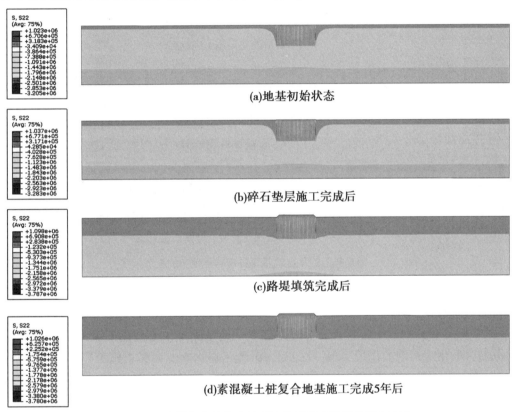

(a)地基初始状态

(b)碎石垫层施工完成后

(c)路堤填筑完成后

(d)素混凝土桩复合地基施工完成5年后

图 7-8-8 素混凝土桩复合地基法处理软土地基的竖向应力

3. 孔隙水压力

图 7-8-9 为素混凝土桩复合地基法处理软土地基的孔隙水压力分布情况。图 7-8-9(a)为地基初始状态,没有荷载存在,也没有超孔隙水压力存在。垫层施工完成后[见图 7-8-9(b)],开始受到荷载附加应力的作用,在加固区出现了应力集中,表现为孔隙水压力在某一区域不断增大,在堆载完成后,加固区土体的孔隙水压力从 3.4 kPa 增加到了 10.7 kPa,孔隙水压力显著增加。加固区下部土体由于桩体将上部荷载传递到下部土层,出现了更为显著的应力集中现象,产生了更大的孔隙水压力,但并没有显著的孔隙水压力消散途径。而当施工完成 5 年后,土体在荷载作用下逐步排水固结和应力平衡,孔隙水压力缓慢消散[见图 7-8-9(d)],从 10.7 kPa 降低到了 2.7 kPa。

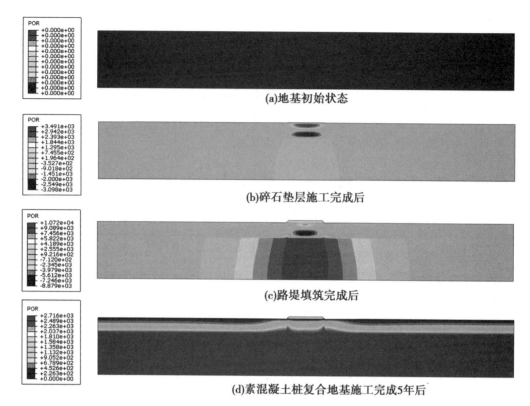

(a)地基初始状态

(b)碎石垫层施工完成后

(c)路堤填筑完成后

(d)素混凝土桩复合地基施工完成5年后

图 7-8-9　素混凝土桩复合地基法处理软土地基的孔隙水压力

7.8.5.3　地基应力应变的历时特性

1.沉降-时间曲线

图 7-8-10 是素混凝土桩复合地基法处理软土地基路基中心地表的沉降-时间曲线。在加固初期,由于荷载的作用出现弹性变形,沉降迅速增大。在路堤施工完成后,出现缓慢的固结沉降阶段。在施工完成 5 年之内,由于桩体没有排水通道,仅靠土体较小的排水系数,固结效率较差,因此后期的工后沉降很小,复合地基有利于减小工后沉降。

2.分层沉降-时间曲线

图 7-8-11 表明,素混凝土桩复合地基表现出刚性桩的承载特征,荷载通过桩体直接传递到端部土体持力层,因此桩间土并未受到较大的荷载作用,并未承担过多的荷载,因此也没有产生相应的压缩变形。各土层间的变形主要是复合地基整体沉降导致的,因此不同深度土体的分层沉降基本一致,并没有明显的层间压缩。

3.孔隙水压力-时间曲线

图 7-8-12 为素混凝土桩复合地基法处理软土地基路基中心的孔隙水压力-时间曲线,表现出了两个刚性桩复合地基的显著特征,一是桩间土的孔隙水压力较小,最大孔压仅为 7 kPa,并且在后期随着排水固结作用的缓慢下降。同时,由于没有排水通道,土体在荷载作用下产生的超孔隙水压力仅依靠土体本身的渗透性逐渐消散,工后 5 年间土体超孔隙水压力基本没有明显变化,因此不会产生较大的固结沉降。

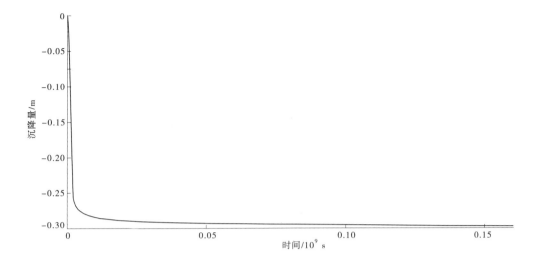

图 7-8-10　素混凝土桩复合地基法处理软土地基路基中心地表的沉降-时间曲线

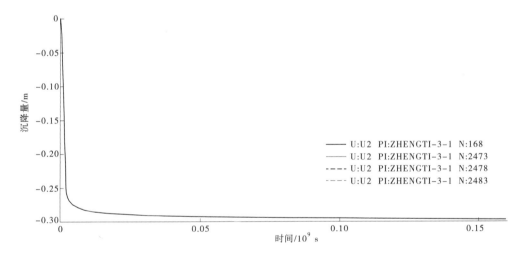

图 7-8-11　素混凝土桩复合地基法处理软土地基路基中心的分层沉降-时间曲线

[节点编号及埋深:N168(0 m);N2473(5 m);N2478(10 m);N2483(15 m)]

4. 水平位移-时间曲线

图 7-8-13 为素混凝土桩复合地基法处理软土地基路基坡脚处的水平位移-时间曲线,同样表现出显著的刚性桩复合地基特征,桩体加固区整体出现较大的沉降变形,但水平位移很小,并且水平位移仅在加载初期出现,之后随着时间增长逐渐出现回弹,但是回弹量很小。

7.8.5.4　桩体应力与应变

1. 桩体沉降

图 7-8-14 为素混凝土桩的桩体沉降情况。由沉降分布可知,中部桩体的沉降较大,达到了 29.7 cm,而边桩沉降较小为 20.9 cm,群桩间的沉降差使桩间土受到剪切的作用。

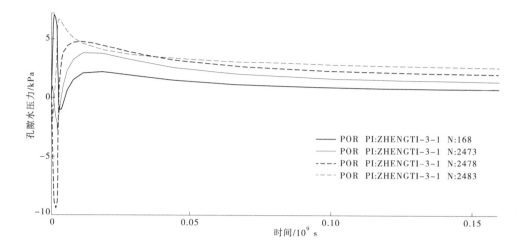

图 7-8-12　素混凝土桩复合地基法处理软土地基的孔隙水压力-时间曲线

［节点编号及埋深:N168(0 m);N2473(5 m);N2478(10 m);N2483(15 m)］

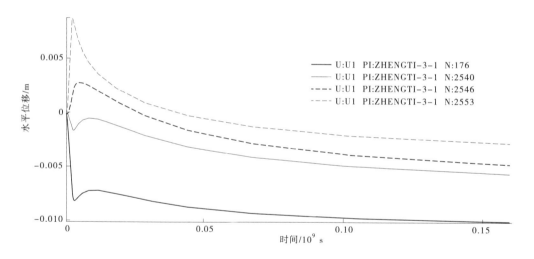

图 7-8-13　素混凝土桩复合地基法处理软土地基路基坡脚处的水平位移-时间曲线

［节点编号及埋深:N176(0 m);N2540(5 m);N2546(10 m);N2553(15 m)］

2. 桩体水平位移

由图 7-8-15 可见,桩体的水平位移并不显著,在边桩的桩端处出现向加固区内侧的水平位移,而在边桩桩底处出现向加固区外侧的水平位移,最大水平位移达到了 11.3 cm。

3. 桩体水平位移矢量图

图 7-8-16 为素混凝土桩的桩体水平位移趋势,能够显示出显著的特征,由于上部荷载作用出现脸盆形沉降,群桩整体出现下沉,边桩顶部向加固区内侧弯曲,而底部向加固区外侧变形,且边桩底部的水平位移变形量最大。

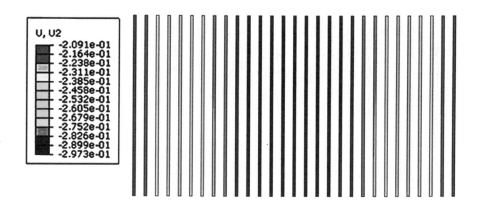

图 7-8-14　素混凝土桩的桩体沉降

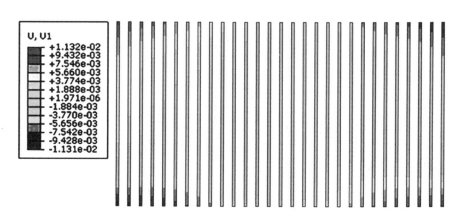

图 7-8-15　素混凝土桩的桩体水平位移

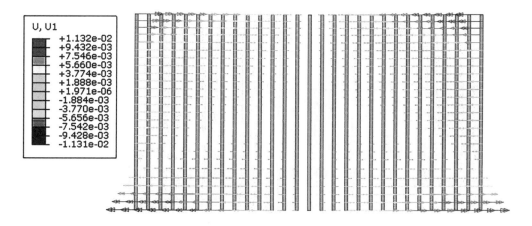

图 7-8-16　素混凝土桩的桩体水平位移趋势

4. 桩体总位移矢量图

图 7-8-17 为素混凝土桩的桩体总位移趋势。群桩整体以沉降为主,出现脸盆形沉降,并且由于桩体受到压缩,中部主要以竖向位移为主,而边桩出现向内侧的弯曲,边桩桩体受到弯矩作用,边桩距离中心越远受到的弯矩越大。在最外侧边桩处,受到最大的弯矩作用,产生桩顶部向内、底部向外的总位移趋势。

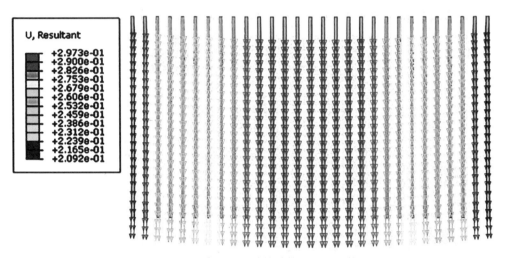

图 7-8-17　素混凝土桩的桩体总位移趋势

5. 桩体 Mises 应力

由图 7-8-18 素混凝土桩的桩体 Mises 应力可知,由于边桩受到最大的弯矩作用,在边桩中部偏下的位置产生了最大的剪切应力,达到了 10.7 MPa,而在群桩的中部剪切应力较小,主要以竖向变形为主。

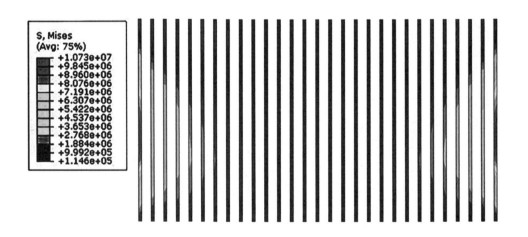

图 7-8-18　素混凝土桩的桩体 Mises 应力

6. 桩体应变

图 7-8-19 为素混凝土桩的桩体应变,可见在边桩桩体下部 1/3 处,出现最大的应变,边桩受到弯矩作用,产生了较大的弯曲变形;顶部桩体的变形是顶部桩体受到了弯矩作用,产生向内的弯曲变形导致的,这与桩体的水平位移和总位移趋势是相对应的。这表明刚性桩复合地基主要受到水平变形的影响,产生了应力集中和局部的较大应变。

E, Max. Principal
(Avg: 75%)
+9.835e-05
+9.017e-05
+8.200e-05
+7.382e-05
+6.564e-05
+5.747e-05
+4.929e-05
+4.112e-05
+3.294e-05
+2.476e-05
+1.659e-05
+8.410e-06
+2.340e-07

图 7-8-19 素混凝土桩的桩体应变

7.8.5.5 桩土应力比

表 7-8-2 为素混凝土桩复合地基最终的桩体应力比情况,可见边桩的最大应力达到了 6.52 MPa,而土体应力仅为 14.2 kPa,二者应力比达到了 459.15;中心桩中部桩体应力达到了 565 kPa,土体应力仅为 4.21 kPa,桩土应力比为 134.20;而中心桩底部桩体应力为 715 kPa,土体应力为 21.1 kPa,二者应力比为 33.89。由不同部位的桩体应力和土体应力及相应的桩土应力比可知,整个复合地基呈刚性桩复合地基特征,桩体承受了主要的荷载,土体基本不受荷载,不同部位、不同深度处土体受到的应力基本一致。而桩体在边桩处由于弯矩作用产生了应力集中,应力较大。而在中间桩处,桩体中部和底部的应力相差较小,主要将荷载从上部传递到端部土体,而端部土体产生最大的土体应力。桩土应力比在桩体自上而下逐渐减小,底部产生的应力集中使土体应力增大。素混凝土桩复合地基桩土应力特征见表 7-8-2。

表 7-8-2 素混凝土桩复合地基桩土应力特征

位置	桩应力/Pa	土体应力/Pa	应力比
边桩	6.52×10^6	1.42×10^4	459.15
中心桩-中部	5.65×10^5	4.21×10^3	134.20
中心桩-底部	7.15×10^5	2.11×10^4	33.89

7.9　本章小结

（1）素混凝土桩体加固范围沉降云图呈现为规则的圆锥形,自加固区向外沉降量逐渐减小。在素混凝土桩复合地基施工完成后,仍然存在固结沉降的作用。

（2）排水固结作用使超孔隙水压力消散,消耗掉了一部分附加应力,使地基土地出现了弹性回弹,排水固结作用对平衡土体变形和应力是有积极作用的。

（3）由于排水固结作用,加固区桩体和土体的沉降量进一步增加,但由于水平挤压作用减小,加固区以外土体的膨胀和隆起变形量略有减小。

（4）由于素混凝土桩的作用,在不同区域主要的塑性变形区出现在地表加固区边缘两侧,其他区域并未出现明显的塑性变形。

（5）在不同阶段主要是素混凝土桩体承受了最大剪切应力,并且剪切应力从边桩向加固区中心处逐渐递减,表现出边桩应力集中的现象。

（6）不同阶段地基的竖向应力变化相对较小,主要是桩体承受了路堤堆载产生的附加应力,并且桩体的竖向应力在不同阶段变化较小,荷载主要由桩体传递到了下部持力层,桩体本身只起到传递作用,竖向轴力并未有明显增加。

（7）加固区下部土体由于桩体将上部荷载传递到下部土层,出现了更为显著的应力集中现象,产生了更大的孔隙水压力,但并没有显著的孔隙水压力消散途径。

（8）素混凝土桩复合地基没有排水通道,仅靠土体较小的排水系数固结效率较差,后期的工后沉降量很小,复合地基有利于减小工后沉降量。

（9）素混凝土桩复合地基表现出刚性桩的承载特征,荷载通过桩体直接传递到端部土体持力层,因此桩间土并未受到较大的荷载作用,也没有产生相应的压缩变形。

（10）由于没有排水通道,土体在荷载作用下产生的超孔隙水压力仅能使土体本身的渗透性逐渐消散,工后土体超孔隙水压力基本没有明显变化,不会产生较大的固结沉降。

（11）素混凝土桩复合地基的水平位移-时间曲线,表现出显著的刚性桩复合地基特征,桩体加固区整体出现较大的沉降变形,但水平位移很小,并且水平位移仅在加载初期出现,之后随着时间增长逐渐出现回弹,但是回弹量很小。

（12）素混凝土桩群桩间的沉降差使桩间土受到剪切作用。

（13）边桩桩端处出现向加固区内侧的水平位移,而在边桩桩底处出现向加固区外侧的水平位移。

（14）由于上部荷载作用出现脸盆形沉降,群桩整体出现下沉,边桩顶部向加固区内侧弯曲,而底部向加固区外侧变形,且边桩底部的水平位移变形量最大。

（15）边桩受到最大的弯矩作用,在边桩中部偏下的位置产生了最大的剪切应力,而在群桩的中部剪切应力较小,主要以竖向变形为主。

（16）刚性桩复合地基主要受到水平变形的影响,产生了应力集中和局部的较大应变。

（17）整个复合地基呈刚性桩复合地基特征,桩体承受了主要的荷载,土体基本不受荷载,桩土应力比在桩体自上而下逐渐减小,底部产生的应力集中使土体应力增大。

第 8 章　水泥土搅拌桩复合地基法

8.1　水泥土搅拌桩复合地基法概述

水泥土搅拌桩复合地基是以水泥作为固化剂的主剂,采用特制搅拌机械在地基的深处强制将软土和固化剂搅拌,利用固化剂和软土之间产生的一系列物理化学反应,使软土硬结形成加固体,加固体与周围桩间土共同组合成具有整体性、水稳定性和一定强度的优质地基。水泥土搅拌桩适用于加固淤泥质土、粉土、素填土及饱和性黏上等。

水泥土搅拌法是美国在第二次世界大战后研制成功的,称为 Mixed-in-Place Pile(简称 MIP 法),当时桩径为 0.3~0.4 m,桩长为 10~12 m。1953 年日本引进此法。1967 年日本港湾技术研究所土工部研制石灰搅拌施工机械,1974 年起又研制成水泥搅拌固化法(简称 CMC 工法),并接连开发出机械规格和施工效率各异的搅拌机械。这些机械都具有偶数个搅拌轴(二轴、四轴、六轴、八轴),搅拌叶片的直径最大可达 1.25 m,一次加固面积达 9.5 m^2。

随着水泥土搅拌机的研发与进步,水泥土搅拌法的应用范围不断扩展。特别是 20 世纪 80 年代末期引进日本的 SMW 法(水泥土搅拌连续墙法)以来,多头搅拌工艺推广迅速,大功率的多头搅拌机可以穿透中密粉土及粉细砂、稍密中粗砂和粗砂,加固深度可达 35 m。大量用于基坑截水帷幕、被动区加固、格栅状帷幕解决液化、插芯形成新的增强体等。近年来,国内搅拌桩的设备朝着大直径、超深度、多功能、干湿两用、智能化等方向发展。

水泥土搅拌法加固软土技术的独特优点如下:

(1)水泥土搅拌法将固化剂和原地基软土就地搅拌混合,因而最大限度地利用了原土。

(2)搅拌时地基侧向挤出较小,所以对周围原有建筑物的影响很小。

(3)按照不同地基土的性质及工程设计要求,合理选择固化剂及其配方,设计比较灵活。

(4)施工时无振动、无噪声、无污染,可在市区内和密集建筑群中进行施工。

(5)土体加固后重度基本不变,对软弱下卧层不致于产生附加沉降。

(6)与钢筋混凝土桩基相比,节省了大量的钢材,并降低了造价。

(7)根据上部结构的需要,可采用单轴、双轴、多轴搅拌或连续成槽搅拌形成柱状、壁状、格栅状或块状水泥土加固体。

水泥土搅拌法适用于处理正常固结的淤泥、淤泥质土、素填土、软—可塑黏性土、松散—中密粉细砂、稍密—中密粉土、松散—稍密中粗砂、饱和黄土等土层。不适用于含大孤石或障碍物较多且不易清除的杂填土、欠固结的淤泥和淤泥质土、硬塑及坚硬的黏性土、密实的砂类土,以及地下水渗流影响成桩质量的土层。当地基土的天然含水率小于30%(黄土含水率小于25%)时不宜采用干法。冬期施工时,应考虑负温对处理地基效果的影响;水泥土搅拌桩用于处理泥炭土、有机质土、pH小于4的酸性土、塑性指数大于25的黏土,或在腐蚀性环境中及无工程经验的地区使用时,必须通过现场和室内试验确定其适用性。

水泥加固土的室内试验表明,有些软土的加固效果较好,而有的不够理想。一般认为含有高岭石、多水高岭石、蒙脱石等黏土矿物的软土加固效果较好,而含有伊利石、氯化物和水铝英石等矿物的黏性土及有机质含量高、酸碱度(pH)较低的黏性土的加固效果较差。

水泥土搅拌法可用于增加软土地基的承载能力,减小沉降量,提高边坡的稳定性。其适用于以下情况:

(1)作为建筑物或构筑物的地基、厂房内具有地面荷载的地坪、高填方路堤下层等。

(2)基坑工程围护挡墙、被动区加固、坑底隆起加固、大面积水泥稳定土和减小软土中地下构筑物的沉降。

(3)作为地下防渗墙以阻止地下渗透水流,对桩侧或板状背后的软土加固以增加侧向承载能力。

目前,深层水泥搅拌桩复合地基加固技术工程应用远超其理论和试验研究,根据现有国内外文献,其工程应用主要分为两方面:

一方面,水泥土搅拌机械、搅拌工艺、施工质量监测和检测技术不断创新发展。第二次世界大战后,美国研制出从回转的中空轴的端部向周围已被搅动的土中喷出水泥浆,经过叶片不断搅拌形成水泥土桩,此方法被称为MIP法,即就地搅拌法;随后,日本清水建设于1953年将此法引入日本,日本港湾技术研究所参照MIP法于1967年成功研制出石灰搅拌施工机械,1974年日本需要对大面积软土进行加固,该研究所和川崎钢铁厂等通过合作成功研发了水泥搅拌固化法;此后日本多家企业研制了各种形式(机械规格和施工效率)的深层搅拌机械,大量实践于加固工程中;1967年,瑞典也推出了类似于日本石灰搅拌法的加固方法,并于1971年制成石灰搅拌桩。

我国深层搅拌法起步于20世纪70年代末,冶金部建筑研究总院和交通部水运规划设计院通过合作开展了大量室内试验和搅拌桩机械研究,参考日本的样机于1978年研制出SJB-1型双轴搅拌机械,最大加固深度达到10 m;上海宝山钢铁公司于1980年在软基加固工程中正式采用并提高了地基加固效果;同年通过合作形式,天津机械施工公司与交通部一航局成功开发出GZB-600型单轴搅拌机械,最大加固深度达到15 m;11月冶金部基建局通过了深层搅拌加固技术在饱和软黏土中的应用;1983年,铁道部第四勘察设计院和上海探矿机械厂等相继开发粉体(石灰粉)喷射搅拌法和喷(水泥)粉型的深层水泥搅拌桩;1985年在天津市织物厂地基加固中应用;截至1996年,我国采用深层搅拌法的工程的最大加固深度达到27.5 m;随后,学者们基于已有理论和实践,也相继开展了不同的搅拌机械、搅拌工艺、施工检测等试验;1999年,郑俊杰等根据施工中的问题,研制了施工监控系统更先进的深层搅拌桩施工机械和在不同土质中采用不同的水泥掺入比的方法来缩小桩体强度差异等的处理方法;2010年,杨剑采用"三喷六搅"新施工工艺进行工程施工;2014年,赵春风等研究开发了五轴水泥土搅拌桩新技术,较大地提高了复合地基的承载力,缩短了工期和降低了造价;2016年,吴华南研究了三轴水泥搅拌桩在工程中的应用,发现桩间土沉降量小、桩身质量和止水等效果明显;2017 年,何开胜、陈泽虎结合淮阴衡河涵闸水泥搅拌桩应用中的问题,提出该工程的成桩工艺、质量检测和评价标准,解决了黏性大的软土中成桩质量差的问题;2018 年,刘鑫等结合工程地质情况及施工工艺,提出在常规施工前先进行"零喷二搅"同时加水预处理的方案,水泥搅拌桩得到改进后加固效果良好。

另一方面是根据大量工程实践的反复检验和所得经验而逐步发展起来的,均为同类工程提供宝贵经验,指导其设计和施工。1999 年,国内第一个建在软土地基上的重力式码头——天津港南疆码头岸结构加固工程采用深层水泥搅拌机进行软基加固;2003 年,李翔军通过对施工参数的控制和施工管理等有效地控制保证施工质量;2008 年,卞雷、林方从各方面对比了码头陆域地基和临近码头软基两处的加固处理施工方案,综合比较得出宜采用深层搅拌法进行海相软基加固;2011 年,凌天晔针对大亚湾澳头护岸工程中深层加固法出现的问题开展讨论;2012 年,麻勇结合港珠澳大桥工程及码头工程,研究水泥土加固体强度提高机制、工程应用和数值模拟;2015 年,彭再权针对工程实际情况,通过有效控制施工工艺控制质量参数,使水泥搅拌桩复合地基达到最大效益。

综上所述,随着搅拌机械型号和工作性能、搅拌方法、施工质量监测和检测技术不断创新发展及积累的诸多宝贵工程经验,深层搅拌法加固地基也逐渐形成较为成熟的施工工艺和管理机制,并取得了良好的社会效益和经济效益。但沿海软基条件下深层搅拌桩加固效果和陆上淡水条件下有明显区别,海上工程的设计和施工仍显不足,在施工机械和工艺等方面需进一步开发和研究。

8.2 水泥土搅拌桩复合地基法的加固机制

水泥是一种无机胶凝材料,主要包含 CaO、SiO_2、Fe_2O_3、Al_2O_3 等化学物质,在搅拌机械的作用下,水泥将和软土发生一系列的物理化学反应,反应结束后便形成了加固体。

8.2.1 水泥的水解和水化反应

水泥加入水后,熟料中包含的 CaO、SiO_2 等物质和水发生化学反应,同时释放出热量,反应结束后产生大量的氢氧化钙、水化硅酸钙、水化铝酸钙等化合物。其中,氢氧化钙和水化硅酸钙可以与水快速融合,这样水泥表面新的颗粒继续与水发生新一轮的水化反应。整个水化反应是由颗粒表面逐渐深入内层的,开始比较快,到后期逐渐变慢,最终水化后的水泥由凝胶体、未完全水化的水泥颗粒内核及一些毛细孔组成。

8.2.2 软土与水泥水化物的作用

随着水泥水化反应的深入,溶液中析出大量的 Ca^+,而软土矿物中含有大量的 SiO_2 及 Al_2O_3,这些物质将会和 Ca^+ 进行化学反应,形成一系列新的结晶化合物,这些化合物比较稳定,且不溶于水,经过长时间会逐渐硬化,最终提高了水泥土的强度。

软土作为一个三相体系,由固态、液态、气态组成。土体中含有较多的 SiO_2,遇水后形成硅酸胶体微粒,同时水泥水化生成的 Ca^+ 也会与土颗粒表面的 Na^+、K^+ 进行交换,从而使较小的土颗粒形成较大的土团粒,整个土体的强度得到了提升。水泥水化生成的凝胶粒子的比表面积较大,因此其具有巨大的表面能,强烈的吸附性使得土团粒互相结合,形成坚固的团粒结构,最终增强了水泥土的稳定性和强度。

8.2.3 碳酸化作用

水泥水化物中游离的 $Ca(OH)_2$ 能与 CO_2 发生碳酸化反应,生成不溶于水的 $CaCO_3$。这种物质稳定性好,有利于增加水泥土的强度。但是由于土中的 CO_2 含量很少,所以碳酸化反应比较慢,在实际工程中可以不用考虑。

水泥土硬化反应模式如图 8-2-1 所示。

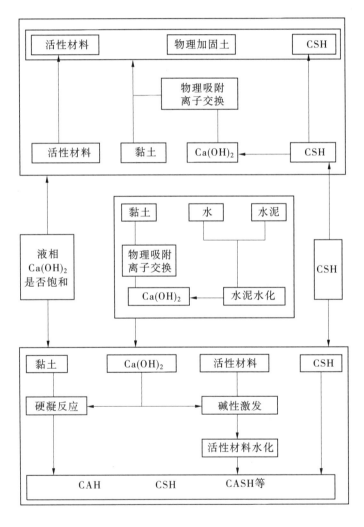

图 8-2-1　水泥土硬化反应模式

　　从水泥土的加固机制分析,由于搅拌机械的切削搅拌作用,实际上不可避免地会留下一些未被粉碎的大小土团。在拌入水泥后将出现水泥浆包裹土团的现象,而土团间的大孔隙基本上已被水泥颗粒填满。所以,加固后的水泥土中形成一些水泥较多的微区,而在大小土团内部则没有水泥。只有经过较长的时间,土团内的土颗粒在水泥水解产物渗透作用下,才逐渐改变其性质。因此,在水泥土中不可避免地会产生强度较大和水稳性较好的水泥石区和强度较低的土块区。两者在空间相互交替,从而形成一种独特的水泥土结构。可见,搅拌越充分,土块被粉碎得越小,水泥分布到土中越均匀,则水泥土结构强度的离散性越小,其宏观的总体强度也越高。

　　水泥中主要矿物的水化速度如图 8-2-2 所示,水化强度如图 8-2-3 所示。

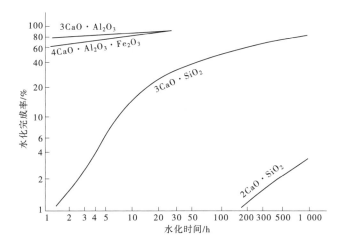

图 8-2-2　水化速度

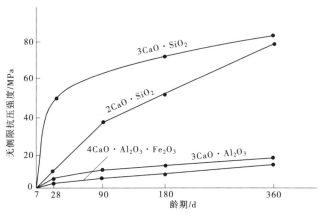

图 8-2-3　水化强度

8.3　水泥加固土的工程特性

8.3.1　水泥土的物理性质

8.3.1.1　含水率

水泥土在硬凝过程中,由于水泥水化等反应,部分自由水以结晶水的形式固定下来,故水泥土的含水率略低于原土样的含水率,水泥土含水率比原土样含水率减少0.5%~7.0%,且随着水泥掺入比的增加而减小。

8.3.1.2　重度

由于拌入软土中的水泥浆的重度与软土的重度相近,所以水泥土的容重与天然软土的容重相差不大,水泥土的容重仅比天然软土容重增加0.5%~3.0%,所以采用水泥土搅拌法加固厚层软土地基时,其加固部分对于未加固部分不致产生过大的附加荷重,也不会产生较大的附加沉降。

8.3.1.3　相对密度

由于水泥的相对密度为3.1,比一般软土的相对密度(2.65~2.75)大,故水泥土的相对密度比天然软土的相对密度稍大,水泥土相对密度比天然软土的相对密度增加0.7%~2.5%。

8.3.1.4　渗透系数

水泥土的渗透系数随水泥掺入比的增大和养护龄期的增加而减小,一般可达10^{-5}~10^{-8} cm/s数量级。水泥加固淤泥质黏土能减小原天然土层水平向渗透系数,而对垂直向渗透性的改善效果不明显。水泥土减小了天然软土的水平向渗透性,这对深基坑施工是有利的,可利用它作防渗帷幕。

8.3.2　水泥土的力学性质

8.3.2.1　无侧限抗压强度

水泥土的无侧限抗压强度一般为300~4 000 kPa,即比天然软土大几十倍至数百倍。影响水泥土的无侧限抗压特性的因素有:水泥掺入比、水泥强度等级、龄期、含水率、有机质含量、外掺剂、养护条件及土性等。

8.3.2.2　抗拉强度

水泥土的抗拉强度随无侧限抗压强度的增长而提高,抗压与抗拉这两类强度有密切关系,但严格地讲,不是正比关系。

8.3.2.3　抗剪强度

水泥土的抗剪强度随抗压强度的增加而提高,水泥土在三轴剪切试验中受剪破坏时,试件有清楚而平整的剪切面,剪切面与最大主应力面夹角约为60°。

8.3.2.4　变形模量

当垂直应力达50%无侧限抗压强度时,水泥土的应力与应变的比值称为水泥土的变形模量。

8.3.2.5　压缩系数和压缩模量

水泥土的压缩系数为 $(2.0 \sim 3.5) \times 10^{-5} (\text{kPa}^{-1})$，其相应的压缩模量 $E_s = 60 \sim 100$ MPa。

8.3.3　水泥土的抗冻性能

水泥土试件在自然负温下进行的抗冻试验表明，其外观无显著变化，仅少数试块表面出现裂缝，并有局部微膨胀或出现片状剥落及边角脱落，但深度及面积均不大，可见自然冰冻不会造成水泥土深度的结构破坏。水泥土试块经长期冷冻后的强度与冰冻前的强度相比几乎没有增长，但恢复正温后其强度能继续提高，冻后正常养护 90 d 的强度与标准强度非常接近，抗冻系数达 0.9 以上。

在自然温度不低于 -15 ℃ 的条件下，冷冻对水泥土结构损害甚微。在负温时，由于水泥与黏土间的反应减弱，水泥土强度增长缓慢，正温后随着水泥水化等反应的继续深入，水泥土的强度可接近标准强度，因此只要地温不低于 -10 ℃，就可以进行水泥土搅拌法的冬期施工。

8.4　水泥土搅拌桩复合地基法的设计计算方法

8.4.1　对地质勘察的要求

除一般常规要求外，对下述各点应予以特别重视：
（1）土质分析。有机质含量、可溶盐含量、总烧失量等。
（2）水质分析。地下水的酸碱度(pH)、硫酸盐含量。

8.4.2　加固形式的选择

搅拌桩可布置成柱状、壁状和块状三种形式。
（1）柱状。每隔一定的距离打设一根搅拌桩，即成为柱状加固形式。适合于单层工业厂房独立柱基础和多层房屋条形基础下的地基加固。
（2）壁状。将相邻搅拌桩部分重叠搭接成壁状加固形式。适用于深基坑开挖时的边坡加固及建筑物长高比较大、刚度较小，对不均匀沉降比较敏感的多层砖混结构房屋条形基础下的地基加固。
（3）块状。对上部结构单位面积荷载大，对不均匀下沉控制严格的构筑物地基进行加固时可采用这种布桩形式。它是纵横两个方向的相邻桩搭接而形成的。如在软土地区开挖深基坑时，为防止坑底隆起也可采用块状加固形式。

8.4.3　加固范围的确定

搅拌桩按其强度和刚度是介于刚性桩和柔性桩间的一种桩型，但其承载性能又与刚性桩相近。因此，在设计搅拌桩时，可仅在上部结构基础范围内布桩，不必像柔性桩一样在基础以外设置保护桩。

8.4.4　水泥浆配比及搅拌桩施工参数的确定

设计前,应按中华人民共和国行业标准《水泥土配合比设计规程》(JGJ/T 233—2011)处理地基土的室内配比试验。针对现场拟处理地基土层的性质,选择合适的固化剂、外掺剂及其掺量,为设计提供不同龄期、不同配比的强度参数。对竖向承载的水泥土强度宜取 90 d 龄期试块的立方体抗压强度平均值,对承受水平荷载的水泥土强度宜取 28 d 龄期试块的立方体抗压强度平均值,因此对于承受水平荷载的水泥土应通过添加早强剂使其强度在 28 d 时基本发挥。根据水泥土室内配合比试验求得的最佳配方,进行现场成桩工艺试验,确定水泥用量、搅拌头转数和提升速度、复搅次数和复搅深度、停浆处理方法等施工参数,验证搅拌均匀程度及成桩直径,同时了解下钻及提升的阻力情况、工作效率等,当成桩质量不能满足设计要求时,应调整设计与施工有关参数后,重新进行试验或改变设计。

水泥土搅拌桩的计算包括承受竖向荷载的复合地基计算和承受水平荷载的侧向壁状支护计算。

8.5　水泥土搅拌桩复合地基法的施工方法

8.5.1　搅拌机械设备

目前国内的搅拌机有中心管喷浆方式和叶片喷浆方式。后者是使水泥浆从叶片上若干个小孔喷出,使水泥浆与土体混合较均匀,对大直径叶片和连续搅拌是合适的,但因喷浆孔小易被浆液堵塞,它只能使用纯水泥浆而不能采用其他固化剂,且加工制造较为复杂,中心管输浆方式中的水泥浆是从两根搅拌轴间的另一中心管输出,这对于叶片直径在 1 m 以下时,并不影响搅拌均匀度,而且它可适用于多种固化剂,除纯水泥浆外,还可用水泥砂浆,甚至掺入工业废料等粗粒固化剂。

搅拌头翼片的枚数、宽度、与搅拌轴的竖直夹角、搅拌头的回转数、提升速度应相互匹配,以确保加固深度范围内土体的任何一点均能经过 20 次以上的搅拌。搅拌桩施工时,搅拌次数越多,则拌和越均匀,水泥土强度也越高,但施工效率就越低。试验证明,当加固范围内土体任一点的水泥土每遍经过 20 次的拌和,其强度即可达到较高值。

8.5.2　施工工艺

水泥土搅拌湿法施工应符合下列要求:

(1)施工前,应确定灰浆泵输浆量、灰浆经输浆管到达搅拌机喷浆口的时间和起吊设备提升速度等施工参数,并根据初步设计要求,通过工艺性成桩试验确定施工工艺。

(2)施工中所使用的水泥应过筛,制备好的浆液不得离析,泵送浆应连续进行。应记录拌制水泥浆液的罐数、水泥和外掺剂用量及泵送浆液的时间,喷浆量及搅拌深度应采用经国家计量部门认证的监测仪器进行自动记录。

(3)搅拌机喷浆提升的速度和次数应符合施工工艺要求,并设专人进行记录。

(4)当水泥浆液到达出浆口后,应喷浆搅拌 30 s,在水泥浆与桩端土充分搅拌后,再开提升搅拌头。

(5)搅拌机预搅下沉时,不宜冲水,当遇到硬土层下沉太慢时,可适量冲水。

(6)施工过程中,如因故停浆,应将搅拌头下沉至停浆点以下 0.5 m 处,待恢复供浆时,再喷浆搅拌提升。若停机超过 3 h,宜先拆卸输浆管路,并妥善加以清洗。

(7)壁状加固时,相邻桩的施工时间间隔不宜超过 12 h。

水泥土搅拌湿法施工注意事项:

(1)根据实际施工经验,水泥土搅拌法在施工到顶端 0.3~0.5 m 范围时,因上覆力较小,搅拌质量较差,其场地整平标高应比设计确定的基底标高再高出 0.3~0.5 m,桩制作时仍施工到地面,待开挖基坑时,再将上部 0.3~0.5 m 的桩身质量较差的桩段挖去。对于基础埋深较大时,取下限;反之则取上限。

(2)搅拌桩的垂直度偏差不得超过 1%,位置偏差不得大于 50 mm,成桩直径和桩长不得小于设计值。

(3)施工前应确定搅拌机械的灰浆泵输浆量、灰浆经输浆管到达搅拌机喷浆口的时间和起吊设备提升速度等施工参数,并根据设计要求通过成桩试验确定搅拌桩的配比等各项参数和施工工艺。宜用流量泵控制输浆速度,使注浆泵出口压力保持在 0.4~0.6 MPa,并应使搅拌提升速度与输浆速度同步。

(4)现场实践表明,当水泥土搅拌桩作为承重桩进行基坑开挖时,桩顶和桩身已有一定的强度,若用机械开挖基坑,往往容易碰撞损坏桩顶,因此基底标高以上 0.3 m 宜采用人工开挖,以保护桩头质量。

粉体喷射搅拌机械一般由搅拌主机、粉体固化材料供给机、空气压缩机、搅拌翼和动力部分等组成。粉体喷射搅拌法搅拌时钻头每转一圈的提升(或下沉)量宜为 10~15 mm。粉体材料除水泥外,还有石灰、石膏及矿渣等,也可使用粉煤灰等作为掺合料。使用水泥粉体材料时,宜选用 42.5 级普通硅酸盐水泥,其掺合量常为 180~240 kg/m³;若选用矿渣水泥、火山灰水泥或其他种类水泥,使用前须在施工场地内钻取不同层次的地基土,在室内做各种配合比试验。

水泥土搅拌干法施工应符合下列要求:

(1)喷粉施工前,应检查搅拌机械、供粉泵、送气(粉)管路、接头和阀门的密封性、可靠性,送气(粉)管路的长度不宜大于 60 m,并根据初步设计要求,通过工艺性成桩试验确定施工工艺。

(2)施工机械必须配置经国家计量部门确认的具有能瞬时检测并记录出粉体计量装置及搅拌深度的自动记录仪。

(3)搅拌头每旋转一周,提升高度不得超过 16 mm。

(4)搅拌头的直径应定期复核检查,其磨耗量不得大于 10 mm。

(5)当搅拌头到达设计桩底以上 1.5 m 时,应开启喷粉机提前进行喷粉作业。当搅拌头提升至地面下 500 mm 时,喷粉机应停止喷粉,在施工中孔口应设喷灰防护装置。

(6)重复搅拌。为保证粉体搅拌均匀,须再次将搅拌头下沉到设计深度。提升搅拌时,其速度控制在 0.5~0.8 m/min。

(7)成桩过程中,因故停止喷粉,应将搅拌头下沉至停灰面以下 1 m 处,待恢复喷粉时,再喷粉搅拌提升。

水泥土搅拌干法施工中须注意的事项:

(1)桩体施工中,若发现钻机不正常的振动、晃动、倾斜、移位等现象,应立即停钻检查,必要时应提钻重打。

(2)施工中应随时注意喷粉机、空压机的运转情况,压力表的显示变化,送灰情况。当送灰过程中出现压力连续上升、发送器负载过大、送灰管或阀门在轴具提升中途堵塞等异常情况时,应立即查明原因,停止提升,原地搅拌。为保证成桩质量,必要时应予复打。堵管的原因除漏气外,主要是水泥结块。施工时不允许用已结块的水泥,并要求管道系统保持干燥状态。

(3)在送灰过程中如发现压力突然下降、灰罐加不上压力等异常情况,应停止提升原地搅拌,及时判明原因。若是灰罐内水泥粉体已喷完或容器、管道漏气所致,应将钻具下沉到一定深度后,重新加灰复打,以保证成桩质量。有经验的施工监理人员往往从高压送粉胶管的颤动情况来判明送粉的正常与否。检查故障时,应尽可能保护送风。

(4)设计上要求搭接的桩体,须连续施工,一般相邻桩的施工间隔时间不超过 8 h,若因停电、机械故障而超过允许时间,应征得设计部门同意,采取适宜的补救措施。

(5)喷粉时灰罐内的气压宜比管道内的气压高 0.02~0.05 MPa,以确保正常送粉。

(6)在地基土天然含水率小于 30% 的土层中喷粉成桩时,应采用地面注水搅拌工艺。

(7)在预(复)搅下沉时,也可采用喷浆(粉)的施工工艺,确保全长上下至少再重复搅拌一次。

(8)对地基土进行干法咬合加固时,如复搅困难,可采用慢速搅拌,保证搅拌的均匀性。

8.6　质量检验

水泥土搅拌桩的质量控制应贯穿在施工的全过程,并应坚持全程的施工监理。施工过程中必须随时检查施工记录和计量记录,并对照规定的施工工艺对每根桩进行质量评定。检查重点是水泥用量、桩长、搅拌头转数和提升速度、复搅次数和复搅深度、停浆处理方法等。

水泥土搅拌桩的施工质量检验可采用以下方法。

8.6.1　浅部开挖

成桩 7 d 后,采用浅部开挖桩头进行检查,开挖深度宜超过停浆(灰)面下 0.5 m,检查搅拌的均匀性,量测成桩直径,检查数量不少于总桩数的 5%。

8.6.2　取芯检验

成桩 28 d 后,采用钻孔方法连续取水泥土搅拌桩桩芯,可直观地检验桩体强度和搅拌的均匀性。检验数量为施工总桩数的 0.5%,且不少于 6 点。取芯通常用 ϕ106 岩芯管,取出后可当场检查桩芯的连续性、均匀性和硬度,并加工成试块进行无侧限抗压强度试验。但由于桩的不均匀性,在取样过程中水泥土很易破碎,取出的试件做强度试验很难保证其真实性。使用本方法取桩芯时应有良好的取芯设备和技术,确保芯的完整性和原状强度。在钻芯取样的同时,可在不同深度进行标准贯入检验,通过标贯值判定桩身质量及搅拌的均匀性。

8.6.3 截取桩段作抗压强度试验

在桩体上部不同深度现场挖取 500 mm 桩段,上下截面用水泥砂浆整平,装入压力架后用千斤顶加压,即可测得桩身抗压强度及桩身变形模量。它可避免桩横断面方向强度不均匀的影响,测试数据直接可靠,可积累室内强度与现场强度之间关系的经验,试验设备简单易行。但该法的缺点是挖桩深度不能过大,一般为 1~2 m。

8.6.4 静载荷试验

对承受竖向荷载的水泥土搅拌桩,静载荷试验是最可靠的质量检验方法。对于单桩复合地基载荷试验,载荷板的大小应根据设计置换率来确定,即载荷板面积应为一根桩所承担的处理面积。试验标高应与基础底面设计标高相同。对单桩静载荷试验,载荷板的大小应与桩身截面面积相同。

载荷试验应在 28 d 龄期后进行,检验点数每个场地不得少于 3 点。水泥土搅拌桩地基竣工验收检验:竖向承载水泥土搅拌桩地基竣工验收时,承载力检验应在成桩 28 d 后采用复合地基载荷试验。检验数量为桩总数的 1%,且每项单体工程不应少于 3 点。

基槽开挖后,应检验桩位、桩数与桩顶质量,如不符合设计要求,应采取有效补强措施。

8.7 工程案例

8.7.1 工程概况

珠海航空产业园滨海商务区位于泥湾门的出海口,兼具江、海景观资源,滨水价值突出,是珠海市西部生态新城的重要滨水区,开发价值优越。同时,该地区隔泥湾门水道、磨刀门水道,东望鹤州南、横琴新区,是未来珠海市重要的一河两岸景观塑造区域,城市开发的品质至关重要。同时,航空大世界作为珠海市的重点引进项目,落户航空产业园,将形成与横琴长隆错位良性发展,以主题公园为特色,共同推动建设珠海国际旅游目的地。滨海商务区填海造地工程(除湖滨路东段局部路段外)已完成,场地已基本平整,具备进一步开发建设的条件。工程项目位置见图 8-7-1。

8.7.2 工程地质条件

8.7.2.1 地质条件

场地原始地貌单元为滨海堆积地貌。根据本次勘探结果,各土层性能如下:

图 8-7-1　工程项目位置

　　填筑土①₁是近期堆填而成的,主要由黏性土混碎石、块石组成,埋藏深厚,尚未完成自重固结,结构呈松散状态,未经处理不能直接作为路基及管线等构筑物基础持力层使用;填筑土①₂层是新近冲填而成的,主要由粉细砂组成,松散,未完成自重固结,未经处理不能直接作为路基及管线等构筑物基础持力层使用,以上两层属场地内主要含水层和强透水性地层。

　　第四系海陆交互相沉积层由淤泥②₁、淤泥质黏土②₂、粉质黏土②₃及粗砂②₄组成,其中淤泥②₁呈饱和、流塑状态,淤泥质黏土②₂呈饱和、流塑—软塑状态,均属软弱土层,其强度低、压缩性高的力学特性,需专门设计处理;粉质黏土②₃呈饱和、可塑状态,具中等偏低的强度及中等偏高的压缩性,为场地内一般地基土;粗砂②₄呈饱和、中密状态,属场地内主要含水层和强透水性地层,为场地内良好地基土。第四系海陆交互相地层粉质黏土②₃及粗砂②₄均可作为道路路基或构筑物的持力层或下卧层。

　　残积层及燕山期花岗岩各风化层,具有较高的强度及较低的压缩性,它们是道路路基及各类构筑物良好的深基础持力层。

8.7.2.2　水文条件

　　勘察期间,各钻孔均遇见地下水,主要为赋存于第四系土层中的孔隙水,第四系各地层多处于饱水状态(位于地下水位以下的填土处于饱水状态)。填土受大气降水及地表水补给,水位随季节性降雨量多寡而异,属上层滞水,勘察期间还受吹填施工用水的影响。其下主要赋存于第四系土层中的潜水,受大气降水及地表水补给,水位变化因气候、季节而异,丰水季节,地下水位明显上升,亦受潮汐影响而变化,第四系各地层多处于饱水状态。此外,在花岗岩或砂岩各风化带裂隙中尚赋存有少量基岩裂隙水,主要受上层地下水补给,其赋存水量及导水性均存在各向异性的特征。本次勘察期间测得潜水稳定水面埋藏深度变化于0.20~2.10 m,水位标高介于-0.47~4.04 m。丰水季节或大潮期,地下水位或毛细水可上升直至与地面相平,潮汐变化会直接影响附近地下水的水质、水位及补排关系。

8.7.2.3　不良地质与特殊性岩土

根据本次勘察结果,勘探深度范围内未见有岩溶、滑坡、危岩和崩塌、墓穴和暗浜、泥石流及采空区等不良地质作用。

根据本次勘察结果,填筑土①$_1$层是新近经人工机械堆填而成的,主要由黏性土混碎石、块石组成,厚度较大,结构松散,密实程度不均匀,因此容易产生不均匀沉降,未完成自重固结,压缩性较高,沉降时间较长,强度低,强透水性。另外,填筑土①$_1$层碎石、块石含量多,对有些地基处理、基础沉桩及管线施工等造成不利影响,如水泥土搅拌法、插水板排水固结法、顶管法管线施工。拟建市政道路范围内普遍分布有填筑土①$_2$层,该层是新近冲填而成,主要由粉细砂组成,偶夹淤泥,极松散,无自稳能力,未完成自重固结,压缩性高,强度低。在水力冲刷水压差较大时,因砂粒间黏结性小,易导致渗透变形、水稳性差。另外,在 7 度地震区,易发生地震液化,或在使用工况下当震动能级达到一定值时,抗剪强度急剧降低,出现喷水、冒砂、沉陷、倾斜、开裂等问题。

软土淤泥②$_1$层及淤泥质黏土②$_2$层,厚度大,根据勘察的原位测试结果及室内土工试验结果,其主要特征为天然含水率高、孔隙比大、压缩性高、强度低、渗透系数小、完成自重固结、属欠固结土。软土工程性质较差,易引起路面沉降变形、隆起、路基与堤岸及支护结构失稳等。

砂质黏性土③、全风化花岗岩④$_1$及强风化花岗岩④$_2$,在原始状态下强度较高,但卸压(竖向、侧向)后、暴露于地表情形下浸水或存在较大水压时容易软化、崩解。

8.7.3　设计施工方案

8.7.3.1　软基处理技术标准

(1)快速路、主干路路面使用年限内(沥青路面 15 年)工后容许固结沉降≤30 cm,桥台与路堤相邻处≤10 cm,涵洞、通道处≤20 cm。

(2)次干路路面使用年限内(沥青路面 15 年)工后固结沉降≤50 cm。

(3)支路路面使用年限内(沥青路面 10 年)工后固结沉降≤50 cm。

(4)处理后交工面浅层地基承载力特征值≥120 kPa。

珠海航空产业园生物医药二期市政配套工程Ⅱ标段。

根据珠海航空产业园生物医药二期市政配套工程 008 号会议纪要,作出如下变更。

8.7.3.2　软基处理方案

1. 变更内容

(1)珠海航空产业园生物医药二期市政配套工程 I 标段胜利路 GK0+069.2—GK0+160.151 段部分深层水泥搅拌桩施工位置距高压线水平距离未能满足最小 5 m 的安全距离要求。为保证施工安全,将胜利路北延段 GK0+069.2—GK0+160.151 段 5 m 安全距离范围内的深层水泥搅拌桩变更为 D500 高压旋喷桩进行施工。水泥土搅拌桩复合地基处理路段纵断面图见图 8-7-2。

(2)胜利路北延段 GK0+069.2—GK0+148 段右幅右偏 16.6~18 m 位置侵入中元集团围墙,考虑该部分位于管廊位置,对主体道路质量影响较小,且因中元集团围墙无法拆除,将 GK0+069.2—GK0+148 段右幅右偏 16.6~18 m 范围内的水泥搅拌桩施工取消。

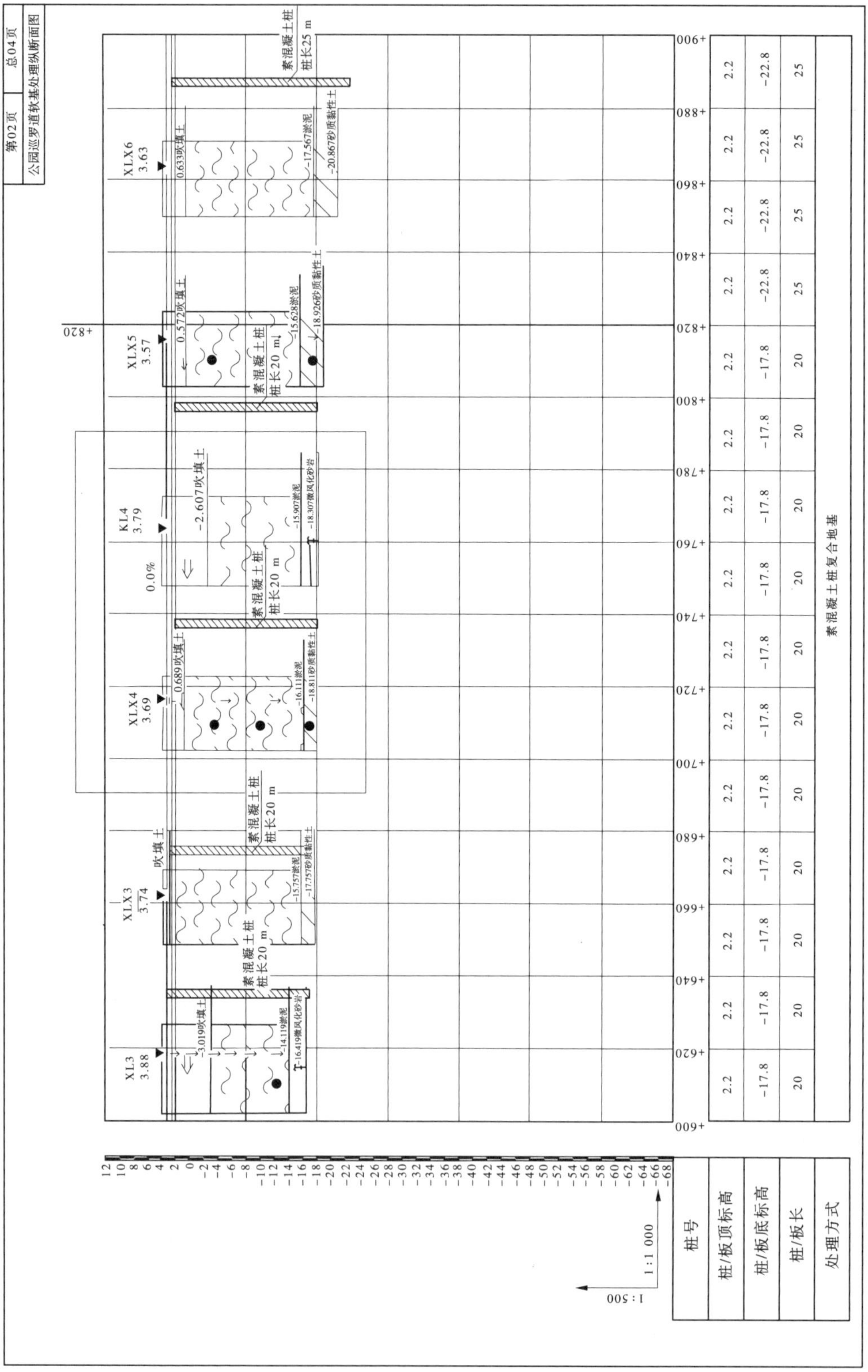

图 8-7-2 水泥土搅拌桩复合地基处理路段纵断面图

2. 变更原因

（1）本项目在设计阶段已报于电力部门审核并根据相关电力规范要求设计图纸。在施工过程中，根据电力部门对高压线安全距离的最新要求，调整桩基类型，避免造成安全事故。

（2）本项目原设计中对中元集团的企业围墙进行拆除后，待软基施工完毕后进行原状恢复（围墙在本项目管廊带内）。现企业不同意拆除围墙，故取消围墙段水泥搅拌桩的施工。软基处理横断面见图 8-7-3。

3. 变更工程量

核增：$D500$ 高压旋喷桩 5 238 m。

核减：$D500$ 深层水泥搅拌桩 6 784 m。拆除恢复中元集团企业围墙 148 m。

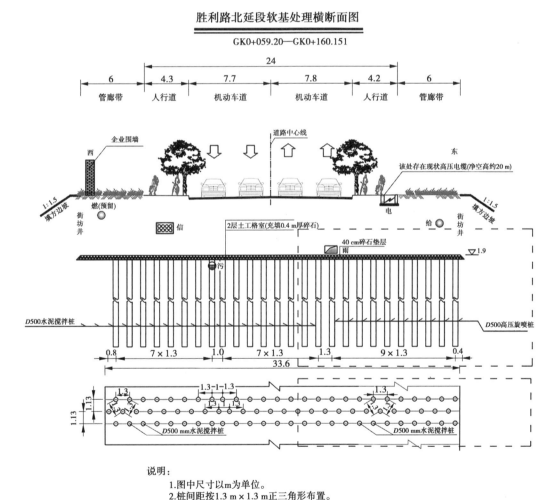

图 8-7-3　胜利路北延段软基处理横断面图

8.7.4　施工组织

8.7.4.1　施工概述

(1)湖滨路人行地下道基坑底部采用 D800@650 mm 双轴水泥搅拌桩进行加固。

(2)龙湖路下穿式隧道在钢板桩支护及放坡段,周边布置 15 m ϕ800@650 双轴搅拌桩止水桩,与 SMW 工法桩相连,基坑四周形成止水帷幕。

(3)金岛大桥需对 4 座拱座的基坑底部土体进行预加固处理,采用湿法深层搅拌桩,ϕ800@650 双轴搅拌桩,格栅式布置竖向加固深度根据地质纵断面分段确定,横向加固范围为基坑全断面。

8.7.4.2　施工技术要求

(1)水泥搅拌桩施工前必须进行室内配合比试验及成桩试验,以掌握施工工艺及各项技术参数,确定水泥掺入量或水泥浆的配合比(水泥掺入量建议值为 15%~20%,可掺占水泥含量 6% 的石膏),成桩工艺试验桩数不少于 5 根。

(2)水泥搅拌桩浆液配制采用 P·O42.5 级普通硅酸盐水泥,水泥浆液的水灰比为 0.5~0.6。

(3)成桩质量要求:孔径不小于设计桩长,孔深和有效桩长不小于设计长度,桩位偏差≤50 mm,垂直度≤0.5%;严格控制浆液配比,保证浆液质量,水灰比应当根据室内配合比试验及成桩试验综合确定。

加固后的水泥土体强度以龄期 28 d 的无侧限抗压强度取 0.6~1.0 MPa,加固后的土体渗透系数≤1×10^{-6} cm/s。

(4)采用连续搭接的施工方法,相邻两桩搭接时间应不超过 10 h,每根桩开挖后必须连续作业,不得中断喷浆,以保证浆液喷浆的连续、均匀。

(5)成桩采用四喷四搅的搅拌工艺,喷浆搅拌时钻头提升或下沉速度应≤0.5 m/min,压浆速度应与钻头提升或下沉速度相配合,确保额定浆量在桩身长度范围内分布均匀。

(6)搅拌桩桩身强度达到 0.6 MPa 方可进行基坑开挖。

(7)施工工艺试桩。

①搅拌桩施工前必须分区段进行工艺试桩,以掌握适用该区段的成桩经验及各种操作技术参数。成桩工艺试验桩不宜小于 5 根。

②工艺试桩前,书面通知监理部门派员参加。工艺试桩结束后,提交工艺试桩成果报告,并经监理工程师审查批准后,作为该区段搅拌桩施工的依据,无监理工程师的指令,不得任意更改。工地技术主管在搅拌桩施工时应向机组下达操作指令,并负责监督执行。

(8)工艺试桩应达到如下目的:

①获取操作参数。包括钻机钻进与提升速度,钻进持力层时孔底电流值,送浆时管道压力、搅拌的叶片旋转速度、喷停浆时间等。

②喷浆和搅拌的均匀性。

③钻进、提升阻力情况及特殊情况施工处理措施等。

④在施工过程中若需要更换电流表、喷浆计量仪等影响施工技术参数的设备时,必须以书面报告形式提交监理工程师,并在监理工程师的监督下试桩,重新确定施工技术参

数,在监理工程师的指导下施工。

8.8　水泥土搅拌桩复合地基法的数值模拟分析

8.8.1　计算参数

数值模型的材料参数见表 8-8-1。碎石垫层、吹填土、淤泥、砂质黏性土、全风化花岗岩分别采用线弹性模型和 Mohr-Coulomb 模型,根据地勘报告确定土体的渗透系数,土体自重根据土体实际重度确定。路堤填筑材料和水泥土搅拌桩采用线弹性模型和 Mohr-Coulomb 模型,但不考虑填料的渗透性,根据实际材料重度添加自重。

表 8-8-1　数值模型的材料参数

材料名称	层厚/m	含水率/%	重度/(kN/m³)	孔隙比	压缩模量/MPa	泊松比	弹性模量/MPa	直剪快剪		渗透系数/(m/d)
								黏聚力/kPa	内摩擦角/(°)	
吹填土	2.6	17.8	20.3	0.537	8.37	0.28	6.55	18.5	23.6	0.000 086 4
淤泥	13.3	75.3	15.3	2.018	1.56	0.33	1.05	2.5	1.9	0.000 181
砂质黏性土	2.4	26.3	18.8	0.795	5.13	0.28	4.01	22.8	24.2	0.058
全风化花岗岩	16.7	25.9	18.8	0.788	5.53	0.22	4.84	23	25.8	0.285
水泥土搅拌桩			20.6			0.2	150	100	0	
0.4 m 碎石垫层			20	0.5		0.22	65	3	40	10.2
回填料			20	0.6		0.25	45	45	38	

8.8.2　计算模型

根据市政公路问题的特性,采用 ABAQUS 有限元软件建立水泥土搅拌桩复合地基的二维数值模型(见图 8-8-1),按平面应变问题进行分析。考虑边界条件影响,模型宽度取 500 m,地基模型根据实际地勘资料建立,模型高度取 67.6 m。地基模型共分 4 层,吹填土层厚度 2.6 m、淤泥层厚度 13.3 m、砂质黏性土层厚度 2.4 m 和全风化花岗岩层厚度 16.7 m。加固区宽度 45 m,地表铺设厚度为 0.4 m 的碎石垫层和厚度为 2.6 m 的路堤填筑料,路堤堆载坡度 1∶1。

8.8.3　单元类型及网格划分

对水泥土搅拌桩复合地基模型进行网格划分(见图 8-8-2),地基土体、路堤填料、碎石垫层、水泥土搅拌桩均采用二维四节点平面单元模拟。地基土、碎石垫层考虑土体排水固结作用,采用二维四节点孔压单元 CPE4P 进行网格划分;路堤填筑材料、水泥土搅拌桩采用二维平面应变单元模拟 CPE4 进行划分,不考虑排水固结作用;加固区及地表加固深

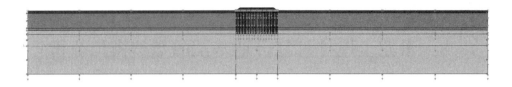

图 8-8-1　水泥土搅拌桩复合地基数值模型

度范围内网格加密,加固区外网格逐渐变粗,减少网格数量,提高计算效率。

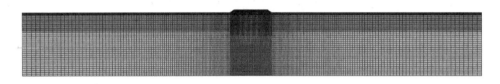

图 8-8-2　水泥土搅拌桩复合地基模型的网格划分

8.8.4　荷载条件、边界条件、分析步

(1)荷载条件:对地基土、碎石垫层、路堤填料和水泥土搅拌桩均采用 body force 进行材料重度加载,荷载为材料的自重。

(2)边界条件:复合地基模型采用位移和孔压边界条件,模型左右两侧为水平位移约束,水平位移设置为 0;在模型底部设置竖向位移约束,竖向位移设置为 0;在地基土表面设置为排水边界,排水边界孔压设置为 0,作为水平排水通道。

(3)分析步:水泥土搅拌桩复合地基加固软基共分为 4 个步骤。

步骤一:地基的自重应力平衡计算步,根据土层重度模拟地基中的自重应力场并消除初始位移,还原地基初始状态,计算步时间为 1 s。

步骤二:碎石垫层施工步,采用生死单元法生成厚度为 0.2 m 的碎石垫层单元,计算步采用 soil 模拟固结过程,计算步时间为 5 d。

步骤三:路堤填筑施工步,采用生死单元法生成厚度为 2.5 m 的路堤堆载,计算步类型为 soil 模拟固结过程,计算步时间为 20 d。

步骤四:工后沉降及承载情况分析步,模拟施工完成后 5 年内的地基加固情况,分析工后 5 年内地基的沉降、水平位移、孔隙水压力、应力情况等承载特性,计算步时间为 5 年。

8.8.5　结果分析

8.8.5.1　地基变形与位移

1.地表沉降

水泥土搅拌桩复合地基法处理软土地基的地表沉降情况见图 8-8-3。图 8-8-3(a)为初始状态并未产生相应的沉降,但产生了相应的地应力场,表明自重应力平衡完成。而碎石垫层施工完成后[见图 8-8-3(b)],由于产生了竖向荷载,因此在加固区中部出现了圆锥形的沉降区域。在桩体加固范围内的沉降基本一致,最大沉降量为 3.89 cm。

图 8-8-3(c)为路堤堆载完成后,由于荷载增加地基的沉降量进一步增大,从 3.89 cm 增加
到 29.7 cm,沉降趋势仍呈脸盆形,且桩体范围内的土体沉降程度一致。由图 8-8-3(d)可
见,当水泥土搅拌桩复合地基施工完成 5 年后,由于 5 年间的排水固结作用,沉降量从
29.7 cm 增加到了 34.2 cm,沉降增加了 4.5 cm 之多,但是相应于设计要求的工后沉降小
于 50 cm 的范围,仍然能够很好地达到设计要求,且不同阶段的水泥土搅拌桩复合地基沉
降影响范围基本一致。

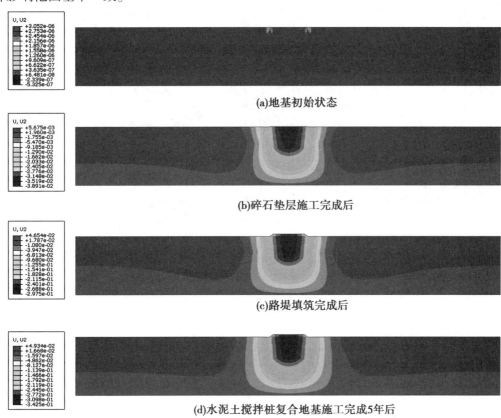

(a)地基初始状态

(b)碎石垫层施工完成后

(c)路堤填筑完成后

(d)水泥土搅拌桩复合地基施工完成5年后

图 8-8-3　水泥土搅拌桩复合地基法处理软土地基的沉降

2. 水平位移

　　水泥土搅拌桩复合地基法处理软土地基的水平位移见图 8-8-4,如图 8-8-4(a)所示,
初始阶段并未产生明显的水平位移,从碎石垫层施工完成后,在桩端持力层处出现了最大
的水平位移,最大水平位移为 1.8 cm,出现在桩端持力层处的土体底部。而图 8-8-4(c)
当路堤填筑完成后,荷载达到最大,此时水平位移的分布范围变化不大,但是水平位移量
从 1.8 cm 增加到了 11.2 cm,明显增大,当水泥土搅拌桩复合地基施工完成 5 年后[见
图 8-8-4(d)],水平位移又减小到了 8.35 cm。由此表明,路基的排水固结作用能够减小
地基中的附加荷载,通过超孔隙水压力消散的方式消耗掉荷载,能够减小土体弹性变形,
减小水平位移。

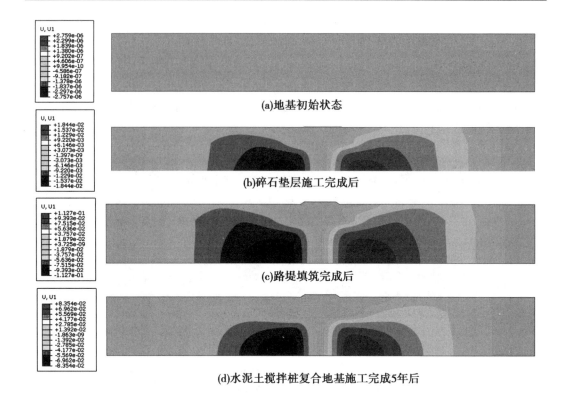

(a)地基初始状态

(b)碎石垫层施工完成后

(c)路堤填筑完成后

(d)水泥土搅拌桩复合地基施工完成5年后

图 8-8-4　水泥土搅拌桩复合地基法处理软土地基的水平位移

3. 总位移矢量图

图 8-8-5 为水泥土搅拌桩复合地基法处理软土地基的总位移趋势,由图 8-8-5(a)可见,初始状态中并未产生明显的变形。而当碎石垫层施工完成后,地基出现了相应的变形,在桩体加固范围内出现显著的沉降区,并且桩体范围内的土体沉降趋势和程度基本一致,但周围土体由于加固区土体的沉降挤压作用,出现了显著的膨胀,并且加固区旁边出现了对数螺旋的膨胀过渡区[见图 8-8-5(b)]。当路堤填筑完成后,变形趋势进一步增大,加固区周边土体的膨胀量也进一步增大[见图 8-8-5(c)]。图 8-8-5(d)为水泥土搅拌桩复合地基施工完成 5 年后整个地基加固区的沉降趋势和加固区外侧的膨胀趋势,表现为对数螺旋的膨胀变形过渡区基本没有改变,但是由于固结对附加荷载的减弱作用,沉降量增大,但是对加固区周边土地的膨胀作用略有减弱。这表明水泥土搅拌桩复合地基的变形趋势介于刚性桩复合地基和排水固结等土质改良方法的地基变形之间。

4. 塑性变形

水泥土搅拌桩复合地基由于土体的应力主要由桩体传递到地基持力层,因此地基中并未有明显的塑性变形(见图 8-8-6)。

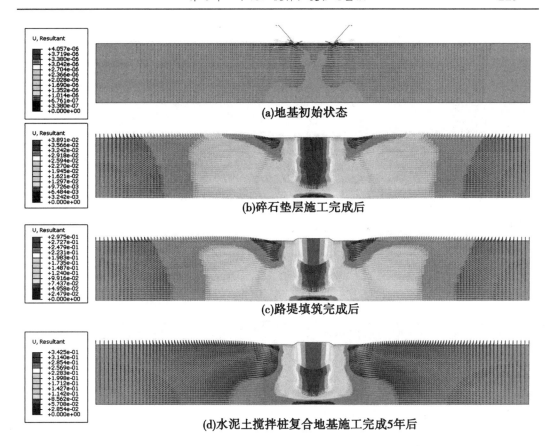

(a)地基初始状态

(b)碎石垫层施工完成后

(c)路堤填筑完成后

(d)水泥土搅拌桩复合地基施工完成5年后

图 8-8-5　水泥土搅拌桩复合地基法处理软土地基的总位移趋势

8.8.5.2　地基应力与孔隙水压力

1. Mises 应力

图 8-8-7 为水泥土搅拌桩复合地基法处理软土地基的 Mises 应力分布。可见,在加固区外侧,土体 Mises 应力呈线性增加,但在加固区范围内,土体 Mises 应力呈脸盆形分布,Mises 应力表现为在边桩处最大并向加固区内逐渐递减的趋势。在边桩的下部出现最大的 Mises 应力,Mises 应力从碎石垫层施工完成后的 795 kPa 增加到路堤堆载完成时的 899 kPa,以及施工完成 5 年后固结完成后的 938 kPa,Mises 应力分布趋势整体变化不大,边桩的最大 Mises 应力略有增加。

2. 竖向应力

图 8-8-8 为水泥土搅拌桩复合地基法处理软土地基的竖向应力分布。在地基施工的不同阶段,竖向应力的分布规律基本一致,加固区外土体的竖向应力随深度增加呈线性增大。而在加固区内部,土体应力随着荷载增加,桩体受到的竖向应力逐渐增加。应力分布趋势同 Mises 应力基本一致,在加固区内部土体竖向应力呈脸盆形分布,而桩体竖向应力从中间向外逐渐增大,在边桩处下部出现最大的竖向应力集中。

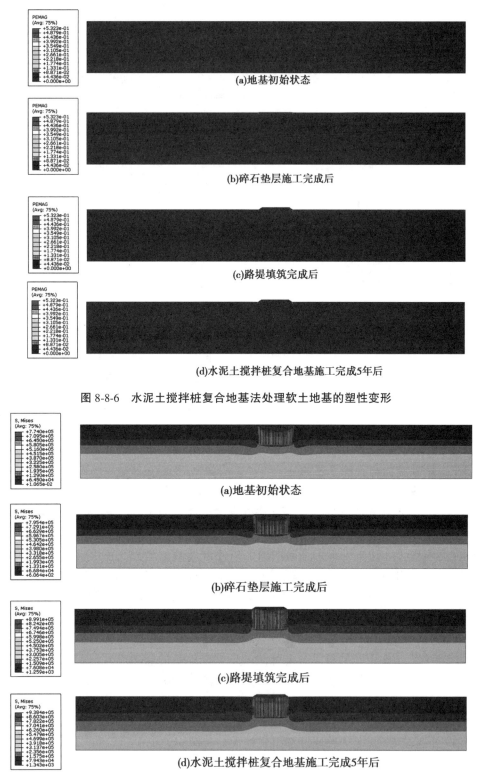

(a)地基初始状态

(b)碎石垫层施工完成后

(c)路堤填筑完成后

(d)水泥土搅拌桩复合地基施工完成5年后

图 8-8-6　水泥土搅拌桩复合地基法处理软土地基的塑性变形

(a)地基初始状态

(b)碎石垫层施工完成后

(c)路堤填筑完成后

(d)水泥土搅拌桩复合地基施工完成5年后

图 8-8-7　水泥土搅拌桩复合地基法处理软土地基的 Mises 应力

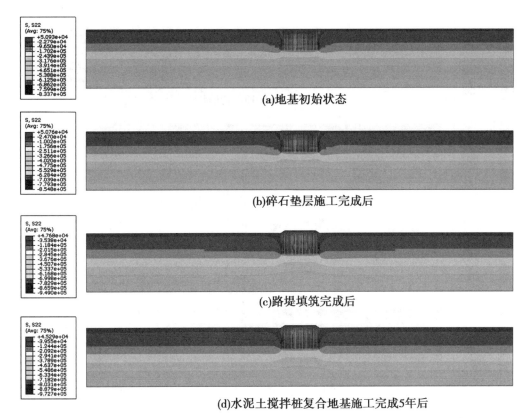

(a)地基初始状态

(b)碎石垫层施工完成后

(c)路堤填筑完成后

(d)水泥土搅拌桩复合地基施工完成5年后

图 8-8-8　水泥土搅拌桩复合地基法处理软土地基的竖向应力

3. 孔隙水压力

水泥土搅拌桩复合地基法处理软土地基的孔隙水压力分布见图 8-8-9。随着路堤荷载增大,复合地基底部持力层处土体应力增大,产生的超孔隙水压力逐渐增大,最大超孔隙水压力增加至 14.6 kPa,在工后 5 年后由于土体自身的排水固结效应超孔隙水压力逐渐消散,集中的超孔隙水压力逐渐平衡,最大值为 2.94 kPa。

8.8.5.3　地基应力应变的历时特性

1. 沉降−时间曲线

图 8-8-10 为水泥土搅拌桩复合地基法处理软土地基的分层沉降−时间曲线,在加载初期,由于碎石垫层和路堤堆载施工,沉降出现了快速增加,在路堤施工完成后,随时间增长,地基逐渐固结变形,由于没有排水通道,复合地基的工后沉降量较小,沉降量基本不再增加,表明水泥土搅拌桩复合地基法对于减小工后沉降效果较好。

2. 分层沉降−时间曲线

图 8-8-11 为水泥土搅拌桩复合地基法处理软土地基路基中心的分层沉降−时间曲线,与刚性桩复合地基、PHC 管桩复合地基、素混凝土桩复合地基不同,水泥土搅拌桩复合地基不同深度土层之间的沉降量是有差别的,并不是整个加固区整体沉降,而是不同深度处土体仍然出现一定的压缩变形。上述规律表明,水泥土搅拌桩复合地基由于桩体的刚度不如素混凝土桩和 PHC 管桩,土体仍然承受一定的荷载,因此产生了一定的压缩量。

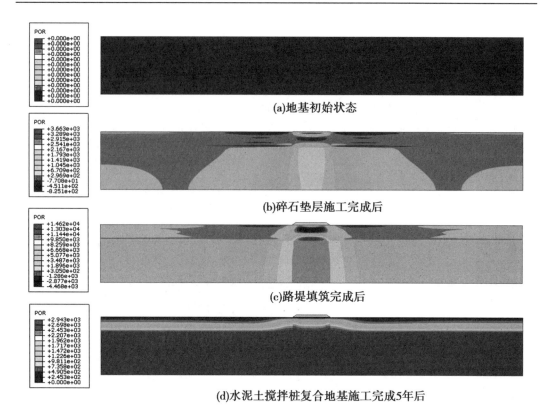

(a)地基初始状态

(b)碎石垫层施工完成后

(c)路堤填筑完成后

(d)水泥土搅拌桩复合地基施工完成5年后

图 8-8-9　水泥土搅拌桩复合地基法处理软土地基的孔隙水压力

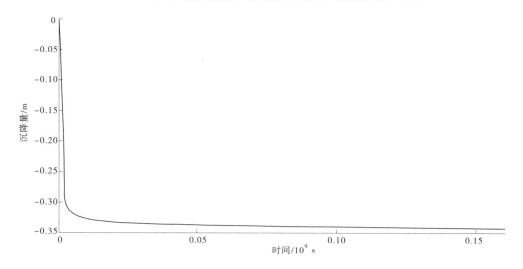

图 8-8-10　水泥土搅拌桩复合地基法处理软土地基路基中心地表的沉降-时间曲线

但是由于没有排水通道,土体本身渗透性较差,因此工后沉降量仍然较小。

3.孔隙水压力-时间曲线

水泥土搅拌桩复合地基法处理软土地基路基中心的孔隙水压力—时间曲线变化如图 8-8-12 所示,桩间土仍然承受一定的荷载,因此产生了较大的超孔隙水压力,超孔隙水

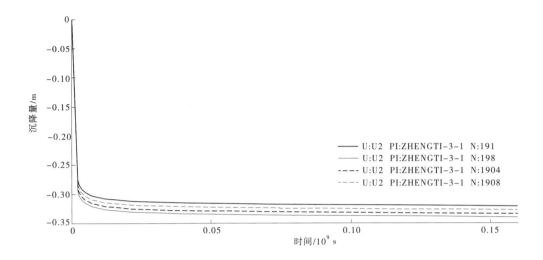

图 8-8-11　水泥土搅拌桩复合地基法处理软土地基路基中心的分层沉降-时间曲线

[节点编号及埋深:N198(0 m);N1904(6 m);N191(12 m);N1908(14 m)]

压力能够达到 16 kPa。在路基填筑完成后,随时间增长,超孔隙水压力逐渐消散,但是在消散到一定程度之后逐渐稳定,工后沉降量不再继续增加。由于没有较好的排水通道,因此基本上不再继续消散,水泥土搅拌桩复合地基对工后沉降的影响很小。

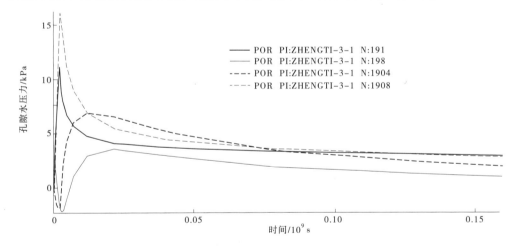

图 8-8-12　水泥土搅拌桩复合地基法处理软土地基路基中心的孔隙水压力-时间曲线

[节点编号及埋深:N198(0 m);N1904(6 m);N191(12 m);N1908(14 m)]

　4. 水平位移-时间曲线

　　水泥土搅拌桩复合地基法处理软土地基路基坡脚处的水平位移-时间曲线见图 8-8-13。水泥土搅拌桩复合地基的水平位移在不同深度处存在较大的差异。在地表处,水平位移自上而下逐渐增大,与土质改良法(即排水固结法)等不同。在地基底部,水平位移变化最大,然后随着深度减小水平位移逐渐减小。随着堆载的增加,上部荷载增大,水平位移迅速增加,在施工完成后,随着时间增长,由于土体的固结对荷载的消散作用,水平位移出现一定回弹,并且土体越浅回弹程度越大。

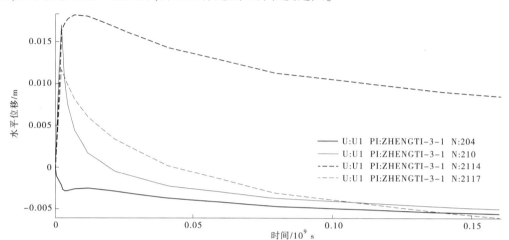

图 8-8-13　水泥土搅拌桩复合地基法处理软土地基路基坡脚处的水平位移−时间曲线
[节点编号及埋深:N204(0 m);N2114(6 m);N2117(13 m);N210(21 m)]

8.8.5.4　桩体应力与应变

1. 桩体沉降

水泥土搅拌桩的桩体沉降分布见图 8-8-14,中心部分的桩体沉降较大,群桩的不同部位和不同桩位之间出现差异沉降,这是桩体自身模量相对刚性桩仍有较大差距,桩体在荷载作用下本身会产生压缩导致的。由图 8-8-14 可见,沉降从加固区中心地表开始向周围和地基深处逐渐扩散的趋势。边桩底部沉降量最小,中心桩顶部沉降量最大。

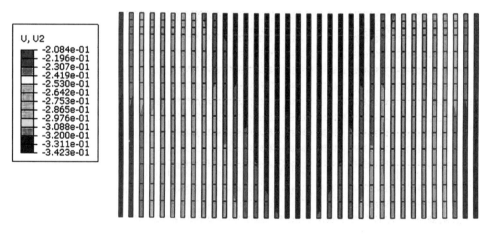

图 8-8-14　水泥土搅拌桩的桩体沉降

2. 桩体水平位移

图 8-8-15 为水泥土搅拌桩复合地基的桩体水平位移,不同位置桩体和同一桩的不同部位出现了水平位移差值,由于荷载在群桩顶部和中部及下部均出现了水平变形集中的情况,群桩的脸盆形沉降导致桩体出现弯矩,产生水平位移。

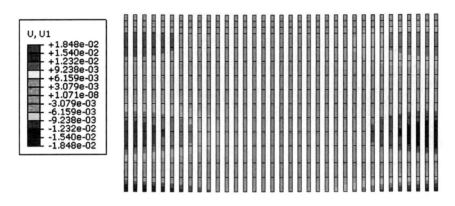

图 8-8-15　水泥土搅拌桩复合地基的桩体水平位移

3. 桩体水平位移矢量图

水泥土搅拌桩桩体水平位移见图 8-8-15 和图 8-8-16。

水泥土搅拌桩出现了顶部和底部向外侧膨胀,而中部向内侧膨胀的趋势。这是桩体承受了顶部较大的均布荷载,同时桩体本身刚度不是很大,出现桩体压缩变形导致的。由于荷载作用下群桩出现脸盆形沉降,中心部分的桩体向下沉降,边桩向外膨胀,但是在桩端部底部持力层具有一定刚度,桩体不能继续向下变形,受到了一定的约束,因此端部桩体向外侧弯曲变形,导致中部桩体向内侧弯曲、顶部和底部桩体向外侧弯曲的 S 形形态。

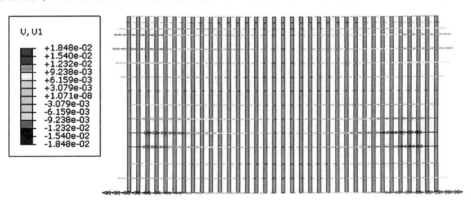

图 8-8-16　水泥土搅拌桩的桩体水平位移趋势

4. 桩体总位移矢量图

水泥土搅拌桩的桩体总位移趋势见图 8-8-17,桩体呈三角形沉降,而边桩出现 S 形的位移趋势。

5. 桩体 Mises 应力

图 8-8-18 是水泥土搅拌桩的桩体 Mises 应力,在边桩下部 1/3 处出现最大的剪切应力,在边桩端部受到最大的弯矩作用,产生了最大的剪切应力。而在桩体顶部并未产生较大的剪切应力,主要是产生了压缩变形,但中部桩体由于受压向两边膨胀,边桩两端与中间部分出现水平位移差,产生剪切变形。

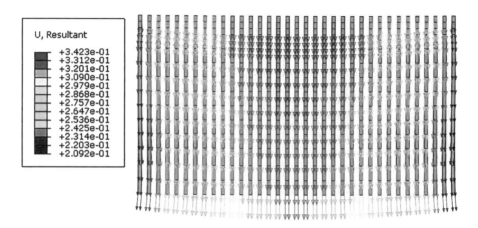

图 8-8-17　水泥土搅拌桩的桩体总位移趋势

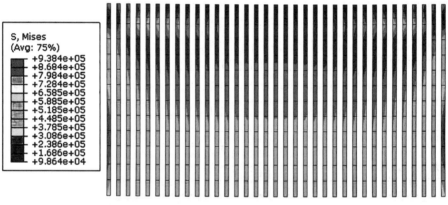

图 8-8-18　水泥土搅拌桩的桩体 Mises 应力

6. 桩体应变

桩体应变同样与群桩整体变形趋势有关。在群桩端部、顶部存在向外侧的变形趋势，产生最大的应变。在边桩底部 1/3 处，同样产生了一个较大的应变，由于局部应力集中产生了较大的桩体应变。水泥土搅拌桩桩体应变见图 8-8-19。

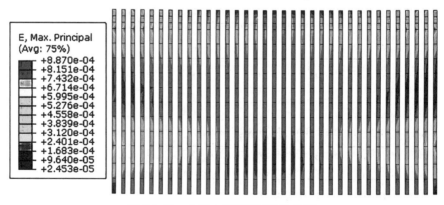

图 8-8-19　水泥土搅拌桩的桩体应变

8.8.5.5 桩土应力比

水泥土搅拌桩复合地基的桩土应力比相比刚性桩复合地基显示出了显著的不同。边桩最大应力为 892 kPa，土体应力为 12.3 kPa，桩土应力比 72.52。中心桩中部桩体应力为 296 kPa，土体应力为 5.76 kPa，桩土应力比为 51.39。中心桩底部桩体应力为 428 kPa，土体应力为 21.4 kPa，桩土应力比为 20.00。水泥土搅拌桩复合地基相对于刚性桩复合地基，其桩土应力比相对刚性桩复合地基较小，但是桩端部桩土应力比较大，相比刚性桩复合地基，其桩间土承受的荷载较多。此外，水泥土搅拌桩复合地基对桩端、桩间土和桩端土的利用更为充分，地集中荷载分布更为均匀。水泥土搅拌桩复合地基与刚性桩复合地基的承载特性显著不同。水泥土搅拌桩复合地基桩土应力特征见表 8-8-2。

表 8-8-2 水泥土搅拌桩复合地基桩土应力特征

位置	桩应力/Pa	土体应力/Pa	应力比
边桩	8.92×10^5	1.23×10^4	72.52
中心桩-中部	2.96×10^5	5.76×10^3	51.39
中心桩-底部	4.28×10^5	2.14×10^4	20.00

8.9 本章小结

(1)水泥土搅拌桩复合地基在加固区中部出现了圆锥形的沉降区域，工后沉降量较小，能够达到设计要求，且不同阶段的水泥土搅拌桩复合地基沉降影响范围基本一致。

(2)路基的排水固结作用能够减小地基中的附加荷载，通过超孔隙水压力消散的方式消耗掉荷载，能够减小土体弹性变形，减小水平位移。

(3)水泥土搅拌桩复合地基的变形趋势介于刚性桩复合地基和排水固结等土质改良方法的地基变形之间。

(4)水泥土搅拌桩复合地基的土体 Mises 应力呈线性增加，在加固区范围内，土体 Mises 应力呈脸盆形分布，Mises 应力表现为在边桩处最大并向加固区内逐渐递减的趋势。

(5)在加固区内部土体竖向应力呈脸盆形分布，而桩体竖向应力从中间向外逐渐增大，在边桩处下部出现最大的竖向应力集中。

(6)复合地基底部持力层处土体应力增大，产生的超孔隙水压力逐渐增大，工后土体自身的排水固结效应下超孔隙水压力逐渐消散，地基中的超孔隙水压力逐渐平衡。

(7)水泥土搅拌桩复合地基法对于减小工后沉降效果较好。

(8)水泥土搅拌桩复合地基，由于桩体的刚度不如素混凝土桩和 PHC 管桩，土体仍然承受一定的荷载，因此产生了一定的压缩量。但是由于没有排水通道，土体本身渗透性较差，因此工后沉降量仍然较小。

(9)在路基填筑完成之后，随时间增长，超孔隙水压力逐渐消散，但是在消散到一定程度后逐渐稳定，工后沉降量不再继续增加。由于没有较好的排水通道，因此基本上不再继续消散，水泥土搅拌桩复合地基对工后沉降的影响很小。

（10）水泥土搅拌桩复合地基的水平位移在不同深度处存在较大的差异,表现出明显的弹性性质。

（11）水泥土搅拌桩复合地基中心部分的桩体沉降较大,群桩的不同部位和不同桩位之间出现差异沉降,这是因为桩体自身模量相对刚性桩仍有较大差距。

（12）不同位置桩体和同一桩体的不同部位出现了水平位移差值,由于荷载在群桩顶部和中部及下部均出现了水平变形集中的情况,群桩的脸盆形沉降导致的桩体出现弯矩,产生水平位移。

（13）水泥土搅拌桩出现了顶部和底部向外侧膨胀,而中部向内侧膨胀的趋势。

（14）边桩下部 1/3 处出现最大的剪切应力,在边桩端部受到最大的弯矩作用,产生了最大的剪切应力。

（15）在群桩端部、顶部存在向外侧的变形趋势,产生最大的应变。在边桩底部 1/3 处,同样产生了一个较大的应变,由于局部应力集中产生了较大的桩体应变。

（16）水泥土搅拌桩复合地基对桩端、桩间土和桩端土的利用更为充分,地集中荷载分布更为均匀。水泥土搅拌桩复合地基与刚性桩复合地基的承载特性显著不同。

第 9 章　结论与展望

9.1　结　论

（1）在路堤两侧坡脚处附近及整个加固区最底部的土层处 Mises 应力为最大,因此在该区域会产生最大的塑性变形。排水固结作用使竖向应力得到提高,增大了地基土的抗剪强度。

（2）在路堤填筑施工阶段,地基中产生了附加荷载,之后随着固结时间的增加,整个地基的沉降趋势逐渐减缓,但沉降量仍有一定增加。主要压缩层、淤泥层在路堤荷载下的排水固结作用导致了换填法处理软基的主要沉降。

（3）排水固结作用可减小地基堆载产生的水平向弹性变形,有益于地基稳定。在加固区深处排水板增大排水效果,整个加固区土体的附加应力通过排水固结得到了释放,地基的弹性变形趋势减小,使加固区周边土体的膨胀趋势减弱。

（4）荷载下在砂垫层边缘两侧表层及地基土底部产生了区域破坏,出现了塑性变形。排水固结作用增加了地基中的有效应力,使土体的塑性变形进一步增大。排水固结作用使整个地基的附加应力逐渐趋于平衡,超孔隙水压力逐渐消散,对整个地基的承载力和变形沉降、不均匀沉降起到增强作用。堆载预压法能够减小加固后软基的工后沉降。

（5）真空联合堆载预压工后沉降比较显著,在真空负压和堆载联合作用下,深厚淤泥含水率较高、压缩性较大且渗透性差,导致了长期持续的较大沉降,减小了土体的变形,对整个地基水平位移的平衡起到了较好的作用。

（6）真空联合堆载预压能够最大化增加地基的排水固结作用,增加沉降量,相对减小加固区堆载对周边土体的挤压破坏作用。工后阶段由于排水固结作用,塑性变形增大。真空联合堆载预压能够提高地基的竖向有效应力,进一步提高土体的强度。

（7）PHC 管桩复合地基沉降影响范围相对于排水固结法和换填法较小。而由于 PHC 管桩复合地基桩体对荷载的承担作用,荷载全部传递到地基底部。在加固区周边较小范围内产生了水平向的膨胀,但加固区对周边土体的影响较小,总位移趋势变化不大。

（8）PHC 管桩复合地基主要是边桩的下部出现了最大的剪切应力,层间土体由于荷载作用很小,并未产生显著的压缩变形,不同深度处土体的沉降变形量基本相同。主要的塑性变形出现在加固区边缘处,管桩的下沉与周边土体出现一个竖向位移差导致的剪切作用产生了塑性变形。PHC 管桩复合地基加固软土地基的工后沉降量很小,满足工后沉降的设计要求。

（9）由于素混凝土桩的作用,在不同区域主要的塑性变形区出现在地表加固区边缘两侧,其他区域并未出现明显的塑性变形。在不同阶段主要是素混凝土桩体承受了最大剪切应力,并且剪切应力从边桩向加固区中心处逐渐递减,表现出边桩应力集中的特征。

（10）素混凝土桩复合地基没有排水通道，仅靠土体较小的排水系数固结效率较差，后期的工后沉降量很小，复合地基有利于减小工后沉降量。素混凝土桩复合地基表现出刚性桩的承载特征，荷载通过桩体直接传递到端部土体持力层，因此桩间土并未受到较大的荷载作用，也没有产生相应的压缩变形。

（11）水泥土搅拌桩复合地基的变形趋势介于刚性桩复合地基和排水固结等土质改良方法的地基变形之间。在加固区范围内土体 Mises 应力呈脸盆形分布，在边桩处最大并向加固区内逐渐递减的趋势。

（12）在加固区内部土体竖向应力呈脸盆形分布，在边桩处下部出现最大的竖向应力集中。水泥土搅拌桩复合地基法对于减小工后沉降效果较好。边桩下部 1/3 处出现最大的剪切应力，在边桩端部受到最大的弯矩作用，产生了最大的剪切应力。水泥土搅拌桩复合地基与刚性桩复合地基的承载特性显著不同。

9.2 展　望

（1）当前地基处理分析主要采用传统理论计算方法，或采用有限元或离散元等数值分析方法进行，对于材料参数的确定、材料本构模型的选取存在很大限制，今后应加强该方向研究，提高地基处理分析技术，以便指导工程建设。

（2）绿色、低碳、高效为今后地基处理技术发展趋势，在后续研究中应结合工程实际开展新型低碳软基加固技术研究，以便提高地基处理技术水平。

参考文献

[1] 苑佳,周新雨. 软土地基处理的几种方法综述[J]. 能源与环保,2021,43(1):39-42.

[2] 曾挺,孔祥美,房若季,等. 软土地基处理方法及处理效果评价[J]. 四川水泥,2022(7):28-29,32.

[3] 冯仲仁,朱瑞赓. 我国高速公路软基处理研究的现状与展望[J]. 武汉理工大学学报,2002(1):78-80.

[4] 董亮,叶阳升,蔡德钧,等. 高速铁路软土地基处理方法对比试验[J]. 岩土力学,2006(10):1856-1860.

[5] 李文富. 市政道路软基处理施工方法综述[J]. 价值工程,2010,29(21):144.

[6] 孔祥东. 水利工程施工中软基础处理技术分析[J]. 黑龙江科学,2020,11(18):96-97.

[7] 缪林昌. 软土力学特性与工程实践[M]. 北京:科学出版社,2012.

[8] 张星星. 公路软土地基处理及沉降分析[D]. 邯郸:河北工程大学,2019.

[9] 郭晓东. 浅析软土的工程性质及处理方法[J]. 河北水利,2015(7):35.

[10] 李亚娟. 山区软土地基处理典型方法的适用性研究[D]. 重庆:重庆交通大学,2014.

[11] 蒋国忠. 换填垫层法在地基处理中的应用及效果[J]. 丽水:丽水学院学报,2006,28(5):69-72.

[12] 党改红,丁伯阳,齐峰. 山区杂填土地基工程特性及处理方法的探讨[J]. 岩土工程界,2009(9):24-27.

[13] 梅玉龙,陶桂兰. 换填法垫层厚度的优化设计[J]. 中国港湾建设,2006(3):36-38.

[14] 许健,牛富俊,牛永红,等. 换填法抑制季节冻土区铁路路基冻胀效果分析[J]. 中国铁道科学,2011,32(5):1-7.

[15] 刘武军,王洁,张向斌. 木桩固基卵石换填法处理淤泥地基施工技术[J]. 人民黄河,2012,33(12):134-135.

[16] 莫百金. 湿软地基处理技术及换填法承载力分析[J]. 公路交通科技,2008(9):18-21.

[17] 杨高升,刘家豪. 塑料板排水预压法加固软基设计与施工概论[C]//塑料排水学术委员会. 塑料板排水法加固软基工程实例集. 北京:人民交通出版社,1999.

[18] 刘翼熊,叶柏荣,钱征. 排水预压法加固港口软土地基的一些新进展[C]//天津软土地基. 天津:天津科学技术出版社,1987.

[19] 谢康和. 砂井地基:固结理论、数值分析与优化设计[D]. 杭州:浙江大学,1987.

[20] 董雷. 塑料排水板堆载预压法在港口工程软基处理中的应用[D]. 大连:大连理工大学,2016.

[21] 刘治宝. 真空预压法加固软土地基在杭州绕城公路上的应用[J]. 路基工程,1997(5):40-44.

[22] 高志义,苗中海. 南宁机场软土地基真空预压施工[J]. 港口工程,1992(1):18-22.

[23] Masse F,Spaulding C A,Wong I C,et al. Vacuum consolidation: review of 12 years of successful development. Prepared for Distribution attendees Geo-Odyssey-ASCE/Virginia Tech-Blacksburg, VA USA, Juneg-13, June 9-13, 2001.

[24] Shang J Q, Zhang J. Vacuum consolidation of soda-ash tailings. Ground Improvement, 3, No. 1.

[25] 董志良,赵维炳. 真空预压配合排水板和砂井桩加固软基技术研究及其在治理深圳河二期工程中的应用[R],2000,8.

[26] 塑料排水学术委员会. 塑料排水板施工规程:JTJ/T 256—1996[S]. 北京:人民交通出版社,1996.

[27] 塑料排水学术委员会. 塑料排水板质量检验标准:JTJ/T 257—1996[S]. 北京:人民交通出版社,1996.

[28] 庄妍,张飞,李之隆,等. 真空预压加固软土地基数值模拟分析[J]. 低温建筑技术,2015(11):99-101.

[29] 曹松华,朱珍德,阮怀宁,等. 真空堆载联合预压数值模拟研究[J]. 河南科学,2017(10):1646-1650.

[30] 杨红霞. 基于高速公路软基加固中真空联合堆载预压技术的研究[J]. 科学家,2016,28(4):111-112.

[31] 吴智敏. 真空联合堆载预压法在软基处理中的应用研究[J]. 企业技术开发(中旬刊),2016,12(3):168-169.

[32] 韩金龙. 真空联合堆载预压法在软基处理工程中的应用研究[J]. 建筑工程技术与设计,2015,30(18):146-147.

[33] 张世民,王秀婷,崔耀,等. 真空联合堆载预压沉降与固结度的计算研究[J]. 科技通报,2018,18(3):69-74.

[34] 刘光明,曹旭华,王健,等. 真空联合堆载预压道路地基变形特性分析[J]. 城市道桥与防洪,2018,16(3):60-63.

[35] 张雁,刘金波. 桩基手册[M]. 北京:中国建筑工业出版社,2009.

[36] 张强,王鑫. 预应力管桩处理软土地基效果分析[J]. 城市道桥与防洪,2017,223(11):19,185-188.

[37] 王叶鹏,黄海燕. 预应力管桩与 CFG 桩复合地基分析对比[J]. 安徽建筑,2020,27(1):165-166,176.

[38] 郑为民. 预应力静压管桩施工技术特点与质量控制[J]. 河南建材,2019,23(2):47-48.

[39] 樊昊斌. 预应力混凝土管桩与钻孔灌注桩的工程特性对比探讨[J]. 居业,2020,22(9):79-80.

[40] 郎瑞卿,陈昆,闫澍旺,等. PTC 管桩竖向承载性能现场试验研究[J]. 重庆交通大学学报(自然科学版),2017,36(10):62-69.

[41] 卢士波,吕利芹. 预应力混凝土管桩在市政道路软基处理中的应用[J]. 城市建设理论研究(电子版),2019(1):157.

[42] 张雪松. 预应力管桩在高速公路地基处理中的应用研究[J]. 公路交通科技(应用技术版),2017,13(8):91-93.

[43] 孙举飞,袁鸣紫. 沿海建筑预应力混凝土管桩设计实例[J]. 江西建材,2020,261(10):86-87.

[44] 康景文,田强. 成都地区泥质软岩地基主要工程特性及利用研究[J]. 工程勘察,2015(7):1-10.

[45] 阎明礼,杨军,吴春林,等. CFG 桩复合地基试验研究[R]. 北京:中国建筑科学研究院,1992.

[46] 谭建忠. 大直径素混凝土灌注置换桩复合地基在成都地区的应用[J]. 建筑,2011(15):53-54.

[47] 王丽娟. 成都地区大直径素混凝土桩复合地基受力特性研究[D]. 成都:西南交通大学,2013.

[48] 章学良. 素混凝土组合桩复合地基工程特性研究[D]. 成都:西南交通大学,2012.

[49] 胥彦斌,钟静,胡熠. 软岩复合地基桩间岩土承载特性现场试验研究[J]. 岩土工程与地下工程,2017,36(5):76-79.

[50] 张尚东,娄国充,刘俊彦. CFG 桩复合地基特性分析及承载力计算[J]. 石家庄铁道学院学报,2000(9):143-145.

[51] 张晶,李斌. CFG 桩复合地基承载力的试验研究[J]. 合肥工业大学学报(自然科学版),1999,22(5):167-171.

[52] 韩云山,白晓红,梁仁旺. 垫层对 CFG 桩复合地基承载力评价的影响研究[J]. 岩石力学与工程

学报，2004,23(20):124-128.

[53] 窦远明. 减少沉降量桩基的简化计算方法研究[C]. 第六届全国岩土力学数值分析与解析方法讨论会，1998.

[54] 刘东林，郑刚. 刚性桩复合地基与复合桩基工作性状对比试验研究[J]. 建筑结构学报，2006,8(4):121-128.

[55] Li Yingbao. Study on Design of composite pile foundation with friction end bearing pile[J]. Architecture and Structure, 2004(5):57-61.

[56] 金菊顺，肖立凡. 低承台复合桩基承台分担荷载作用分析[J]. 吉林建筑工程学院报，2004,21(3):15-17.

[57] 周国钧，胡同安，沙炳春，等. 深层搅拌法加固软粘土技术[J]. 岩土工程学报，1981(4):54-65.

[58] 沙炳春，刘允召，周国钧. 深层搅拌法加固软粘土的机械及施工[J]. 建筑技术通讯(施工技术)，1981(2):6-9.

[59] 郑俊杰，袁内镇，张曦映. 深层搅拌桩设计与施工[J]. 岩土工程技术，1999(2):39-40,47.

[60] 杨剑. 深层搅拌桩施工工艺的改进和应用[J]. 交通世界(建养.机械)，2010(9):233-234.

[61] 赵春风，邹豫皖，赵程，等. 基于强度试验的五轴水泥土搅拌桩新技术研究[J]. 岩土工程学报，2014,36(2):376-381.

[62] 吴华南. 三轴水泥搅拌桩施工技术在工程实践应用分析[J]. 中国建设信息化，2016(2):68-70.

[63] 何开胜，陈泽虎. 高黏性软土中水泥搅拌桩的施工工艺和检测评估方法[J]. 工业建筑，2017,47(2):141-144.

[64] 刘鑫，阳康，常聚友. 复杂地层中水泥土搅拌桩的施工改进措施[J]. 铁道建筑，2018,58(11):117-120.

[65] 王曼颖，舒宁. 壁式深基础CDM结构设计方法的探讨[J]. 中国港湾建设，2002(4):9-11.

[66] 李翔军. 水泥搅拌桩复合地基技术研究与工程实践[D]. 天津:天津大学，2003.

[67] 卞雷，林方. 深层水泥搅拌法在淤泥质软弱地基加固中的应用[J]. 水道港口，2008(3):218-222.

[68] 凌天晔. 水下深层搅拌法在换软基加固中的应用[J]. 工程技术，2011(17):27-29.

[69] 麻勇. 近海软土水泥搅拌加固体强度提高机理及工程应用研究[D]. 大连:大连理工大学，2012.

[70] 彭再权. 水泥搅拌桩复合地基在南昌龙头岗综合码头一期工程接岸结构中的应用[J]. 中国水运(下半月)，2015,15(12):272-273,340.